KB149643

한국복식사
개론

김문자

한국복식사
개론

김문자

교문사

머리말

사극이나 영화 제작이 급격히 늘어나고, 우리나라 드라마나 영화가 외국에 소개되고 있습니다. 이러한 상황에서 우리 복식문화를 좀 더 확실하게 알릴 의무와 역사적 사명을 실감하고, 한국복식사를 새롭게 기술해야 할 필요성을 절실히 느끼고 있습니다.

이 책은 1998년에 유희경·김문자 공저로 출간된《한국복식문화사》개정판을 바탕으로 하여 그동안 발견된 새 유물과 연구 성과를 참고로 수정·보완하는 작업을 거친 것입니다. 좀 더 이해하기 쉽게 한자를 한글과 병기하였고, 많은 도판을 원색으로 제시하여 독자의 이해를 돕고자 했습니다. 2004년에 잘못된 자료나 사진을 일부 수정한 부분 개정판을 내기도 했지만, 이후에도 많은 유물 자료와 연구 결과물이 나오게 되어 전반적인 수정을 결심하게 되었습니다.

원래는 기존 교재를 가지고 그간 자료의 미비로 기술하지 못했던 부분을 중점적으로 보완하고자 하였습니다. 그러던 중 강의하시는 분들이나 한국 복식에 관심이 있는 비전공자들에게 기존 한국복식사 책이 너무 어려워서 강의 교재나 참고자료로 사용하기 어렵다는 말을 듣게 되었습니다. 이러한 이유로《한국복식문화사》재개정판은 추후의 과제로 미루고자 합니다. 또한 기존 교재의 공저자이신 유희경 선생님께서 집필을 할 수 없는 개인적인 사정이 생겨, 이번에는 독자적으로《한국복식사 개론》을 출간하고자 합니다. 따라서 원 교재에 이미 실려 있던 자료나 그림은 출처와 참고문헌으로 제시하였습니다.

이 책은 기존의 내용을 축약하고 그림 자료는 더하여 한국복식사에 대한 독자의 이해를 돕고자 노력한 결과물입니다. 즉, 기존의 한국복식사 책보다 내용은 쉽고, 그림 자료는 풍부하게 수록하여 한국복식 전공자뿐만 아니라 일반인들도 해당 내용을 쉽게 이해할 수 있고, 대학이나 일반 교양강좌의 교재로도 충분히 사용할 수 있게 만들었습니다. 외국에서 공부 중이거나, 한류로 인해 우리 한복에 관심을 가지게 된 외국인과 교포를 위해 영어와 일본어로 변역하여 출판할 계획도 있습니다.

책을 준비하면서 전에 없던 문제들이 발생하여 시간이 많이 소모되었습니다. 꼭 필요한 도판의 저작권 문제와 비용 문제로 기존 원고에 있던 많은 자료를 다른 그림으로 대체하는 어려움도 있었습니다. 그래도 도판 사용을 허락해주신 전국의 국립박물관과 많은 자료의 사용을 허가해주신 국립민속박물관, 경기도박물관에 특히 감사를 드립니다. 보다 좋은 책을 만들기 위해 반드시 필요한 사진이 있는데, 좋은 유물자료들을 소장하고 있는 개인 박물관들의 배려가 아쉽습니다. 끝으로 《한국복식사 개론》이 출간되도록 애써주신 교문사의 관계자 여러분과 필자의 까다로운 교정 작업을 힘들게 진행해주신 편집부 여러분에게도 깊은 감사를 드립니다.

2015년 9월

저자 김문자

차례

1부
고대 복식

지구상의 모든 문화는 타 문화와의 접촉을 통하여 새로운 요소를 가미하고 스스로 풍부해지면서 형성·발전해나간다. 한나라, 한민족의 순수한 문화를 유지한다는 것은 매우 어려운 일이므로 한 문화의 원류源流를 밝히는 것은 결국 그것을 형성하고 있는 모든 요소를 거슬러 올라가면서 밝혀내는 작업이 될 것이다.

우리나라에서 언제부터 의복이 착용되었는지는 뚜렷하지 않으나 우리와 직접적인 혈통관계의 신석기시대 주민들은 주로 가공된 가죽이나 직물로 만든 간단한 의복을 착용했을 것으로 추측된다. 보다 완성된 우리의 유고저고리, 바지제 기본 양식은 다음에 오는 청동기시대 스키타이계 복장에서 이루어졌다고 하겠다.

선행연구에 의하면 고대 우리나라는 중국문화권으로의 방향 전환의 계기가 된 한군현漢郡縣의 설치기원전 108 이전에는 북방유라시아 전역에 퍼져 있던 스키타이계 문화권에 포함되어 있었던 것으로 추측된다.

'스키타이'라는 명칭은 기원전 7~3세기에 걸쳐 흑해를 중심으로 거주하던 유목기마遊牧騎馬민족을 지칭하며, '스키타이계 문화'란 스키타이인의 문화양식을 근간으로 하여 북방유라시아 스텝지대를 지나는 '초원의 길'을 통하여 각지로 전파되었던 광의의 스키타이문화를 말한다.

우리나라에 영향을 미친 스키타이계 문화의 가장 대표적인 것 중 하나가 복식양식인데 유고제의 복장은 고대부터 조선시대에 이르기까지 대다수 일반인에게 착용되어 예복이나 관복으로 사용된 중국 복식과의 이중구조를 이루었다.

헤로도토스는 《역사》에서 스키타이인들의 복장이 그리스인들과 달랐다는 것을 다음과 같이 언급하였다.

"…스키타이왕의 한 사람인 스킬리스는 스키타이왕이면서 스키타이 복장을 싫어하여… 혼자 그리스복으로 갈아입고…"

이같이 드레퍼리형의 그리스복과는 다른 형태인 상하의 형식의 스키타이 복장은 수많은 고분 출토품에 새겨진 스키타이인들의 모습그림 1에서 발견할 수 있다.[1] 즉 상의와 하의로 구성된 밀착된 형태의 복장으로 좌로 여미게 되어 있었고 허리 부위에는 띠를 매게 되어 있었다. 이 같은 복장은 원래 무두질한 가죽으로 만든 것으로 보이며 옷에는 금판장식gold plaque을 꿰매 달고 있는 경우도 많이 있었다.

스키타이계 복장은 중국에서는 전국시대 조趙나라의 무영왕武靈王이 호복령胡服令을 내려 처음으로 사용하게 되었다는 기록이 남아 있으며 주로 '호복胡服'이라는 명칭으로 착용하였다.

당시 중국인들의 복식과는 그 기본 형태가 달랐음을 춘추전국시대 〈화상전〉에 새겨진 공자와 노자의 만남을 표현한 인물도에서 볼 수 있으며, 전한시대의 마왕퇴 유물을 통해서

1
스키타이인
기원전 4세기 Kul Oba 고분 출토
에르미타주 미술관 소장

2
유고 복장
무용총 벽화

도 볼 수 있다. 즉 의복에 있어서 당시 중국 한족의 대표적인 포류는 여밈 방법에 있어서 등 뒤로 돌아갈 정도로 깊이 여미게 되어 있고 바지 착용이 겉에서 보이지 않을 정도의 아주 긴 겉옷을 착용했던 것으로 보인다.

우리나라 고분 벽화 인물도 중에도 이같은 스키타이계 복장을 보여주는 예가 많이 있다. 고구려 고분 벽화 인물도그림 2에는 우리의 전통적인 유고제 복장을 착용한 모습이 남아 있는데 그림 1의 복장과 거의 유사한 양식을 하고 있음을 볼 수 있다.

우리나라의 고대 복식은 관모에서 의복, 허리띠장식, 화, 장신구에 이르는 대부분의 복식품의 원류를 스키타이계 복식에서 찾을 수 있어 우리나라가 중국문화의 영향을 받기 이전까지 중국과는 다른 북방 유목기마민족 복식문화권에 속해 있었음을 알 수 있다.

1장

고대 한국 복식의 원류

1 머리모양

우리나라에서 발굴된 최초의 머리장신구는 뼈로 만든 비녀기원전 3000년경의 소영자 고분 출토[2]이다. 이 비녀의 윗부분은 사람의 얼굴모양이 새겨진 타원형이고, 아래는 기하 학적 무늬가 새겨진 가늘고 긴 손잡이 부분으로 되어 있다. 가장 긴 것은 24.5cm, 짧은 것은 13cm이다. 이러한 비녀는 남녀 모두의 무덤에서 출토되고 있다.

또 후대이긴 하지만 《삼국지》에는 "마한인들은 상투를 틀고 관모를 쓰지 않은 맨 머리를 했다고 하며, 변진인들은 장발長髮을 했다."[3] 라는 기록이 남아 있다. 《해동 역사》에도 "삼한의 부인들은 머리를 얹고 나머지는 늘어뜨린 모양이고, 처녀들은 땋아서 뒤로 늘어뜨리는 모양을 했다."라고 되어 있다.[4] 한편 스키타이인들의 머리 모양은 긴 머리를 풀어 늘어뜨린 모습그림 1이나 뒤에 상투를 튼 모습그림 3으로 표 현되고 있다.

이상으로 볼 때, 고대 우리나라 남자들은 주로 머리카락을 뒤로 늘어뜨리거나 비 녀를 이용하여 상투를 틀었을 것으로 추측된다. 여자들도 머리카락을 그대로 늘어 뜨리거나, 비녀로 틀어올리고 나머지는 늘어뜨렸을 것이다. 처녀들은 땋아서 뒤로 늘어뜨리는 머리모양을 했을 것이다.

3
스키타이인의 상투
기원전 4세기 Kerch 고분 출토
에르미타주 미술관 소장

2 관모

고대 우리나라 관모冠帽는 변형모弁形帽, 조우관鳥羽冠, 대륜식 입식관臺輪式立飾冠 등에서 그 시원형을 보이고 있다.

1) 변형모

변형모는 글자 그대로 그림 1, 2에 보이는 것처럼 두 손을 합장한 듯한 모양으로, 원래 말을 탈 때 바람을 막아주는 역할을 하고 있었으므로 고구려에서는 '절풍折風'이라는 명칭으로도 불렸다.

스키타이 연구자들이 스키타이계 복식의 가장 큰 특색으로 내세우는 것이 바로이 변형모이다. 스키타이계 변형모는 'Conical hat' 또는 'Pointed cap'으로 불렸는데 원래는 귀를 덮는 방한을 겸한 것이었으나 점차 장식화되어 귀를 내놓고 턱 아래에서 끈으로 묶는 형태로 변형되었던 것으로 보인다. 이것은 몽골 노인-우라 출토 견제絹製 변형모에서 그 모습을 볼 수 있다. 변형모는 삼국시대에 들어와 더욱 장식화되어 겨우 머리 위에 얹혀 있는 정도로 축소된 형태로 변했다.

2) 조우관

조우관은 변형모에 새의 깃을 꽂은 것으로 유목적 수렵생활을 영위하던 중 땅에떨어진 아름다운 새의 깃을 주워 머리에 꽂은 것이 그 시원일 것이나 유목민족의조류숭배사상에서 오는 샤먼적 의의가 더 크게 작용했던 것으로 보인다.

조우식의 꼬리 부분을 도안화한 양식을 스키타이꼬리양식Scythe-shaped tail, 그림 4이라 부르며,[5] 이는 우리나라의 고구려 관장식그림 5에서도 볼 수 있어 그 원류를 짐작할

4
스키타이꼬리양식
기원전 5세기 파지리크 고분
출토

5

6

수 있다.[6] 이 같은 스키타이계통의 스키타이꼬리양식이 고구려 관장식에서는 새꼬리에 그대로 표현되어 있고, 고구려 개마총 인물도의 조우관이나 고신라, 가야의 중심꽂이식 상부의 대표되는 양식으로 표현되고 있다. 내몽골에서 발견된 흉노 선우의 관모그림 6[7]에 새가 장식되어 있는 것에서 스키타이계 복식문화 속 조우관의 착용 유례를 볼 수 있다.

3) 대륜식 입식관

대륜식 입식관은 그 기본구조가 대륜diadem에다 여러 형태의 장식을 세운 것을 말한다. 고기록에 주로 금화金花, 은화銀花로 표시되는 관모의 입식은 고구려 고분 벽화나 후술할 〈양직공도〉 백제 사신그림 87에 나타난 것과 같이 관의 좌우에 끈을 달아 귀를 내놓고 지나게 해서 턱 밑에서 잡아매어 고정시키도록 되어 있다. 즉 대륜의 크기가 겨우 머리에 얹힐 정도였을 것으로 추측된다.

표 1 **대륜식 입식관의 종류**

구분	내용
초화형 입식관	입식이 풀꽃형으로 구성
수목형 입식관山자겹침식 입식관	입식이 산山자 모양의 나뭇가지형으로 구성
수목녹각형 입식관	입식이 나뭇가지와 사슴뿔형으로 구성

7

8

고분 출토품에 나타난 입식立飾의 종류에 따라 대략 초화草花형 입식관, 수목樹木형 입식관山자겹침식 입식관, 수목녹각樹木鹿角형 입식관의 세 종류로 나눌 수 있다.

(1) 초화형 입식관

우리나라 초화형 입식관그림 7의 형태는 스키타이계 남 러시아 알렉산드로폴 출토품 그림 8과 초화의 모습, 영락을 매달고 있는 양식이 거의 동일함을 알 수 있다.

(2) 수목형 입식관

수목형山자겹침식을 보이는 스키타이계 관모는 중앙아시아 틸리아테페Tillya-Tepe 유적에서 1~2세기경 박트리아 시대 금관그림 9을 들 수 있는데 대륜에 5개의 자연 나무형 입식이 세워져 있고 잎형이 다량 달려 있는데 시기로 보아 신라 금관의 원조가 될 수 있는 것[8]으로 평가된다.

우리나라 고신라·가야 고분에서 출토된 수목형 입식관그림 10[9]은 주로 산자山字겹침모양을 하고 있는데, 이들 관모를 수목형이라고 부르는 이유는 고식古式일수록 그 모양이 뚜렷하며, 입식 중 나무기둥에 해당하는 부위가 위로 올라갈수록 좁아지

9

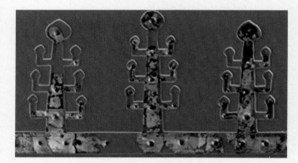

10

11

12

13

고 좌우로 뻗은 가지 부위도 위쪽으로 갈수록 작아져 실제 나뭇가지와 흡사한 모양이기 때문이다. 고대인의 수목숭배사상이 표현된 성수문聖樹文 중 특히 산자겹침식 양식의 성수문은 스키타이의 기원전 6세기 멜구노프 보물Melgunov Treasure 칼자루그림 11[10] 문양에 2마리의 산양을 양쪽에 두고 가운데 서 있는 수목형 양식에서도 볼 수 있다.[11]

한편 기원전 3세기 서시베리아 꿀라이 문화에 속하는 알타이주 노보오빈쩨 마을 출토 청동제 인물상의 관모그림 12에 수목형 입식 3개가 세워져 있는데[12] 이것은 우리나라 수목형 관모 중 고식古式에 속하는 가야 지역인 부산 복천동 11호분 출토품그림 13과 같이 산자형이 위로 솟은 것과 같은 모양을 하고 있다.

(3) 수목녹각형 입식관

대륙에 수목형과 녹각형을 장식하는 양식은 그 원류를 스키타이, 시베리아 계통 유목민족의 관에 나뭇가지와 사슴뿔을 장식하는 형식이 전해진 것으로 해석할 수 있다. 또한 기원전 5세기 알타이 파지리크Pazyryk 고분 출토 거대한 뿔을 가진 사슴장식그림 14이 있는데 루덴코는 이를 왕관에 입식으로 꾸며진 것이라고 추측하였다.[13]

한편 이 같은 수목녹각형 입식관의 양식은 샤머니즘과 관련된 것으로 후대에까지 보수성이 강한 시베리아 샤먼의 관모에 남아 있다. 즉 'Tay'라 불리는 에네트족의 샤먼 관모그림 16와 오스티약족 샤먼 관모그림 17[14]를 보면 이들 관의 앞과 좌우에 술처럼 늘어뜨린 것은 샤먼을 인간 세상과 격리시켜 주위 모든 현상을 보거나 듣지 못하게 만든다는 의미를 가지고 있다[15]고 하는데, 이는 우리의 수목녹각형 입식관

14

15

14 사슴 관장식
기원전 5세기 파지리크 고분 2 출토
에르미타주 미술관 소장

15 수목녹각형 입식관
1세기 Khokhlach 고분 출토
에르미타주 미술관 소장

16

17

18

16
에네트족 무관

17
오스티악족 무관

18
수목녹각형 입식관
황남대총 북분 출토
국립중앙박물관 소장

그림 18의 양식과 매우 흡사함을 보여준다. 또한 수목형이 성수문에서 온 것과 함께 녹각형 입식이 상징하는 사슴은 무수巫獸 또는 우주적인 존재로서 알타이 여러 부족의 샤먼이 사슴의 몸으로 화신化身하였던 예도 있다.16)

이처럼 수목녹각형 입식관은 성수와 무수사상이 결합된 샤먼적 관모로서 때로는 조류숭배사상에서 온 조우관도 함께 착용하여 고대 왕이 가지고 있던 초월적인 권위와 지위를 상징하고 있었던 것으로 보이며 우리나라에 들어와 보다 정제되고 장식적인 형태를 이루게 되었던 것으로 생각된다.

3 의복

청동기시대 의복衣服을 보여주는 유물로는 평양시 상원군 장리 2호 고인돌에서 출토된 청동기로 만든 사람모양그림 19[17]이 있다. 이것은 사람이 곡예하는 모습을 형상화한 것으로 곡예사는 몸에 꼭 달라붙은 옷을 입고 있으나, 뒷면의 무늬가 허리 부분에서 아래위가 구분되는 것으로 보아 바지와 저고리를 입은 것으로 보인다.[18] 비록 옷의 세부 형태가 잘 나타나 있지는 않지만 대표적인 스키타이계 복식으로 추측된다.

중국식 복장을 착용하기 전, 우리 복식의 원류를 이루는 스키타이계 복장은 몸에 꼭 끼는 형태로 기마騎馬나 기타 활동에 편리한 좌임의 상의 유襦와 하의가 그 기본 복장으로, 의례적인 경우에는 위에 장유長襦를 덧입기도 했던 것으로 보인다. 의복의 구성은 보통 상의와 하의, 장유로 나눌 수 있다.

19
청동인물상
평양시 상원군 장리 2호
고인돌 출토

1) 상의

'유襦'라는 것은 원래 중국에서 그들의 긴 길이의 포袍에 비례해서 짧은 상의를 가리키는 말이었던 것으로 생각되며 깃의 양식과는 상관이 없었던 것으로 보인다. 우리나라에서 착용된 스키타이계 상의는 좌임左袵, 왼쪽 자락이 속으로 여며지는 방향[19]이며, 직령교임식直領交袵式, 직선으로 교차되게 여며지는 식의 엉덩이선까지의 길이로 소매통은 좁고 보통 옷의 가장자리에 선襈, 테을 두르고 있었다. 허리에는 띠를 둘렀다.

2) 하의

우리의 바지의 시원형은 가죽제의 통이 좁은 형태가 기본형으로 보이나 재료의 변천에 따라 그 양식이 변하여 약 3가지로 나눌 수 있다.

(1) 세고
세고細袴는 바지통이 좁은 형태의 가죽으로 만든 복장으로 기마를 하기에 편리하였다. 고분 벽화에 나타난 세고의 착용 모습그림 2은 스키타이계 인물상그림 1에서 흔하게 볼 수 있는 모습이다.

20

21

20
궁고
무용총 벽화

21
궁고
몽골 노인-우라 출토

(2) 궁고

일반적으로 피혁제의 세고가 직물을 사용하게 됨에 따라 말을 탈 때 밑이 터지지 않게 당襠을 부착하게 되었고, 그것이 바로 궁고窮袴로 지칭된 것이라 추정된다. 착용 모습은 고분 벽화 인물도그림 20에 보면 뒤가 삐죽 나와 있어서 당 부착 양식을 보여주고 있으며 실제로 당 부착 형태를 보여주는 유품은 스키타이계 몽골 노인-우라 출토 바지그림 21에서도 볼 수 있어, 궁고의 형태도 그 원류는 스키타이계 복장에 속하는 것으로 생각할 수 있다.

(3) 관고

여기서 언급하는 관고寬袴는 외관이 직선적이고 여유가 있는 형태로 궁고와 같이 재료의 변천으로 발생한 양식으로 추정된다. 바지통이 아주 넓고 풍성한 형태는 중국의 영향을 받은 것 같기도 하지만, 페르시아계 일자형 폭넓은 바지의 영향을 받은 스키타이인들의 관고 착용 모습도 있어, 그들 본래의 세고와 함께 우리나라에서도 다양한 형태의 바지가 착용되었던 것으로 추정된다.

3) 장유

장유長襦는 유襦의 길이만 길어진 형태의 우리나라 기본 복장 중 하나이다. 착용 모습은 고구려 고분 벽화그림 22 등에서 볼 수 있는데 중국식 포와 달리 길이도 속에 입은 바지와 치마가 보이도록 그다지 길지 않고 폭도 그리 넓지 않다. 장유 형태의 의복은 스키타이계 복장으로 방한용이나 의례용으로 착용했을 것으로 추측된다.

22
장유
무용총 벽화

4) 의복재료 및 재봉법

우리나라 신석기시대 유적에서는 마사麻絲가 붙은 뼈바늘을 비롯하여 각종 동물 뼈로 만든 대·소형 뼈바늘이 출토되고 있다. 이는 당시에 이미 간단한 방직방법으로 직물을 짜고 있었으며 어느 정도 '재봉된 옷'을 입었다는 적극적인 증거가 될 수 있다. 가죽의 가공은 방직보다 먼저 생긴 기술로 신석기시대 주민들은 사슴, 염소, 멧돼지 등의 가죽을 가공하여 가죽옷을 만들었다. 가죽을 부드럽게 하는 가장 간단한 방법은 물에 적셨다가 돌방망이로 때리는 것이었으며, 가죽에서 살과 기름을 긁어내고 문지르기 위하여 도구를 사용하였다. 청동기시대에 옷을 만드는 데 사용된 재료 역시 가죽과 직물이었을 것으로 생각된다.

라진 초도 원시 유적羅津 草島 原始遺蹟에서도 청동구슬에 꿰어 있는 섬유를 발견했는데, 이는 대마大麻 또는 황마黃麻로 밝혀졌다. 전국에 걸쳐 청동기시대에 가락바퀴가 많이 출토되는 점으로 미루어보아 청동기시대에 직물 제직이 일반적으로 이루어지고 있었음을 알 수 있다.[20]

파지리크Pazyryk 고분에서도 양털로 짠 펠트제품, 가죽, 모피와 아마포로 직물을 짜서 만든 옷이 출토되어[21] 스키타이계 문화권에도 이미 이 같은 복식 재료들이 전파되었을 것으로 생각된다.

우리나라에서 직물에 염색을 시작한 시기가 언제인지는 확실하지 않으나 신석기시대에 생산된 그릇 중에는 채색법으로 색을 낸 것이 있다. 이를 통해 신석기시대부터 색을 사용했다는 것을 알 수 있으며, 이러한 색료色料가 그릇뿐 아니라 직물에도 적용되었을 것으로 추정할 수 있다. 가죽의 경우에는 천연색을 그대로 사용했을 것으로 여겨지며 직물의 경우에는 황토색, 풀색초록색, 청색, 적색, 자색 정도는 사용되었을 것으로 추측된다.

스키타이 상의의 경우 가죽을 재료로 할 때는 옆에서 앞으로 앞자락이 삐죽하게 나오게 만들었고, 천을 재료로 할 때는 옆트임이 있어야 말을 탈 때 편하므로 보통 앞이 삐죽하거나 옆트임이 있게 만드는 경우가 대부분이었던 것으로 생각된다. 보통 옷은 시접이 겉으로 나오게 만들어지기도 하였고, 천이 풀리지 않게 옷의 둘레에 블랭킷 스티치를 하거나 천으로 선襈을 대었던 것으로 보인다.

4 대구·화

유목기마민족들의 기마騎馬 시 옷을 여미는 역할을 하는 동물형의 대구帶鉤와 부츠형의 화靴는 스키타이계 복식을 상징하는 대표적인 것이다.

1) 대구

우리나라 고대 복식에서 후대의 옷고름의 역할을 하는 것이 대帶이다. 주로 가죽으로 된 혁대革帶를 착용했으며, 앞에 동물형 금속제 장식이 달려 있어 걸게 되어 있는데 이것을 대구帶鉤라 한다.

보통 대구는 혁대의 끝에 달려 있어 다른 쪽 단端의 구멍 속에 꽂게 되어 있는데, 대구에 사용되는 동물형 양식은 유라시아 여러 기마민족騎馬民族의 유물그림 23을 통해서도 볼 수 있으나 대체적으로는 서수형瑞獸形, 환상동물 동물모양을 한 것이 특징이며, 우리나라 유물그림 24은 주로 말과 호랑이 등 사실적인 동물 형태로 만들어진 점이 특이하다.

대구는 스키타이계 복장과 함께 들어와 착용되었고 후에 점차 장식화되면서 요패腰佩가 달린 과대銙帶류로 변해갔고 중국식 복장의 전래로 포백대布帛帶류로 함께 착용되었던 것으로 생각된다.

23
유라시아 기마민족 동물형 대구

24
우리나라 동물형 대구
국립중앙박물관 소장

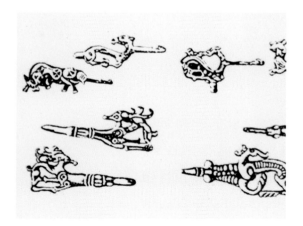

23

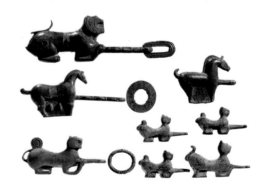

24

2) 화

우리나라 선사 고고학상 최초의 신발 관련 자료는 광주 신창동 저습지 유적에서 출토된 신발골그림 25이다. 이것은 가죽신을 만드는 데 사용했을 가능성이 크다.[22] 이 같은 가죽신은 기원전 5세기 파지리크Pazyryk 고분에서 출토된 신발그림 26에서 그 형태를 볼 수 있다.

25

스키타이 인물화그림 1에 그려진 화靴는 반장화 정도 길이의 무두질한 가죽 화로 보이며 바지를 화 속에 집어넣어 활동이 편리하도록 하였다. 그러다가 바지가 가죽제에서 포제로 변화되고 바지 자체가 발목 부위를 졸라매는 형태가 되면서 화 위에 바지를 입는 형태가 생긴 것이다.

우리나라 원삼국시대 원형수혈 내부에서는 총 3켤레의 짚신이 확인되었는데 보존 상태가 비교적 양호하여 조사단은 당시 제작기법의 검토까지도 가능할 것으로 보았다.[23] 이를 통하여 짚신형 화도 존재했을 것으로 추측할 수 있다. 고대인들은 화靴형이나 단화형의 가죽신을 만들어 신었을 것으로 보이나, 재료의 희귀성으로 인하여 보다 간편하게 만들수 있는 짚신류도 신었을 것이다. 또한 일할 때는 맨발이었을 것으로 짐작된다.

26

25
신발골
국립광주박물관 소장

26
화
파지리크 고분 2 출토
에르미타주 미술관 소장

5 장신구

신체나 의복을 치장하는 장신구裝身具는 고대부터 세계 모든 지역에서 애용되었다. 그중에서도 특히 이동생활이 불가피했던 유목기마민족은 정착농경민처럼 파괴되기 쉬운 대형 미술품보다는 손쉽게 그들의 몸에 지니고 다닐 수 있는 소형 장신구에 더 큰 관심을 기울였다. 우리나라도 그 영향을 받아 중국을 비롯한 그 어떤 나라와도 견줄 수 있는 다양하고도 호화로운 장신구의 모습을 수많은 고분 출토품을 통하여 볼 수 있다.

유물들을 살펴보면 우리나라에도 이러한 장신구문화가 전파되어 당시 사람들에게도 퍼졌을 것으로 보인다. 그런데 유물을 보면 그 용도가 의복에 매다는 의복장식품과, 옥으로 이루어진 목걸이가 주를 이루며, 쌍으로 출토되는 귀걸이와 팔찌가 간혹 있으나 일할 때의 불편함 때문인지 반지류는 거의 보이지 않고 있다.

1) 의복부착물

의복장식품의 예로 들 수 있는 청동기시대 유물은 영천 어은동 출토 청동장신구그림 27가 있는데, 표면에 직물자국이 남아 있어 의복에 부착되었던 것으로 보인다.[24]

스키타이인들에게는 금판장식gold plaque을 옷에 매달아 장식하는 것이 보편적이어서 금판장식을 단 바지를 착용하고 있는 그림그림 1을 볼 수 있다. 이 장식은 전사戰士들만이 달지 않았다고 보고되고 있다.[25] 스키타이 고분에서 출토된 다수의 금판장식그림 28에서도 그 양식을 발견할 수 있는데, 모두 둘레에 구멍이 뚫려 있어 의복에 부착시킬 수 있게 되어 있다. 즉 대부분의 스키타이인들은 의복에 금판장식를 부착시켰으며 우리나라에서도 공통된 양상이 나타났음을 알 수 있다.

27
청동장신구
영천 어은동 출토
국립중앙박물관 소장

28
금판장식
기원전 5~4세기 Solokha 고분 출토
에르미타주 미술관 소장

27

28

2) 귀고리

귀고리[26]는 유목기마민족 사이에서 일찍부터
애용되었던 샤먼적 의의를 지닌 일종의 종교
적 장신구 중 하나였던 것으로 보인다.[27] 특
히 귀를 뚫어 귀고리를 한 것은 기마 등의 활
동에 구애받지 않기 위한 방편으로 추측된다.

우리나라 신석기시대 유물인 고성 문암리
유적 출토 옥귀고리그림 29 1쌍이 있는 것으로
보아[28] 이미 신석기 때부터 옥귀고리가 착용
되었던 것으로 생각된다. 또한 청동기시대 대
전 괴정동 유적에서 1쌍의 곡옥형 귀고리그림
30[29]가 출토되어 청동기 사회에서도 옥석제
귀고리를 착용했을 것으로 생각된다. 특히 수
식부 귀고리그림 31 양식은 심엽형 수식心葉形垂

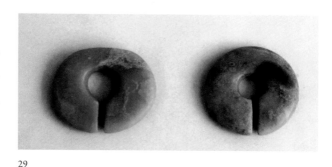

29

30

31

32

飾과 수식 방식, 누금세공鏤金細工 등의 제작기법으로 볼 때 스키타이계 장신구그림 32
에 속한다고 볼 수 있다.

29
옥귀고리
국립문화재연구소 소장

30
옥귀고리
국립중앙박물관 소장

31
심엽형 귀고리
국립중앙박물관 소장

32
스키타이계 귀고리
기원전 3~1세기 출토
에르미타주 미술관 소장

3) 목걸이

우리나라 목걸이의 역사는 석기시대부터라고 생각된다.[30] 신석기시대 목걸이그림 33
는 멧돼지나 고라니의 이빨, 사슴이나 조류의 뼈, 상어의 척추뼈 등을 가공하여 한
점 또는 여러 점을 끈으로 엮어 장식으로 이용한 것이다. 특히 동물의 이빨이나 조
류의 발톱, 대형 어류의 척추뼈는 가공하지 않고 구멍만 뚫어 그대로 사용하였다.
이러한 목걸이는 미적인 아름다움뿐만 아니라 초자연적인 힘을 빌리거나 부적의
목적으로도 이용되었을 것이다.[31]

청동기시대의 옥류 연결 목걸이그림 34는 수많은 관옥을 꿰어 사리고, 거기에 곡
옥형으로 다듬은 푸른색 천하석天河石[32]을 매어 단 것이다. 이 목걸이는 청동기시대

33

34

35

부족장들의 의식용 장신구였을 것으로 생각된다.[33]

옥류 연결 목걸이 양식도 일찍부터 사용되었던 것으로 기원전 4000년 중·후기 마이코프Maikop문화에 속하는 옥류 연결 목걸이그림 35는 터키석과 여러 보석으로 환옥丸玉과 자연석 그대로의 모습으로 만든 목걸이가 있으며, 기원전 3800~2600년 경으로 추정되는 시리아·팔레스타인 지역 출토품에는 각종 옥을 일렬로 연결시킨 형태가 나타난다. 그 후 이 같은 목걸이 양식은 북방유목기마민족에게 전해져 스키타이계 장신구의 하나로 우리나라에까지 그 영향을 미치게 된 것으로 보인다.[34]

스키타이계 양식이 나타난 또 하나의 목걸이로는 쇠사슬형 목걸이그림 36를 들 수

36

37

있는데, 이것도 스키타이계 목걸이에서 흔하게 볼 수 있는 토크torque식 목걸이그림 37의 영향을 받은 것으로 보인다.

4) 팔찌

우리나라에서는 신석기시대부터 팔찌를 사용하였는데 연대도 패총 7호 무덤 남자 인골의 발목에서 나온 발찌그림 38는 신석기시대의 것으로 유일한 예이며, 신석기인의 미의식을 보여주는 중요한 자료이다. 이는 돌고래, 수달, 너구리의 이빨 124개를 연결하여 만든 형태이다.[35] 이후 청동기시대에 이르러 패각, 옥석, 금속 등의 자료를 이용하여 팔찌를 만들어 사용했음을 알 수 있으며,[36] 삼국시대에는 모든 나라에서 애용되었던 것으로 생각된다. 유물의 출토 상황으로 보아 남녀 공용으로 사용되었던 것으로 보이며, 양팔에 착용하거나, 한 번에 여러 개의 팔찌를 착용하기도 했던 것으로 생각된다.

　스키타이계 장신구에 속하는 대표적인 팔찌의 양식은 금판환식金板環式 팔찌그림 39로 하나의 둥근 금판에 다시 하나의 금판을 덧대고 그 표면에 누금세공鏤金細工을 가하고 여러 색의 유리옥을 박은 것으로 이는 스키타이식 금판환식 팔찌그림 40에서 그 양식이 전해진 것으로 생각된다.

38
발찌
신석기시대 통영 연대도 패총
출토
국립중앙박물관 소장

39

40

39
금판환식 팔찌
경주 황남대총 북분 출토
국립경주박물관 소장

40
금판환식 팔찌
기원전 5~4세기 Duzdak
Area 출토
에르미타주 미술관 소장

5) 반지

삼국시대 이전의 반지 유품은 그리 많지 않으나 기원전 4~2세기 함북 무산군 범의
구석 유적 6문화층 출토 청동반지가 있으며,[37] 기원전 1세기 후반의 유물로 평양시
낙랑구역 정백동 3호 무덤에서 은반지 등이 출토되어 이미 우리나라에서도 스키타
이계 장신구의 일종으로 반지가 착용되고 있었음을 알 수 있다.

반지는 위로 올라오는 형태에 따라 능형菱形, 마름모꼴 반지그림 41와 장식부装飾付 반
지 등이 있으며 형태나 구성방법, 제작기법 등을 볼 때 스키타이계 반지그림 42에서
그 원류를 찾을 수 있다.

41
금제 능형 반지
황남대총 남분 출토
국립경주박물관 소장

42
금제 능형 반지
기원전 4세기 후반 체크토믈
리크 고분 출토
에르미타주 미술관 소장

41

42

2장

여러 부족국가의 복식

고대 우리나라는 씨족사회에서 부족사회로 발전하면서 부족국가를 형성하게 되었다. 삼국시대 이전의 우리나라는 평양을 중심으로 한 고조선과 그 북쪽에 부여, 동북쪽에 예맥, 동쪽에 임둔, 남쪽에 진국 등이 있었다. 이들 부족국가는 한사군이 설치되자 북쪽에 옥저, 동예 등이 나타났으며 남쪽에는 삼한이 이루어졌다고 한다.

점차 집권적 왕국이 형성되면서 신분, 지위의 등차가 분명해지고 빈부의 차이가 생기면서 복식에도 그대로 반영되어 상하, 존비, 귀천의 등위를 가르는 제도상의 구별을 가져오게 되었다. 여러 부족국가의 복식은 스키타이계의 우리 고유 복식을 근간으로 하였으며 중국계의 영향을 이미 받고 있었던 것으로 보인다.

1 고조선 복식

고조선古朝鮮의 건국시기는 기원전 2333년으로 전해진다. 고조선은 대체로 라오허遼河 유역에서 한반도 서북지방에 걸쳐 성장한 여러 지역집단을 통칭한 것이다. 중국 전국시대戰國時代에 들어와 주周나라가 쇠퇴하자 각 지역의 제후들을 왕이라 칭하였는데, 이때 고조선도 인접국인 연燕나라와 동시에 왕을 칭하였다고 한다.

고조선은 기원전 4세기 무렵 전국칠웅戰國七雄의 하나인 연나라와 대립하고, 기원전 3세기 후반부터 연나라가 동방으로 진출하면서 고조선이 밀리기 시작하였다. 그 뒤 진秦나라가 연을 멸망시키고, 기원전 202년 한漢이 중국을 통일하였다. 연나라는 큰 혼란에 휩싸이고 그곳에 살던 많은 사람들이 고조선지역으로 망명하였다. 이들 가운데 위만衛滿도 무리 약 1,000명을 이끌고 고조선으로 들어왔다. 위만은 기원전 194년 준왕을 몰아내고 왕이 되는데 이때부터를 일반적으로 위만조선이라고 부른다. 고조선은 원시적인 복식형태에서 벗어나 지역적 특성으로 인하여 이미 스키타이 계통의 기본적인 복식문화를 영위하고 있었을 것이다.

1) 머리장식·관모

《증보문헌비고》에는 "단군檀君 원년기원전 2333에 백성들로 하여금 편발編髮하여 머리에 얹게 하였다."[38]라는 내용이 나오며,《연려실기술》에는 "원년에 백성에게 머리를 땋고 관冠 쓰는 법을 가르쳤다."[39]라고 적혀 있다.

《사기》〈조선열전〉에는 "연장 위만이 조선에 입국할 때 추결만이복魋結蠻夷服을 하고 왔다."라는 기록이 남아 있는데, 여기서 추결魋結이란 상투를 튼 것을 의미한다. 이는 중국인과 다른 고조선인들의 머리모양을 나타낸 것으로 추측된다. 즉, 고조선인들은 머리를 땋아 상투를 틀고, 때에 따라 관모를 착용한 것으로 보인다.

2) 의복

연장 위만이 하고 있다는 '만이복蠻夷服'은 또한 중국식 포와는 다른 스키타이계통의 바지저고리 차림을 의미했을 것으로 생각된다. 고조선시대 의복을 보여주는 것으로 전술前述한 평양시 상원군 장리 2호 고인돌에서 출토된 청동기로 만든 사람모양그림 19[40]을 보면 바지, 저고리를 입은 것으로 보인다.[41] 세부형태는 잘 나타나 있지 않지만 이는 대표적인 스키타이계 복식으로 추측된다. 정가와자 나무곽 무덤에서 다리부분에서 수십 개의 청동단추가 나왔는데, 이것은 화靴에 청동단추를 붙여 화려하게 장식한 것으로 짐작된다.[42] 즉, 바지 밑에 장식단추를 많이 단 화그림 43를 신었던 것으로 생각된다.

43
화(복원품)
고조선 정가와자 나무곽 무덤
출토

3) 장신구

고조선사회에서 사용하던 장신구로는 각종 옥장신구와 목걸이, 청동팔찌, 반지 등이 있었다. 전술한 신석기시대 유물인 옥귀고리 1쌍그림 29이 있는 것으로 보아[43] 이미 신석기 때부터 옥귀고리가 착용되었던 것으로 생각된다.

고조선 강상 무덤 출토 옥목걸이그림 44는 각종 관옥과 환옥을 연결하고 있다. 우

리나라에서는 신석기시대부터 팔찌를 사용하였는데 서포항 유적,[44] 옹기 송평동 패총 유적 등에서 패각貝殼, 대리석으로 만든 팔찌가 출토된 바 있다. 그 이후 청동 기시대에 이르러 청동제, 옥제 등으로 재료가 다양해졌다. 이를 통해 청동기사회에서도 패각, 옥석, 금속 등의 재료를 이용하여 팔찌를 만들어 사용했음을 알 수 있다.[45]

2 부여 복식

부여夫餘는 기원전 2세기경부터 494년까지 존속한 예맥족계系의 국가이다. 부여는 토지가 광활하고 지금의 북만주 농안農安·창춘長春 일대에서 농업을 주로 하면서, 궁실宮室·성책城柵·창고·감옥 등 진보된 조직과 제도를 가졌다. 정치는 완전한 귀족정치로 지배계급에는 왕과 그 밑의 가축 이름을 붙인 마가馬加, 우가牛加, 저가豬加, 구가狗加와 대사大使, 사자使者 등의 관직이 있었다.

산업은 농경을 주로 하였고, 명마名馬·적옥赤玉·미주美珠·담비가죽 등이 산출되었으며 풍속 중에는 영고迎鼓라는 제천대회祭天大會가 있었다. 부여 복식의 종류와 형태를 살펴보면 다음과 같다.

1) 관모

관모는 변형모, 조우관 등을 착용하였다. 시조인 해모수에 대한 기록에 나타난 '조우관'을 착용한 것으로 생각되며, 모자는 금은으로 장식했다는 기록으로 보아 화려한 형태의 관모류가 있었던 것으로 보인다. 고구려와 같은 변형모와 조우관 등과 함께 중국식 관모류도 착용되었을 것으로 생각된다.

2) 의복

의복은 대메포大袂袍, 구裘, 과대銙帶, 고袴, 혁답革踏 등을 착용하였다. 국외 여행 시에는 비단옷을 입었다고 하는데, 당시 부여에서 비단이 생산되었다 하더라도 중국에서 수입되어 들어온 것이 많았을 것이므로 이 같은 기록은 이미 중국 복식문화의 영향이 부여에 미치고 있었음을 보여준다.

　상喪을 당했을 때는 남녀 모두 순백색 옷을 입었고, 부인들은 포布로 된 면의面衣를 착용하였으며, 패환佩環은 걸치지 않는 등 그 예속이 중국을 방불케 하였다.

표2 **부여의 의복**

의복	형태
대메포大袂袍	소매통이 넓은 포
구裘	대인大人들은 여우, 살쾡이, 검은 원숭이, 또는 흑백의 담비털 가죽 등의 구裘, 갖옷를 덧입었다.
고袴	-
과대	허리에는 금은식金銀飾을 했다고 한 것으로 보아 과대류도 이미 착용되고 있었던 것으로 생각된다.
혁답	가죽으로 만든 신

3) 장신구

장신구로는 귀고리, 목걸이, 팔찌, 반지를 비롯한 각종 옥장신구 등을 들 수 있다. 부여 전기의 유물로는 요령성 서풍현 서분구 출토 금동 패식, 금은제 귀고리, 옥제 목걸이 등을 들 수 있다. 부여 중기의 대표 유적인 길림성 유수현 노하심 출토유물로

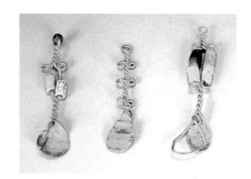

는 금동제 패식, 투구, 갑옷, 금은제 귀고리, 마노구슬, 유리제 구슬, 금은제 팔찌, 반지 등이 있는데 이 중에서 금은제 귀고리그림 45는 8자형으로 된 은실꼬기가 특색이다.[46]

3 옥저·동예 복식

옥저沃沮는 임둔臨屯의 옛 땅인 지금의 함흥 일대를 중심으로 하였는데, 56년경 고구려에 복속되었다. 정치 형태는 왕이 없었고 총 5,000에 이르는 호戶를 여러 읍락邑落, 共同體으로 나누어 각 읍락에서 스스로를 삼로三老라 일컫는 우두머리가 다스렸다. 각 삼로 위에는 맹주盟主인 현후縣侯가 군림하였다. 토지가 비옥하여 농경이 발달하고 오곡이 풍부하고 해산물이 많아 생활조건이 좋았으나, 고구려가 옥저를 복속시킨 다음 조세租稅와 담비 가죽·어염魚鹽, 물고기와 소금, 기타 해산물을 멀리 운반하여 고구려에 공급하였다. 음식, 의복, 주거와 예절이 고구려와 비슷하였다.

동예東濊 사람들은 스스로를 고구려와 같은 족속이라고 생각하였다. 실제로도 의복만 약간 달랐을 뿐, 풍속과 언어는 고구려와 같았다. 3세기에도 읍락邑落이 산과 하천을 경계로 구분되었으며, 함부로 다른 구역에 들어갈 수 없었다. 이것은 읍락 내부에 아직도 공동체 단위의 생활이 주로 영위됨을 반영한 것이다. 이에 따라 동예지역에서는 강력한 대군장大君長이 출현하지 못하고, 후侯·읍군邑君·삼노三老가 각 읍락을 다스리게 되었다. 2세기 후반 이후 고구려 지배 아래 있다가, 245년 위魏의 관구검이 고구려를 침입할 때 낙랑군의 공격을 받고 다시 그 지배하에 들어갔다. 313년 낙랑군이 멸망된 뒤부터 다시 고구려의 지배를 받았고, 광개토대왕 대에 대부분 고구려 영역으로 편입되었다.

농업을 주로 하였으며 마포麻布와 양잠養蠶 기술이
발달하였고, 풀솜명주을 만들기도 하였다. 동예인은
별자리를 관찰하여 그해 농사의 풍흉을 예고하였고,
매년 10월에는 하늘에 제사를 지내고 밤낮으로 음
식과 술을 마시며 노래를 부르고 춤을 추는 제천행
사인 무천舞天을 행하였다. 특산물로는 반어피班魚皮, 해
표가죽, 표범가죽, 과하마果下馬[47], 단궁檀弓, 박달나무활 등
이 알려졌다.

46

옥저의 복식은 고구려와 동일하다 하니 고구려 복식에서 알아볼 수밖에 없다.
동예는 언어와 풍속은 옥저와 같이 고구려와 유사하다 하였으나 의복제도는 달랐
다고 전해진다.

46
곡령
낙랑 채협총 출토

47
첨유

1) 관모

남자들은 "은화銀花를 수촌數寸 장식하고 있다."고 기록되어 있는 것으로 보아, 후대
고구려 고분 벽화에서 보이는 관 앞에 높게 세워진 초화형 입식관을 착용하였던
것이 아닐까 한다.

2) 의복

남녀 모두 곡령曲領, 그림 46을 입었으며 여자는 비단에 솜을 넣어 누빈 준의襦衣를 입
었다. 여기서 곡령은 깃이 둥근 포 형태를 말한다. 준의는 모양이 첨유襜褕, 그림 47와
비슷하다. 첨유는 직선단이며, 원래 홑으로 만든 것이나 여기에 솜을 넣어 누벼서
준의라는 명칭으로 사용되었을 것으로 생각된다.[48]

47

4 삼한 복식

삼한三韓은 마한馬韓, 진한辰韓, 변한弁韓을 말한다. 본래 이 지역에는 목지국目支國의 군장君長, 辰王의 세력하에 진국辰國이라는 부락연맹체가 자리잡고 있었는데, 진국의 동북계 지역에는 일찍부터 북쪽 나라에서 남쪽으로 이주한 사람들로 형성된 집단사회가 있었다.

고조선 마지막 임금 준왕準王이 위만衛滿에게 나라를 빼앗겨 남으로 망명하여 정주한 곳도 이 고장이다. 이 이류민移流民의 사회는 준왕 이래로 스스로를 '한韓'이라 부르며 목지국의 우두머리인 진왕辰王의 보호와 지배하에 있었으므로 낙랑의 한인漢人들은 이를 진한辰韓이라 불렀다. 그 뒤 '한'의 칭호가 점점 확대되어 진왕을 맹주로 받드는 모든 소국에도 이 칭호를 붙이게 되었다.

이리하여 후한後漢 말 대방군帶方郡이 새로 설치될 무렵에는 진한과 아울러 마한, 변한이라는 명칭이 나타나게 되었다. 마한의 '마馬'는 본래 족명族名인 개마蓋馬에서 온 것이라 하며, 변한의 '변弁'은 그들이 사용한 관모冠帽에서 나온 것이라고 한다. 마한은 충청남북도와 전라남북도, 진한은 지금의 경상남북도, 변한은 낙동강 유역에서 전라남도의 동부에 이르는 지방이라고 본다. 삼한의 복식의 종류와 형태는 다음과 같다.

1) 머리모양

마한인 중 남자는 맨상투를 틀거나 하였고, 진한인과 변한인은 장발長髮이며 편두偏頭를 하였다. 삼한의 처녀들은 땋은머리를 했으며, 부인들은 반 정도는 위로 얹고 나머지는 아래로 늘어뜨리는 머리모양을 하였다.

2) 관모

관모는 변형모나 책幘을 착용하였다. 변형모는 변한에 대해서는 이름의 변자도 뾰족한 변弁, 즉 고깔을 좋아해서 만들어진 것이라 하는데 이로써 변한에서도 전술한 우리 기본 관모인 변형모를 착용하고 있었던 것으로 보인다. 또한 일반인들도 군장郡長, 진왕을 알현할 때는 책을 빌려서라도 착용한다고 하였다.

3) 의복

의복으로는 포포布袍와 신, 겸포縑布, 합사 비단포 또는 광폭세포廣幅細布가 있었다. 포포는 직물로 만들어진 포로 영주瓔珠로 의복을 장식하였다. 신은 초리草履, 혁리革履를 뜻하였다. 겸포와 광폭세포를 통해 당시 직조기술의 발달을 짐작할 수 있다.

4) 장신구

《삼국지》〈위서동의전〉을 보면 한韓은 "옥과 구슬을 재보財寶로 삼는데, 옷에 꿰매어 장식하기도 하고 목에 매달거나 귀고리로 장식한다. 그렇지만 금은이나 비단은 귀하게 여기지 않는다."라고 기록되어 있으며, 유물에 옥 종류가 유난히 다양함을 알 수 있다. 그러나 기록과 같이 금은이나 비단을 귀하게 여기지 않은 것이 아니라 그보다는 옥을 더 귀하게 여겼다는 뜻으로 생각된다. 이들 옥으로 만든 제품 중에서 가장 많은 것은 목걸이류이고 팔찌나 반지도 있다. 고분 출토품으로는 금으로 만든 귀고리와 옥팔찌, 청동팔찌 등도 있다.

48
금귀고리
성신여자대학교박물관 소장

(1) 귀고리

귀고리는 귀에 다는 부분이 가는 세환식細鐶式 귀고리와 굵은 태환식太鐶式[49] 귀고리로 구분된다. 세환식 귀고리는 심엽心葉형의 장식이 달려 있는 심엽형 귀고리그림 48가 있고, 또 다른 심엽형 금귀고리는 심엽 둘레를 점점으로 타출한 것이다. 태환식 금귀고리는 태환에 간단한 둥근 고리가 달린 것이 있다.

(2) 목걸이

경주 황성동 8호분 출토 옥목걸이그림 49는 청색 곡옥曲玉, 마노제瑪瑙製 환옥環玉, 유리제 환옥環玉, 소형의 유리제琉璃製 구슬, 마노제瑪瑙製 다면옥多面玉으로 구성되었다. 이외에도 마노, 유리옥, 호박옥, 수정옥으로 만들어진 목걸이가 있었다.

(3) 팔찌·반지

팔찌는 옥팔찌와 청동팔찌가 있었고, 반지는 옥반지가 있었다.

3장

삼국시대 복식

1 고구려 복식

고구려는 기원전 37년에 주몽朱蒙이 이끈 부여족의 한 갈래가 압록강 지류인 동가 강佟佳江, 渾江 유역에 건국되었다. 일찍이 기마민족의 문화를 받아들여 북방에 웅거 하면서 민족의 방파제 역할을 하고, 북방계·중국계 문화를 수용하면서 고유문화 의 전통 아래 이를 정리하고 다시 백제와 신라에 전달하는 역할을 하였다. 668년 보장왕 27 나·당 연합군과의 싸움에 패함으로써 주몽 이래 700여 년을 이어온 고구 려 왕조는 막을 내렸다.

고구려의 문화는 소수림왕小獸林王 때인 372년에 불교가 수입되고 이와 더불어 서 역西域과 중국의 문화가 들어오면서 넓은 세계를 인식하게 되었으며, 373년에는 율 령律令이 반포되었다. 372년에는 우리나라 최초의 국립대학 격인 태학太學이 설립되 어 한학漢學을 가르쳤으며, 5세기 초에 지방에 둔 사립학교 경당扃堂에서 경전經典과 기마騎馬·궁술弓術 등의 무술을 가르쳤다.

고구려인은 기사騎射에 능하였으며 상류층에서는 바둑·투호投壺·축국蹴鞠 등을, 하류층에서는 무도·음악·석전石戰·씨름 등을 즐겼다. 10월에는 동맹東盟이란 제전 을 열어 부족민의 결속을 강화하였다.

고구려는 스키타이계 복식문화의 바탕 위에 중국문화의 영향이 혼합되어 백제, 고신라, 가야의 여러 국가들과 상호 연관 아래 독특한 복식문화를 형성하여 우리 복식의 기본구조를 이루었으며, 후대 복식의 근간을 이루었다.

삼국시대 복식문화자료로는 중국 사서들과 《삼국사기》, 《삼국유사》 등과 고구려 고분 벽화, 고분 출토품 보고서 등이 있다. 또 〈왕회도王會圖〉[50]와 〈번객입조도蕃客入 朝圖〉[51]가 대만 국립고궁박물원에 소장되어 있었는데 여기에는 모두 고구려, 백제, 신라 사신의 모습이 그려져 있다.[52]

고구려 사신그림 50은 머리에 전형적인 2 조우관을 쓰고 있다. 붉은색 단이 달린 녹색 바지 위에 무릎 위까지 내려오는 우임의 검은색 선襈이 둘러진 붉은색 장유長

襦를 입고 허리에는 노란색 포백대를 매어 아래로 늘어뜨리고 있다. 발에는 검은색 화를 신었다. 〈번객입조도〉의 고구려 사신은 〈왕회도〉의 고구려 사신을 선묘로만 묘사한 것으로 그 양식은 거의 비슷하다.

고기록 중 고구려 복식을 좀 더 상세히 묘사한 것으로는 《신당서新唐書》〈동이전東夷傳〉이 있다. 그 내용을 살펴보면 다음과 같다.

"왕복은 오채복五采服이며 왕관은 금테를 두른 백라관白羅冠이었고 여기에 금장식을 한 혁대를 띠었으며, 대신大臣급은 청라靑羅 조우관, 일반관인은 강라絳羅 조우관에 모두 금은을 장식하였고, 의복은 소매통이 좁은 삼衫을 입고 통이 넓은 바지에 백색 가죽대를 띠었으며, 황색 가죽신을 신었다. 서민은 갈의褐衣를 입고 변弁을 썼으며, 여자는 머리에 건귁巾幗, 가채을 하였다."

1) 머리모양·머리장신구

(1) 머리모양

얹은머리 얹은머리는 모발을 뒷머리로부터 앞머리로 감아 돌려 끝을 앞머리 가운데에 감아 꽂은 것이다. 고구려 유적 중에서는 무영총 주실主室 우벽의 밥상을 든 여인도그림 22 속 왼쪽 여인에게서 그 모습을 찾아볼 수 있다.

쪽찐머리 쪽찐머리는 두발을 뒤통수에 낮게 트는 양식이다. 고구려 유적 중에서는 무용총 시종녀그림 20, 각저총 주실 여인도와 쌍영총 연도 동벽 여인도 등에서 그 모습을 볼 수 있다.

채머리 생머리를 뒤로 자연스럽게 늘어뜨리는 양식이다. 고구려 유적 중에서는 무용총 무용도 여인상그림 51에서 그 모습을 볼 수 있다.

선빈머리 선빈머리蟬鬢53)는 귀밑머리를 좌우 볼 쪽에 늘어뜨린 머리모양이다. 삼실

51

52

53

총 제1실 남벽 왼쪽 여인도그림 52 등에서 볼 수 있는데 이는 고개지의 〈여사잠도〉 속 머리모양과 동일한 모양으로, 이 같은 머리모양을 중국에서 들여온 것으로 보인다.

묶은 단발머리 묶은 단발머리는 짧은 두발을 뒷머리에 낮게 묶은 머리모양이다. 무영총 주실 우벽의 밥상을 든 여인도그림 22 속 왼쪽 여인 등에서 볼 수 있는데 이는 모발이 자라지 않은 소년과 소녀의 과도기적 발양이라고도 보았으나 귀족들의 시중을 드는 여인들이 발모를 잘라 낮게 묶고 그 끝을 위로 반전反轉시킨 이른바 장발을 피하여 단발형으로 간편하게 묶은 머리모양으로도 보고 있다.

쌍계 쌍계雙紒54)는 머리 좌우의 정변頂邊 가까이에 2개의 계두髻頭를 솟게 한 것이다. 하지만 덕흥리 고분 여인도그림 53에 보이는 머리 양쪽 양 귓가에 모발을 묶어서 내리는 쌍수계식雙垂髻式도 이에 포함된다.

가체식 머리 가체식加髢式 머리는 건귁巾幗이라고도 불리는 가체를 얹어 장식하는 머리모양이다. 안악 3호분 미천왕비상과 그 시녀상그림 54에서 그 모습을 볼 수 있다.

상투 상투는 남자의 대표적인 머리모양으로 각저총 벽화의 씨름하는 사람들그림 55에서 그 모습을 볼 수 있다.

54   55

54
가체식 머리
안악 3호분 벽화

55
상투
각저총 벽화

(2) 머리장신구

비녀 머리에 비녀簪, 笄를 꽂고 있는 모습은 고구려 고분 벽화 인물도를 통해서도 볼
수 있는데 지금은 그림이 떨어져가 확실한 모습을 볼 수 없지만, 발굴 당시 '약수리
벽화 무덤 발굴 보고'에는 벽화에 그려진 주인 부처상 중 부인상이 고계高髻란 복잡
한 방법으로 머리를 틀어올리고 6개의 황금빛 비녀를 꽂고 있었다고 되어 있다.[55]

　중국 길림성 집안현에서 출토된 은비녀그림 56는 L자형이다. 평안남도 순천시 북창
리 고장골 제1호분에서 출토된 은비녀는 2개 모두 간결하게 되어 있다. 머리부분이
둥글게 환형을 이룩하고 아무 장식이 없
는 비녀이다.[56]

채 채釵는 머리를 고정시키는 역할을 하
는 것인데 주로 U자형을 하고 있다. 평양
시 역포구역 용산리 유적지에서 출토된
청동채그림 57[57]는 아무 장식이 없는 U자
의 일반형이다. 전 동명왕릉傳 東明王陵에
서 출토된 청동채青銅釵는 2점으로 모두
U자형으로 되어 있다. 그중 하나는 사이
가 넓고 다른 하나는 좁다.[58]

56   57

56
은비녀
길림성 집안현 출토

57
채
평양 역포구역 용산리 출토

2) 관모

고구려인의 관모로는 변형모, 입형 변형모, 조우관, 대륜식 입식관, 백라관, 흑건, 책幘과 머릿수건이 있었다.

58
변형모
연천 호로고루 고구려성 출토
토지주택박물관 소장

(1) 변형모

고구려 관계 고기록에는 주로 '변弁', '절풍折風', '소골蘇骨, 骨蘇' 등으로 표현되었는데, 기본 형태는 고분 벽화 인물도그림 2에서 보는 것과 같이 변형모이며 연천 호로고루 고구려성 출토 토기로 만든 관모형그림 58에서 나타난 것과 같이 정면에 조우식을 꽂을 수 있는 장식판이 달린 것이 대부분이다. 즉, 평상시에는 장식판이 달려 있는 변형모만을 착용하고 특별한 경우에만 조우식을 꽂아 착용하였던 것으로 보인다. 삼국 모두 공통적인 양식이 나타났다.

절풍 절풍折風은 일반적인 가죽으로 만든 변형모이다.

소골 소골蘇骨은 귀족들이 착용한 가죽 위에 비단을 덧씌운 고급 변형모이다.

입형 변형모 고분 벽화에서 보면 챙이 달려 있는 입형 변형모笠形 弁形帽, 그림 59를 볼 수 있다. 이는 챙이 달려 있어 후대 입모笠帽의 전신으로 보이나 다만 대우챙이 달린 모자의 머리가 들어가는 부분의 모습이 주발을 엎어놓은 것 같은 둥근 형태가 아닌 앞에서 볼 때 이등변삼각형을 이루는 변형모였을 것이다. 즉 평상시에는 변형모만을 착용하고 외출할 때나 햇빛을 피하고 싶을 때만 후술할 고신라 고분 출토 백화수피제 챙그림 128 같은 것을 덧씌워 착용했을 것으로 생각된다.

(2) 조우관

조우관은 변형모에 2개의 천연조우鳥羽나 조미鳥尾를 끼우는 전형적인 조우관과 조미관, 금제 조우식을 삽식하는 금우관, 3 조우관 등이 있었다. 금우관과 3 조우관은 신분이 높은 사람들만 착용하여 그들의 지위를 상징하고 있었던 것으로 보인다.

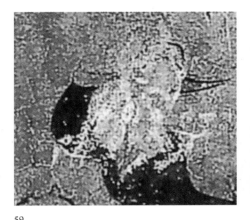

59
입형 변형모
안악 1호분 벽화

60
조미관
무용총 벽화

61
금속제 조우관
개마총 벽화

62
금우관
광개토대왕릉 출토

59

60

61

62

2 조우관 〈왕회도〉 고구려 사신그림 50이 전형적인 2 조우관을 착용하고 있다.

조미관 무용총 벽화 인물도그림 60에서 새 꼬리털을 장식한 조우관을 볼 수 있다.

금우관 금우관金羽冠은 〈한원번이부고려조翰苑蕃夷部高麗條〉에서 "금우로서 귀천을 밝히었다."라고 언급되었다. 개마총 벽화에도 금제 조우관의 착용 모습그림 61이 보인다. 광개토대왕릉에서는 영락이 달려 있는 금제 변형모와 금제 조우식그림 62[59]이 출토되어 금우관의 형태를 보여주고 있다.

3 조우관 중국 길림성 출토 3 조우식그림 63은 백제 조우관에도 3 조우식이 있고 발해에서도 같은 양식이 나타나는 것으로 볼 때, 고신라·가야와는 다른 고구려, 백제, 발해로 이어지는 3 조우식의 전형을 보여준다고 할 수 있다.

63

64

63
3 조우관
중국 길림성 집안시 출토
요령성박물관 소장

64
대륜식 입식관
개마총 벽화

(3) 대륜식 입식관

고구려의 대륜식 입식관은 개마총 벽화 인물도그림 64에서 그 모습을 볼 수 있다. 평양 청암동 토성 출토 투조화염문透彫火 焰文 금동관그림 65을 통해서도 볼 수 있다. 고신라, 가야의 수목형 입식관이나 수목 녹각형 입식관과 달리 백제의 관식과 비슷한 양식을 보이고 있다.

(4) 백라관

"왕관은 금테를 두른 백라관白羅冠이었다."는 기록에서 나타난 것과 같이 안악 3호분 인물도그림 66에서 백라관의 착용 모습을 볼 수 있다.

(5) 흑건

흑건은 수산리 고분 벽화그림 67에서 살펴볼 수 있다. 벽화 속 인물이 쓰고 있는 뒤에 자락이 달린 것이 바로 흑건이다.

65
투조화염문 금동관
평양 청암동 토성 출토

66
백라관
안악 3호분 벽화

(6) 책

책幘은 우리나라 고유의 관모라기보다는 중국에서 들여온 것으로 보인다. 건巾, 두건에서 시작되었으며, 무량사武梁祠 화상석畵像石에 나타난 인물화그림 68에 보이는 책의 형태는 앞면과 옆면을 세모로 자른 안제顔題와 이耳로 구성되어 있고, 위를 덮어 옥屋, 帽部을 만들고, 뒤에는 수收를 달아서 귀천을 가리지 않고 모두 이를 착용하였다고 한다. 고구려의 책은 '무후無後'라고 하는데 중국의 책이 가지고 있는 뒤에 늘어진 '수'가 없는 형태가 아닐까 한다.

또한 중국과 달리 고구려 관계 고기록에

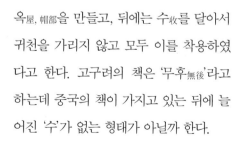

65

66

67

68

는 귀인, 대관계급의 전용 관모로 되어 있었는데 고구려 고분 벽화의 인물도들이 착용한 것을 보면 계급의 구별이 뚜렷하지는 않은 것으로 추측된다. 고구려 고분 벽화에 나타난 책의 종류에는 여러 가지가 있다.

- 뒷부분이 삼각형을 이루는 책: 수산리 고분 벽화 동벽 인물도그림 69
- 뒤가 두 갈래로 갈라진 책: 안악 3호분 벽화 인물도그림 70
- 삼각관: 감신총 벽화 인물도그림 71

(7) 머릿수건

고분 벽화를 보면 여인들이 머릿수건을 두르고 있는데 여기에는 2가지 착용방법[60]이 나타나고 있다.

69

70

67
흑건
수산리 고분 벽화

68
건책
무량사 인물상 소재

69
책
수산리 고분 벽화

70
책
안악 3호분 벽화

- 수건을 접어서 머리의 주위 및 상부까지 덮어 뒤에서 맺는 형태: 각저총 벽화 여인도 그림 72
- 머리 주위에만 두르는 형태: 쌍영총 벽화 여인도 그림 73

71

72

73

3) 의복

고구려인의 의복은 스키타이계 복장인 유襦, 고袴, 장유長襦 외에 상裳과 포袍, 갑옷류 등이 있었다.

(1) 유

전형적인 스키타이계 복장의 하나인 고구려의 유襦는 원래 좌임이었으며 소매통이 좁은 상의그림 2였으나, 중국 복식의 영향으로 인해 우임이며 소매통이 넓은 상의그림 50, 67로 변해간 것으로 생각된다.[61] 옷 둘레에 선襈을 대는 것은 장식적인 의미가 컸으며, 귀족층들은 부선副襈과 무늬가 있는 선襈으로 계급적 차별을 두었다.[62]

(2) 고

고구려의 고袴는 고기록과 고분 벽화 인물도를 통해 볼 때 세고그림 2, 궁고그림 20, 관고그림 50, 67로 나눌 수 있다. 자세한 내용은 한국 복식의 원류 부분에서 전술한 것과 같다.

71
삼각관
감신총 벽화

72
머릿수건
각저총 벽화

73
머릿수건
쌍영총 벽화

(3) 장유

고구려 무용총 벽화그림 22, 〈왕회도〉 고구려 사신그림 50에서 보이는 장유長襦는 직령교임식으로, 중국식 포와 달리 길이도 속에 입은 바지와 치마가 보이도록 그다지 길지 않고 폭도 그리 넓지 않은 우리의 '유'의 형태에서 길이만 길어진 양식이다. 장유는 남녀 공용으로 중국식 포와 함께 착용하였을 것이다.

(4) 상·군

치마는 주로 여인들이 착용하는 것으로 보통 허리에서 도련까지 잔주름이 잡혀 있었으며 상裳과 군裙으로 구별되었다. 고구려 고분 벽화에서는 치마 길이에 의한 계급 차가 보이지 않는다.

상 상裳은 밑에 발이 보일 정도의 길이로 무용총 벽화 여인도그림 22의 치마에서 그 모습을 살펴볼 수 있다.

군 군裙은 상보다 길이와 폭을 더해서 미화시킨 것으로 구별할 수 있다. 쌍영총 벽화 여인도그림 73의 치마에서 그 모습을 살펴볼 수 있다.

색동치마 치마의 양식 중 특이한 것은 색동치마그림 74이다. 이것은 주름마다 색이 다른데 이는 당唐 이현 묘 벽화 여인상그림 75에도 보이고, 일본 다카마스총高松塚 벽화 여인상그림 76에도 보인다. 당은 유상의를 입고 치마를 입는 양식이었고, 우리와 일

74
색동치마
수산리 고분 벽화

75
당의 색동치마
당 장회태자 이현 묘 벽화

76
일본의 색동치마
다카마스총 벽화

74

75

76

77

78

77
폐슬
집안오회분 4호묘 벽화

78
찰갑무사
집안통구 12호분 벽화

본은 치마를 입고 유를 입는 양식이었다. 이 같은 색동치마 양식은 우리나라를 거쳐 일본에 전해진 것으로 추측된다.

(5) 포

포袍는 고구려 관계 고기록에는 보이지 않으나 고분 벽화에는 포를 착용한 인물이 있어 그 존재를 알리고 있다. 즉, 포는 우리 고유의 장유長襦의 양식과 구분되는 중국식의 바닥에 끌리는 긴 내리닫이 옷을 지칭한다고 본다. 수산리 고분 벽화에 보이는 포의 형태그림 69는 소매가 넓고 길어 손등을 덮고 있어 전형적인 중국식 포라는 것을 알 수 있다. 한편 여인들이 착용한 포에서는 폐슬그림 77 양식을 두른 모습도 볼 수 있다.

(6) 갑옷

무인들이 착용했던 갑옷의 형태는 통구 삼실총三室塚 찰갑札甲, 비늘식으로 만든 갑옷무사도[63]나 집안통구 12호분 벽화의 찰갑무사도그림 78에서 살펴볼 수 있다. 여기서는 고구려 무사들이 주로 찰갑을 입은 것을 볼 수 있는데 연천 무등리 2보루 고구려 유적지에서 찰갑으로 된 갑옷 유물이 출토되어 이를 증명해준다.

4) 요대·신

(1) 요대

유나 장유, 포위에는 대구를 부착한 가죽으로 된 혁대革帶와 직물로 만든 포백대布帛帶, 요패腰佩를 매달고 있는 금속으로 된 과대銙帶 등을 착용한 것으로 생각된다. 이같이 허리에 여러 도구와 일상용품을 다는 풍습은 실제 유목민 사이에서 여러 날씩 돌아다니는 경우 필요한 물건을 안장이나 허리띠에 매달던 것에서 시작되어 중국에 들어와 일정한 형식을 갖추게 된 듯하며, 이것이 우리나라에도 들어오게 된 것으로 보인다. 국립중앙박물관 소장 고구려 금동 과판그림 79은 본래 허리띠와 5개의 못으로 연결되어 있었으나 현재는 못 2개만 남아 있다.

혁대 고구려 관계 고기록에 보이는 백위대白韋帶, 백피소대白皮小帶, 소피대素皮帶 등은 가죽으로 된 대를 지칭하고 있는 것으로 보이며 무용총 벽화의 기마 인물도그림 60에도 혁대를 착용한 모습이 나타난다. 당시에는 그 끝에 전술한 대구를 부착하고 있었을 것이다.

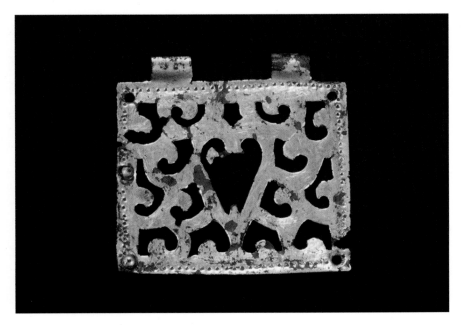

79
금동과판
국립중앙박물관 소장

포백대 고구려 관계 고기록에는 자라대紫羅帶라고 하는 비단대의 착용 기록이 있다. 〈왕회도〉속 고구려 사신그림 50을 통해서는 포백대의 착용 모습을 살펴볼 수 있다. 고구려 고분 벽화에서는 좁거나 좀 더 넓은 포백대를 두른 모습을 흔하게 볼 수 있으며 간혹 가는 끈을 매고 있는 모습도 보인다.

포백대는 옷 위에 맺는 위치도 앞뒤·옆 등 다양하며, 신분에 따라 혹은 착용 의복의 종류에 따라 여러 가지 색대色帶를 두르고 있어 백제에서와 같이 색에 따른 품계의 구별도 있었으리라 생각된다.

과대 과대銙帶는 주로 과판으로 장식한 혁대의 한쪽에는 교구鉸具, 다른 한쪽 끝에는 대선금구帶先金具를 달아 허리에 패용한 것이었으며 때에 따라 요패腰佩를 매달기도 하였다. 과대의 부속품은 다음과 같다.

- 교구띠고리: 타원 또는 장방형으로 중국이나 북방에서 사용되던 일자형의 구조와 달리 걸쇠와 축이 하나로 만들어진 T자형으로 반대편 끝의 구멍 속에 찔러 넣어 고정시키는 구조이다.
- 과판띠꾸미개: 대를 장식하는 금속제 판이다.
- 대선금구띠끝꾸미개: 교구의 반대편 대 끝에 붙는 것으로 착용할 때는 교구의 고리 속을 지나 몸의 앞쪽에 늘어뜨린다.
- 요패띠드리개: 과판 아래 늘어뜨려 여러 가지 요식腰飾을 매단 장식물이다.

(2) 신

고구려에서 착용되던 신靴, 履은 화靴와 이履, 금동신발金銅履 등으로 대별된다.

화 화는 신목이 있는 것으로 스키타이계 복장에서 온 것으로 생각되며 고구려 관계 고기록에 '적피화赤皮靴', '오피화烏皮靴'로 표현되고 있다. 〈왕회도〉의 고구려 사신그림 50은 화를 착용한 것으로 보이며 고분 벽화에는 '화'만을 따로 그려놓은 경우도 있고, 인물상이 착용하고 있는 경우도 많다.

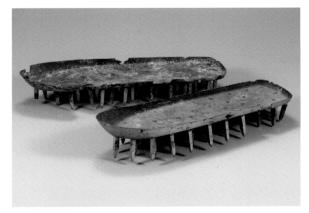

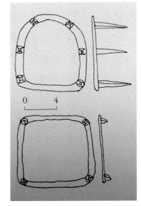

80   81

이 이履는 원래 디디거나 밟는다는 의미이나 고대에는 신목 없는 신을 이履라고도 불렀다. 고구려 관계 고기록을 보면 황혁리黃革履, 황위리黃韋履가 나타나 있어 가죽으로 된 이가 착용되었던 것으로 보이며, 고구려 고분 벽화그림 51에도 다수 보이고 있다. 한편 전술한 폐슬 착용 인물그림 77은 신의 앞코가 유난히 들린 고두리高頭履를 착용하고 있는데 이는 귀족들만 착용했던 것이라고 한다.[64)]

금동신발·쇠못신발 고구려 금속제 신발은 집안 통구 12호분 찰갑무인札甲武人의 신발그림 78[65)]을 보면 운두가 얕고 앞코가 뾰족하며 신창이 스파이크식으로 묘사되어 있다. 국립중앙박물관 소장 금동신발그림 80은 하나의 금동판에 사각추 형태의 금동못이 촘촘히 박혀 있다. 쇠못신발鐵釘履 중 환도산성 출토품그림 81 1점은 발 앞부분에 부착되었던 것이며 6개의 못이 달린 말발굽형으로 가운데는 비어 있다. 다른 1점은 뒷발 부분에 부착되었던 것으로 보이며, 위에는 4개의 못이 있다. 사용할 때는 가죽끈으로 묶었는데 이는 눈 위를 걸을 때나 산에 오를 때 미끄러지는 것을 방지하는 용도로 쓰였던 것이다. 금동신발의 경우에도 파손·균열, 못 등이 빠진 흔적이 보이며, 쇠못신발은 부식되어 못이 짧게 남아 있는 등 사용한 흔적이 있는데 이는 실제로 사용했었기 때문으로 보인다.

쇠못신발과 금동신발의 용도는 같았을 것으로 생각된다. 만약 쇠못신이 사병용이라면, 금동신발은 계급이 높은 고구려 장군들이 겨울철에 사용했던 것이라고 볼 수 있다.[66)]

82
태환식 원추형 귀고리
광진구 능동 출토
국립중앙박물관 소장

5) 장신구

고구려 장신구는 고신라, 가야인의 장신구에 비하여 출토 예가 빈약하다. 그들이 착용하던 장신구 유물로는 귀고리, 목걸이, 팔찌, 반지 등이 있다.

(1) 귀고리

귀고리에 대한 고기록은 먼저 《구당서》 음악지 고려악조에 "금당金璫으로 장식하였다."라고 하였고, 《한원翰苑》 고려조 양원제직공도에 의하면 "귀를 뚫어 금환金鐶으로 장식하였다."라고 하여 고구려인들의 귀고리 착용 예를 보여주고 있다.

또한 〈왕회도〉 속 고구려 사신그림 50은 귀고리를 착용하고 있다. 통구 사신총 역사상이 귀에도 고리형의 단환식 귀고리를 착용하고 있음을 볼 수 있다. 장천 2호분 벽화 인물도는 북쪽 돌문 정면에 문지기를 1명 그렸는데 이 인물은 오른쪽 귀에 황색 귀고리를 달고 있다.[67]

광진구 능동 출토 금귀고리그림 82는 태환식이며 원추형의 수식을 매단 수식부 귀고리이다. 전형적인 고구려의 귀고리 양식이다. 국립중앙박물관 소장 금귀고리그림 83는 세환식으로 2매의 크고 작은 심엽형心葉形 수식이 달려 있다. 약수리 벽화 무덤 출토 귀고리그림 84는 세환식으로 상하 2곳의 금방울을 금줄로 연결한 독특한 방식을 사용하였다.[68]

83
세환식 심엽형 귀고리
국립중앙박물관 소장

84
세환식 방울형 귀고리
남포시 강서구역 약수리 출토

83

84

(2) 목걸이

고구려에서 목걸이를 착용했던 예는 다른 나라에 비하여 흔하지 않았던 것으로 보이나, 〈약수리 무덤 발굴 보고〉에서 주인공 부처의 모습을 설명하면서 "부인상 목에는 황금빛 나는 환식 목걸이를 걸고 있다."[69]라고 한 것으로 보아 고구려인들도 목걸이를 착용하였음을 알 수 있다. 목걸이 유물로는 아차산 보루성 출토 곡옥부 목걸이가 있으며, 평양 대성산 일대 고산동 제10호 무덤에서는 구슬이 4개 나왔는데 3개는 긴 구슬이고 1개는 둥근 구슬이었다.[70] "둥근 구슬은 구멍이 중심에 뚫렸고 구리실을 그 안에 끼워 놓았다."[71]라고 한 것으로 보아 구슬이 목걸이의 재료였을 것으로 생각된다.

(3) 팔찌

팔찌에 대한 고기록은 《삼국사기》〈온달전〉에 남아 있다. 여기에는 "공주는 보천寶釧 수십 개를 팔뚝에 차고 궁월을 나와 혼자 갔다. …이 금천을 팔아 집, 노비, 우마, 기물을 구입하였다."라고 기록되어 있다. 통구 12호분 벽화 여인도그림 85에도 양팔에 팔찌를 찬 모습이 보인다.

고구려에서는 팔찌를 양팔에 착용하거나 한 번에 여러 개를 차는 경우도 있었던 것으로 보인다. 팔찌는 주로 청동제와 은제품이 출토되었는데 형태는 간단한 원형으로 끝이 열려 있는 것도 있고, 은제 톱니형 팔찌그림 86도 있었다.[72]

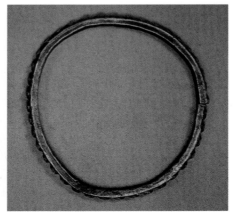

85
팔찌를 착용한 여자
통구 12호분 벽화

86
은제 톱니형 팔찌
황해북도 봉산군 천덕리 출토

85   86

(4) 반지

고구려의 반지는 지금까지 알려진 것으로는 금·은·동제가 있는데 수량이 많지 않으며 대부분이 간단한 형태이다. 종류로는 줄 반지와 능형 반지, 톱니형 반지[73] 등이 있다.

2 백제 복식

《삼국사기》기록에 따르면, 고구려 유이민流移民인 비류와 온조가 남쪽으로 함께 내려온 뒤 비류는 미추홀에, 온조는 하남위례성에 각기 도읍을 정하고 나라를 세웠으며, 비류가 죽자 그 신하와 백성이 모두 위례성으로 옮기면서 비로소 백제百濟라는 큰 나라로 성장했다고 한다. 한강 유역을 통합하고 율령律令을 반포하는 등 실질적인 시조로 등장한 것은 고이왕古爾王이며, 근초고왕近肖古王 때 마한馬韓 전역을 통합한 뒤 크게 발전하여 역대 31왕으로 이어지면서 660년 신라와 당나라의 연합군에 의해 멸망할 때까지 660년까지 존속한 고대 왕국이었다.

유리한 자연환경과 지배층이 북방 유이민流移民을 모체로 한 단일체제에 의해 이루어졌다는 등의 이점 때문에 일찍부터 정치·문화적 선진성을 과시하였고, 4세기 중엽에는 일본, 중국 랴오시遼西 지방·산둥반도山東半島 등지와 연결되는 고대의 해외 상업세력을 형성하였으며, 특히 일본 고대문화의 지도자 역할을 하였다.

백제 역시 고기록과 그림들, 고분 출토품을 통하여 복식형태를 알 수 있다. 백제에서는 관리를 16개의 관등官等으로 서열화했으며, 백제의 공복公服제도는 고이왕 27년260에 제정되었는데 관식冠飾과 의대색衣帶色으로 상하의 등위를 구별하였다.

관식을 살펴보면 1~6품까지는 은화銀花를 장식하였다. 대帶는 품계에 따라 색을 달리하여 '자紫, 조皂, 적, 청, 황, 백색' 대를 착용했으리라 추정된다. 의색衣色은 6품 이상은 자색紫色, 11품 이상은 비색緋色 16품 이상은 청색靑色을 착용하게 하였으나, 평인에게는 비색과 자색을 금하고 있음을 볼 수 있다. 《구당서舊唐書》,《신당서》〈동이전〉

백제조에 "왕복은 청색 비단바지와 소매통이 넓은 포를 입고 가죽대를 띠었으며, 검은 가죽신을 신었고, 머리에 금화金花를 장식한 검은 비단관을 썼다."라고 기록하고 있다. 또한 백제의 악樂에 대한 《통전通典》의 기록을 보면 "춤추는 자는 2명인데 자색의 소매통이 넓은 치마, 저고리를 입고, 장보관章甫冠을 쓰고 가죽신을 신었다." [74]라고 되어 있다.

한편 백제인들의 의상의 형식과 문양에 관하여 이야기하려면 〈양직공도梁職貢圖〉의 백제 사신, 〈왕회도〉와 〈번객입조도〉의 사신을 빼놓을 수 없다. 〈양직공도〉[75]의 백제 사신그림 87[76]은 입화식이 달린 관모를 쓰고, 밑자락에 이색 선이 둘러진 밑을 묶지 않는 통 넓은 바지와 선이 둘러진 우임의 장유를 입고 있으며 화를 신고 있다.

87

88

〈왕회도〉의 백제 사신그림 88은 검은색 변형모를 쓰고 황색 바지에 우임의 붉은 선이 둘러진 녹색 장유를 입고 허리에 황색 띠를 둘러 아래로 내려뜨리고 있으며, 검은 장화를 신은 모습이다.[77]

〈번객입조도〉의 백제 사신은 선묘로만 그려져 있고 옷은 〈왕회도〉의 백제 사신과 비슷하지만, 관모 앞부분에 무엇인가 앞에서 뒤쪽으로 비스듬히 관식冠飾을 세우고 있는 모습으로 묘사되어 이것이 백제 관리들의 은화식을 세운 모습이 아닐까 추측된다. 또한 무령왕릉 발굴 유물을 비롯한 많은 유물을 통해 당시 백제인의 복식이 삼국의 어느 나라에도 뒤지지 않는 화려한 것이었음을 알 수 있다.

87
백제 사신
〈양직공도〉 소재
중국역사박물관 소장

88
백제 사신
〈왕회도〉 소재
국립고궁박물원 소장

1) 머리모양·머리장신구

(1) 머리모양

머리모양으로는 얹은머리, 땋은머리, 쌍계雙紒, 상투, 악공머리가 있었다.

89

90

얹은머리 출가한 여인은 발모를 모아 머리 위에 서리 었다고 한다. 이는 출가한 여인들이 얹은머리를 주로 하였음을 나타낸다.

땋은머리 여인들은 머리를 땋아서 뒤로 내려뜨렸다.

쌍계 부여 정림사지에서 출토된 토용그림 89의 머리에서는 머리 위에 쌍으로 올린 머리모양인 쌍계를 살펴볼 수 있다.

상투 부여 정림사지 출토 토용에서는 상투를 튼 모습도 볼 수 있다.

악공머리 백제금동대향로 악공들의 머리모양그림 90에서는 머리 전체를 밀고 오른쪽으로만 땋아서 틀어올린 독특한 모습을 볼 수 있다.

(2) 머리장신구
머리장신구로는 비녀와 머리꽂이, 뒤꽂이가 있었다.

비녀 청주 신봉동 출토 은비녀는 양 끝이 둥글고 가운데가 잘록하게 들어간 절 굿공이 모양이다. 충남 부여군 규암면 함양리 출토 은비녀는 한쪽 끝은 뾰족하게 하여 약간 꼬부리고 다른 한쪽 끝은 금판을 씌운 뒤 화문花文으로 장식하였다.[78]

머리꽂이 충남 부여군 장암면 하황리 고분에서 출토된 장신구그림 91는 아래에 얇은

89
쌍계
부여 정림사지 출토
국립부여박물관 소장

90
악공 머리
백제금동대향로 소재
국립부여박물관 소장

91
머리장신구
부여 하황리 출토
국립부여박물관 소장

92
뒤꽂이
무령왕릉 출토
국립공주박물관 소장

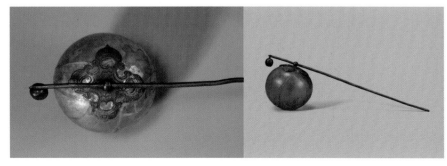

91

92

은판으로 된 4장의 잎사귀장식을 붙인 녹색 유리공에, 작은 은봉 꼭지가 달린 가는 은제 꽂이가 매달려 있는 형태인데, 머리꽂이로 사용되었을 것으로 추측된다.

무령왕릉 출토 뒤꽂이그림 92는 새가 날개를 펼치고 있는 모습이고 아래 꼬챙이 부분은 새의 긴 꼬리처럼 되어 전체 모양이 날고 있는 새의 모습 같다.[79]

2) 관모

(1) 변형모

부여에서 출토된 출토 사람 얼굴 토기그림 93나 〈왕회도〉 속 백제 사신그림 88은 변형모를 착용한 것으로 보인다. 충남 서산 부장리 출토 금동제 변형모그림 94는 봉황과 용을 투조했으며, 앞에는 사람 얼굴 토기편그림 93에서 보이는 것과 같은 무언가를 삽식할 수 있는 장식판을 붙이고 뒤에도 또 다른 장식판을 붙이고 있다. 전남 나주시 반남면 신촌리 제9호분 출토 금동제 변형모는 반원형 동판을 맞붙이고 테두리를 둘러 접착시켰다.

한편 익산 입점리 출토 변형모그림 95는 후두부에 독특한 형태의 긴 대롱 끝에 반구형半球形의 장식을 붙였다.[80] 전남 고흥 안동 고분에서도 동일한 양식의 변형모가 출토되었는데, 이는 백제만의 독특한 양식이지만 일본에도 같은 양식이 있어 백제에서 일본으로 전파된 것으로 생각된다.[81]

93
변형모
충청남도 부여 출토

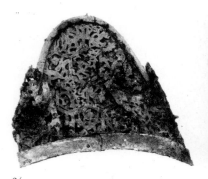
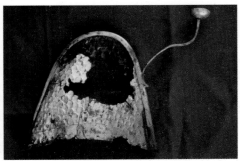

94
금동제 변형모
충청남도 서산 부장리 출토

95
대롱이 달린 변형모
익산 입점리 고분 출토
국립전주박물관 소장

94

95

96

(2) 조우관

백제에서는 제례와 같은 특수한 경우에만 조우관을 착용하였던 것으로 보인다. 부여 능산리 절터에서 나온 유물에 새겨진 인물그림 96은 조우관을 착용한 듯한 모습이다.

한편 공주 수촌리 II-4호분 출토 조우관그림 97이나 II-1호분 출토품의 뒷모습은 익산 입점리 출토품그림 95과 같이 긴 대롱을 1개나 2개 달고 있으나 기본은 변형모에 앞에 3 조우식을 단 것이다. 고구려, 발해에도 같은 양식이 존재하고 있다.

96
조우관
부여 능산리 절터 출토
국립공주박물관 소장

97
조우관
공주 수촌리 고분군 II-4호
분 출토
국립공주박물관 소장

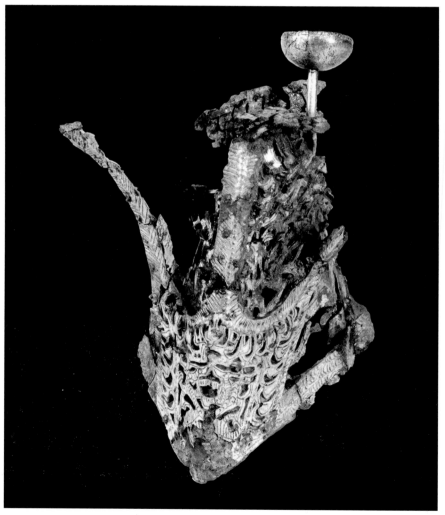

97

(3) 대륜식 입식관

전술한 전남 나주시 반남면 신촌리 9호분 출토 금속제 변형모와 함께 출토된 금동관은 수목형 입식관그림 98으로 금동 대륜에 3개의 입식을 세운 것이다.

(4) 금·은제 관식

왕과 왕비는 금제 관식을 하였고, 1품에서 6품까지의 관직자들은 은제 관식을 하였다. 무령왕릉에서 출토된 왕의 것으로 보이는 금제 관식그림 99은 초화문투조식草花文透彫式으로 금제 영락이 달려 있다. 왕비의 금제 관식그림 100은 무늬가 좌우대칭으로 인동당초문忍冬唐草文을 이루고 있으며 영락은 없다. 왕과 왕비는 변형모형 검은 비단관 양옆으로 금제 관식을 꽂아서 중앙으로 쏠리도록 비스듬하게 착용하는 방법을 사용하였을 것이다.

신하들이 은제 관식을 착용한 모습은 〈양직공도〉 속 백제 사신그림 87이 착용한 관모에서 볼 수 있다. 여기에는 "모帽로서 관冠을 삼았다."라고 기록되어 있는데, 이는 변형모 형태의 모자 위에 다른 태 등을 첨부하여 관식을 세운 것으로 일반적

98
대륜식 입식관
전라남도 나주시 신촌리 9호분 출토
국립광주박물관 소장

99
무령왕 금제 관식
무령왕릉 출토
국립중앙박물관 소장

100
무령왕비 금제 관식
무령왕릉 출토
국립중앙박물관 소장

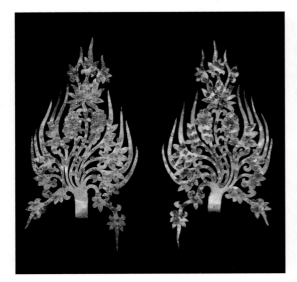

99

100

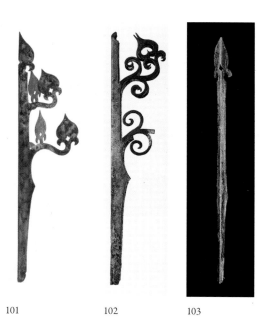

101　　　　　　102　　　　103

101
은제 관식
논산 육곡리 출토
국립공주박물관 소장

102
은제 관식
부여 하황리 출토
국립부여박물관 소장

103
여자용 은제 관식
부여 능안골 36호분 서
편 출토

인 삼국시대의 대륜식 입식관과는 다른, 모자와 관식을 함께 첨부하여 만든 백제 특유의 양식을 표현한 것으로 생각된다.

논산 육곡리 출토 은제 관식그림 101은 얇은 은판으로 만든 나뭇가지 모양의 상부와 양단에 2단으로 좌우로 뻗어 꽃봉오리가 위로 향하게 대칭으로 만들어 오린 후 중심선에서 세로로 접어 관모에 꽂았다.[82] 이외에도 부여 하황리 출토 은제 관식그림 102과 남원 척문리 고분 출토 은제 관식,[83] 부여 능안골 36호분 동편 출토 은제 관식 등이 있다.

한편 부여 능안골 36호분 서편 출토 은제 관식그림 103은 여자용인데, 줄기 부분의 기본 형태는 남자용 은제 관식그림 101, 102과 같은 양식 또는 양옆 가지가 생략된 간단한 형태이다. 즉, 고기록에는 남아 있지 않지만 유물을 통해 볼 때 여자들도 의례적인 경우에 한하여 은제 관식을 착용하였으리라 생각된다.

부여 능안골 36호분 동편 출토 철제鐵製 삼각형 모자심그림 104은 철심의 중앙부에 은제 관식이 그대로 놓여 있어 모자심에 은제 관식을 꽂았던 것으로 여겨진다.[84] 능산리 백제 고분 53호분 철제 삼각형 모자심은 만든 방법이나 기능 면에서도 다른 모자의 철심들과 차이가 없었을 것으로 여겨진다.

은제 관식의 착용방법은 크게 2가지로 나눌 수 있다.

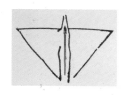

104
삼각형 모자심
부여 능안골 36호분 동
편 출토
국립부여박물관 소장

- 꺾어진 은제 관식을 변형모 부위의 재봉 부위에 맞추어 겉에서 실 등으로 꿰매는 방법이나, 관식을 꺾어서 변형모 앞의 장방형 판에 삽식하는 것이 보다 보편적인 방법이 아니었을까 한다. 이 경우 〈왕회도〉 속 백제 사신그림 88이 쓴 것처럼 변형모의 앞 사면을 따라 비스듬히 관식이 세워져 있었을 것이다.
- 삼각형 형태의 철제 모자심의 출현으로 좀 더 색다른 방법으로 관식을 착용하는 방법도 있었을 것이다. 모자심 중앙에 은제 관식을 끼워서 실 등으

로 연결한 다음 변형모의 장방형판 안에 삽식하는 것으로 수직으로 세워지
지 않고 변형모의 앞 사면을 따라 비스듬히 착용되었을 것으로 생각된다.

(5) 고모

백제금동대향로의 말을 탄 사람그림 105은 독특한 고모高帽를 착용하고 유고 복장을
입고 있는데, 일본 다케하라 고분竹原古墳壁畵 인물도에서도 말을 끌고 있는 인물이
고모를 착용하고 유고양식의 동일한 복장을 하고 있는 것을 볼 수 있다.[85]

(6) 롱관·장보관

부여 정림사지 출토 롱관籠冠, 그림 106은 중국 남북조시대 롱관과
매우 유사한 양식이다. 춤추는 자의 관모로
장보관章甫冠을 착용했다고 한 것으로 보
아 특별한 경우에는 중국식 장보관도 착
용했을 것으로 생각된다.[86] 장보관은 중
국 기본 관모의 하나로 롱관과 함께 백제
에 전해져 귀족 및 특수 계급에 한하여 착
용되었던 것으로 보인다.

3) 의복

(1) 유

상의인 유襦와 같은 형태에 대한 것은 주로 복삼復衫이라고 기록되어 있다. 이는 고구려 고분 벽화에 보이는 일반적인 유의 형태와 비슷한 모양이었을 것이다.

(2) 장유

《주서周書》〈열전〉 백제조에는 "부인의 의衣는 포袍와 유사하다."라고 되어 있어 여자들이 포보다 짧은 장유를 착용하였음을 알 수 있다. 한편 백제 공복으로 장유가 사용되었음을 〈양직공도〉, 〈왕회도〉에 나타난 백제 사신의 모습에서 알 수 있다.

3세기 고이왕 대에는 자紫, 비緋, 청靑색으로 정해져 사용되었다고 하나, 6~7세기 대 〈양직공도〉에 나타난 백제 사신그림 87은 자색 선襈이 둘러진 청색 장유를, 〈왕회도〉에 나타난 백제 사신그림 88은 주홍색 선이 둘러진 녹색 장유를 착용하였다. 이로 미루어볼 때 장유 공복의 색이 일정하게 정해지지 않은 것으로 보인다. 그러다 7세기 대에 이르러 비색으로 단순화되고 서민들과 차등을 두게 되었을 것이다.[87]

(3) 고

왕은 청금고靑錦袴라는 청색 비단바지를 착용하였다. 〈양직공도〉 속 백제 사신그림 87과 〈왕회도〉 속 백제 사신그림 88 역시 밑단에 이색 선襈을 두른 통이 넓은 바지를 입고 있다.

(4) 상

백제의 상裳, 즉 치마에 대한 기록은 《통전通典》에서 찾아볼 수 있다. "춤추는 자는 2명인데 자색의 대수군유紫大袖裙襦를 입고"라는 내용으로 미루어볼 때 치마를 착용했을 것으로 보이며, 이러한 모습은 백제금동대향로에 새겨진 거문고 연주자의 복식에서도 찾아볼 수 있다. 백제금동대향로의 주악상 중 배소 연주자그림 107의 저고리 허리 밑 부분에 나타난 너풀거림 표현을 통해서는 이중의 치마를 입고 가슴 위

107

108

치에 맨 포백대 겉으로 겉치마의 윗부분을 접어 내려뜨렸음을 알 수 있다.[88]

(5) 포

왕은 대수자포大袖紫袍라는 소매통이 넓은 포를 착용하였다. 백제금동대향로에 새겨
진 거문고 연주자그림 108의 복식을 보면 합임의 포를 입고 허리에는 대를 띠고 있
는데 이는 중국식 포로 보인다. 이를 통해 백제에서도 고구려와 마찬가지로 왕을
비롯한 유관자들과 악공을 비롯한 특수 계급에서 중국식 포를 착용하였음을 알
수 있다.

4) 요대·신

(1) 요대

왕은 소피대素皮帶라는 무늬 없는 가죽대를 둘렀다. 백제에는 고이왕 대의 공복제도
품계에 따라 자紫, 조皁, 적赤, 청靑, 황黃, 백白, 대帶를 착용했다는 기록이 남아 있다.

〈양직공도〉 속 백제 사신그림 87이나 〈왕회도〉 속 백제 사신그림 88 모두 포백대를
매어 길게 늘어뜨리고 있다. 대구나 과대에 관한 기록은 보이지 않으나 유물을 통

109

110

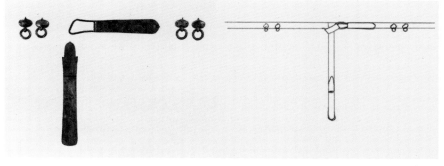

111

해 그 형태를 볼 수 있다. 예로는 천안 청당동 출토 마형 대구그림 109[89]가 있다. 무령왕릉 출토품그림 110은 교구와 대선금구, 과판, 요패 등으로 구성되어 있는데 모두 금과 은을 사용하였다. 능산리 고분에서는 은제 교구그림 111, 대선금구, 심엽형 과판 등이 출토되었는데, 착용방법은 교구 속을 대선금구가 돌아 지나가게 매어 앞으로 늘어뜨리는 방법이었을 것으로 추측된다.[90]

충남 공주시 금성동 송산리 2호분에서 출토된 사각형의 금동 대금구는 짐승의 얼굴무늬를 표현한 것으로 동물의 얼굴이 새겨진 백제 특유의 대금구이다.

112   113

112
금동신발
무령왕릉 출토
국립공주박물관 소장

113
금동신발
익산 입점리 고분 출토
국립전주박물관 소장

(2) 신

화 〈양직공도〉 속 백제 사신그림 87이나 〈왕회도〉 속 백제 사신그림 88 모두 화를 착
용하고 있다.

금동신발 예로는 무령왕릉 출토 왕의 금동신발그림 112과 왕비의 금동신발이 있었
다. 신 바닥에 목피나 포편의 흔적이 있는 것으로 보아 금동신발들은 의례적인 경
우 실제로 착용했을 것으로 보인다. 이외에도 익산 입점리 출토 금동신발그림 113[91)
과 신촌리 9호분 출토 금동신발 등이 있다.

5) 장신구

백제시대 장신구로는 의복과 더불어 착용되었던 의복장식품, 귀고리, 목걸이, 팔찌,
반지 등이 있었다.

(1) 의복장식품

의복장식품으로는 무령왕릉 출토 사엽형 장식그림 114과 팔화형八花形, 원형 장식圓形裝
飾 등이 있었다. 그 외에 금모곡옥金帽曲玉, 그림 115, 감장용 금모嵌裝用 金帽 등이 출토되
었는데 형태와 출토 위치가 모두 달랐다. 아마도 여러 가지 용도로 사용한 듯하다.

(2) 귀고리

백제 고분 출토 귀고리 양식은 고리 1개로만 이루어진 단환식 귀고리와, 단환식 귀

114
사엽형 장식
무령왕릉 출토
국립공주박물관 소장

115
금모 곡옥
무령왕릉 출토
국립공주박물관 소장

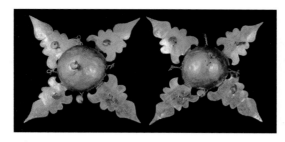

114

115

고리 밑에 수식이 달린 수식부 귀고리로 나눌 수 있다. 수식부 귀고리는 대부분 세환식 귀고리로 이루어졌으며, 다시 1줄로 된 단조식과 여러 줄로 된 다조식으로 분류할 수 있다.

단환식 귀고리로는 1개의 고리로만 이루어진 천안 용원리 유적 출토 금동귀고리와 전남 순천시 죽내 출토 금귀고리 등이 있다. 세환식 귀고리에는 수식부 귀고리에는 수식이 하나씩 달린 단조식 귀고리와 여러 줄이 달린 다조식 귀고리가 있다.

116
세환식 복엽형 귀고리
부여 능산리 고분 출토
국립부여박물관 소장

117
세환식 귀고리
익산 입점리 고분 출토
국립전주박물관 소장

세환식 단조식 귀고리 부여 능산리 고분 출토 금귀고리그림 116는 꽃바구니형의 중간식을 매달고 그 밑에 복엽형의 심엽형 수식을 달고 있다. 익산 입점리 고분 출토 세환식 귀고리그림 117는 긴 체인 형태의 연결고리 아래 독특한 형태의 장식을 매달고 있는데 이는 백제만의 양식으로 보인다. 거의 동일한 형태가 일본 에타후나마야江田船山 고분 출토 귀고리에서도 나타나고 있다.[92]

무령왕릉에서 출토된 왕비용 금귀고리 중 1줄로 된 것은 다른 1쌍과 거의 같은 수법이나 탄환장식은 달지 않았고, 잎사귀모양의 장식과 담록색의 둥근 옥을 달았다. 공주 주미리 3호분 출토 금제품도 세환에 원통형 중간식을 달고 그 밑에 다시 복엽형의 심엽형 수식을 매달고 있다.

세환식 다조식 귀고리 무령왕릉에서 출토된 왕비용 금귀고리 중 1쌍그림 118은 길고 짧은 2줄의 장식이 달려 있고, 긴 가닥은 사슬에 둥근 장식을 연결하였다. 왕이 착용한 것으

116

117

118
다조식 귀고리(왕비)
무령왕릉 출토
국립중앙박물관 소장

119
다조식 귀고리(왕)
무령왕릉 출토
국립공주박물관 소장

118   119

로 보이는 금귀고리그림 119는 세환에 2가닥의 장식을 길게 늘어뜨렸다. 하나는 복심엽형複心葉形의 장식을 달았고, 다른 1가닥은 금모자를 씌운 푸른색 곡옥을 매달았다.

(3) 목걸이

목걸이는 쇠사슬형 목걸이와 옥류 연결 목걸이로 나눌 수 있다.

쇠사슬형 목걸이 쇠사슬형 목걸이로는 무령왕릉에서 발견된 왕비의 목걸이가 있다. 이 목걸이는 9마디로 된 것그림 36과 7마디로 된 두 종류인데, 활모양으로 약간 휘어진 육각의 금막대를 끝으로 갈수록 가늘게 하여 고리를 만들고 다른 것과 연결시켰다. 고리를 만들고 남은 부분은 짧은 목걸이의 경우 10~11회, 긴 목걸이는 6~8회 감아서 풀리지 않게 하였다.

옥류 연결 목걸이 옥류 연결 목걸이는 다음과 같은 양식으로 나누어진다.

- 곡옥 없이 일반 옥으로만 연결된 양식: 부여 능산리 사지, 천안 청당동, 나주 신촌리 9호분, 청원 송대리, 청주 신봉동, 함평 신덕 고분 출토 목걸이들은 여러 가지 옥을 엮어 만든 것이다.

120
곡옥부 목걸이
천안 두정동 출토
국립공주박물관 소장

- 큰 환옥 1개를 중심으로 여러 가지 옥들이 연결된 양식: 부여 능산리 사지, 청원 송대리, 화성 마하리 출토 목걸이들은 주로 아래에 다른 옥보다 크기가 큰 환옥을 수하시키는 양식을 보이고 있다.
- 1개의 곡옥을 중심으로 각종 옥을 연결한 양식: 여수 미평동, 장수 하월리, 천안 두정동 출토 목걸이들은 1개의 곡옥을 수하시키고 각종 옥을 연결하고 있다. 특히 천안 두정동 출토품그림 120은 1개의 곡옥을 중심으로 3점의 금박옥이고 55점은 남색을 띄고 있는 유리제 옥으로 구성되어 있다.

(4) 팔찌

백제의 팔찌에도 금, 은, 동제가 있었는데 환형環形이나 둥글기는 하나 끝이 붙어 있지 않은 것도 있었고 톱니형, 쇠사슬형도 있었다. 무령왕릉 출토 팔찌들을 보더라도 한 사람이 여러 종류의 팔찌를 병용했던 것으로 보인다.

환형 팔찌 제천 도화리, 전傳 부여 출토 동제 팔찌는 환형이었다. 공주 보통골, 논산 모촌리, 전傳 부여 출토 은제 팔찌는 환형環形이었으나 끝이 붙어 있지 않았다.

톱니형 팔찌 무령왕비의 것으로 보이는 1쌍의 은제 팔찌그림 121는 팔목이 닿는 안쪽에는 톱니모양을 촘촘히 새겼고, 둥근 바깥 면에는 발이 셋 달린 2마리의 용을 새겼다. 무령왕릉 출토 금·은제 팔찌와 전 부여 출토 은제 팔찌는 표면은 굵은 톱니형이었다.

121
은제 용문 팔찌
무령왕릉 출토
국립중앙박물관 소장

쇠사슬형 팔찌 무령왕릉 출토 금·은제 팔찌는 전술한 쇠사슬형 목걸이류와 구성방법이 비슷하다.

(5) 반지

백제인들은 반지를 거의 착용하지 않아서인지 호화찬란한 유물이 수천 점 부장된 무령왕릉에서조차 반지가 출토되지 않았다. 대신에 간소하고 거친 반지가 몇몇 고분에서 출토되었다. 공주 금학리 고분에서 출토된 금제 반지 1개, 공주 우금리 고분에서 출토된 은제 반지 8개, 금제 반지 1개, 담양 제월리 고분에서 출토된 금동제 반지 1쌍 등이 바로 그 예이다.

3 고신라 복식

고신라古新羅는 박혁거세를 임금으로 삼아 세워진 나라로, 인근의 여러 부족과 가야 제국을 병합하여 백제와 어깨를 나란히 하고, 중부 이남의 한반도를 이분하여 그 동반부를 영유하였으며 제29대 무열왕, 제30대 문무왕 대에 이르러서는 당의 힘을 빌리기는 했지만 삼국을 통일하였다. 지리적인 위치로 인하여 가장 뒤늦게 시작된 사회였지만 고구려, 백제 양국의 문화적 자극과 가야문화의 혼합으로 보다 찬란한 복식문화의 꽃을 피웠다.

고신라 복식에 대한 고기록은 관冠을 '유자례遺子禮', 유襦를 '위해尉解', 고袴를 '가반柯半', 화靴를 '세洗'라 한다고 했는데 이는 신라어의 사음대자寫音對字, 즉 소리 나는대로 쓴 글자였다. "의복은 대개 고구려, 백제와 같은데 복색은 소素를 숭상한다." 또는 "남자는 갈고褐袴, 베로 만든 바지, 부녀자는 장유를 착용한다."라고도 하였다.

고신라의 공복제도는 제23대 법흥왕 7년520에 제정되었다. 《삼국사기》의 색복조色服條를 보면 진골眞骨 이상급은 자의紫衣, 아홀牙笏을 입었고 직급에 따라 금관錦冠 또는 비관緋冠을 썼다. 그 아래 육두품六頭品급은 비의緋衣나 아홀을 입었고, 오두품五頭

122
신라 사신
〈왕회도〉 소재
국립고궁박물원 소장

品급은 청의靑衣를 입었으며, 사두품四頭品급은 황의黃衣를 착용하였다.

그런데 이 제도를 정하면서 "아직도 그것은 이속夷俗이었다."고 기록하고 있으나 '아홀'이 있는 것으로 보아, 중국의 제도가 일부 사용되었던 것이나 아직은 우리 고유의 의복제도가 주류를 이루었을 것으로 보인다.

〈왕회도〉에 나타난 신라 사신그림 122에서 우리 고유의 의복제도를 볼 수 있는데, 녹색 단이 달린 노란색 바지를 입고 그 위에 녹색 선이 둘러진 장유를 입고 있다. 그러나 머리에는 중국식 관모인 책을 쓰고 있는데, 책은 이미 우리의 관모로 국속화 되었던 것으로 추측된다.

공복제도는 김춘추가 당태종에게 장복章服의 개혁을 청하여 진덕여왕 3년649에 관복제도가 중국의 의관衣冠으로 바뀌어 조선조 말까지 그 테두리에서 벗어나지 못하였고 일반인들의 국제와 관복의 화제華制로 이중구조를 이루게 된 것이었다. 고신라 복식의 종류와 형태는 다음과 같다.

1) 머리모양

《구당서》〈동이전〉 신라조에는 부인의 머리는 매우 아름답고 길다고 하면서 "631년에 여악女樂 2인을 바친 바 있는데 모두 검은 머리가 아름다웠다."는 내용이 나온다.

(1) 얹은머리

《북사》에는 '변발요두辮髮繞頭'라는 내용이 있는데 신라에서는 발모를 땋아서 머리에 둘렀다는 것으로 해석된다. 《당서》〈동이전〉 신라조에는 "아름다운 두발을 머리에 두르고 주채珠綵, 구슬과 비단로써 이를 장식하였다."라고 하였는데, 이는 머리 위를 구슬과 댕기류 등으로 장식한 것을 표현한 것으로 보인다.

(2) 쪽찐머리

《동경지東京志》 풍속조를 보면 신라에서는 "여자는 발모를 묶어서 머리 뒤에 쪽을 쪘다."라고 되어 있다.

(3) 가체

《당서》 동이전 신라조에 "신라의 남자는 머리를 깎아 팔고 흑
건을 썼다."라고 하였는데, 이를 통해 가난한 사람들이 부득
이하게 머리를 깎아 다래로 팔았음을 알 수 있다. 신라
에서는 가체로 된 머리를 하고 있었을 것이다.

(4) 상투

기마 인물상그림 123에서는 상투머리에 머리띠를 두르고 있
는 것을 볼 수 있다.

2) 관모

고신라의 관모는 변형모, 조우관, 대륜식 입식관, 흑건, 고모高帽, 책 등으로 나눌
수 있다.

(1) 변형모

고신라 변형모의 착용 모습은 경주 황남동 출토 부상夫像 토우그림 124나 경주 금령
총 출토 기마 인물상그림 125에서 볼 수 있다. 또한 고분 출토품의 재료와 형태에 따
라 백화[93]수피제白樺樹皮製 변형모와 금속제 변형모, 입형 변형모笠形弁形帽로 나눌 수
있다.

백화수피제 변형모 이매二枚의 백화수피를 합쳐서 둘레를 꿰맨 것으로 모정帽頂이
원정형圓頂形이거나 방정형方頂形이고 앞에서 본 모양은 전부 이등변삼각형의 변형弁
形이다. 고분 출토품 중에는 백화수피를 여러 겹 겹쳐서 누빈 관모의 내·외면에 비
단 같은 고운 섬유질이 부착된 것이 있고 표면에 수많은 금제 원형 영락瓔珞이 장식
되어 있는 경우도 있다. 이처럼 비단이 입혀져 있는 백화수피제 변형모그림 126가 전
술한 법흥왕 대 공복에 착용하였던 금관錦冠이나 비관緋冠이 아닐까 한다.

124
토우(남편상)
경주 황남동 출토
국립경주박물관 소장

125
기마 인물상
경주 금령총 출토
국립중앙박물관 소장

126
백화수피제 변형모

125

126

127
금제 변형모
경주 천마총 출토
국립중앙박물관 소장

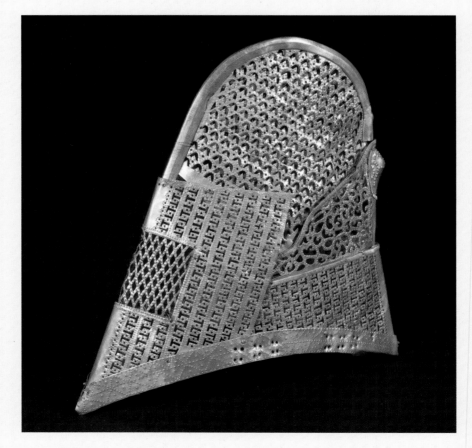

금속제 변형모 고신라 유품에서 볼 수 있는데 재료가 신축성이 있는 피혁제나 백화수피제가 아니므로 변형의 고정된 형태를 유지하고 있었던 것으로 생각된다. 경주 천마총 출토 금제 변형모그림 127는 얇은 금판을 활모양으로 구부려 원정부圓頂部를 만들고, 산형문山形文을 전면에 투각하고, 둘레에는 테를 두르고 있다. 관모 하변 주위에는 못구멍이 여러 개 뚫려 있는데 끈을 꿰는 구멍일 것으로 생각된다. 전면前面에는 조우식을 꽂을 수 있는 장방형판을 부착하고 있다. 경주 황남대총 남분 출토 은제 변형모도 천마총 출토품과 거의 동일한 양식으로 이것도 전면前面에 조우식을 꽂을 수 있는 장식판이 붙어 있다. 금속제 변형모는 독립된 관모로도 사용되었을 것이나 그 형태로 보아 조우관의 모관母冠으로도 사용되었을 것이다.

입형 변형모 경주 천마총 출토 입형 변형모는 모옥帽屋이 변형모로 되어 있는데, 모자챙그림 128은 얇은 백화수피를 부채모양으로 잘라 2매를 합해 여러 장을 조금씩 겹치게 만들고 좁은 쪽을 안쪽으로 방사상으로 하여 가운데가 뚫린 모양을 이루고 있다. 입형 변형모의 착용 모습은 전술한 고구려 안악 1호분 벽화 인물도그림 59에서 볼 수 있다. 평상시에는 변형모만을 착용하고 외출할 때는 그 위에 모자챙을 얹었을 것으로 추측된다.

(2) 조우관

고신라 조우관의 착용 모습은 경주 남산록南山麓에서 발견된 신라제기新羅祭器로 추정되는 토기에서 찾아볼 수 있다. 이 토기에 새겨진 수두인물상獸頭人物像, 그림 129은 변형모 형태의 모부에 조우식을 꽂고 있다.

　삼국시대의 조우관은 변형모에 2개의 천연 조우鳥羽나 조미鳥尾飾를 삽식揷飾하는 전형적인 조우관과 금속제 조우식을 삽식하는 금속제 조우관, 대륜에 조우식을 세우는 대륜식 조우관으로 나눌 수 있다. 고신라 고분에서는 주로 금속제 조우관이 다수 출토되었으며, 대륜식 조우관도 출토되었다.

금속제 조우관 신분이 높은 사람들만 착용하여 그들의 지위를 상징하고 있었던 금속제 조우관은 삽식되는 조우식鳥羽飾의 양식에 따라 크게 두 종류로 나눌 수 있다.

130

131

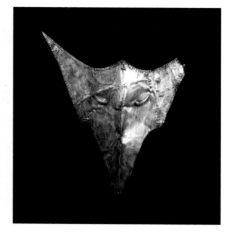

132

133

130
조우식 ㅣ형
경주 금관총 출토

131
조우식 ㅣ형
경주 천마총 출토
국립경주박물관 소장

132
조우식 ㅣㅣ형
경주 황남대총 북분 출토
국립중앙박물관 소장

133
대륜식 조우관
경주 황남대총 남분 출토
국립중앙박물관 소장

● 조우식 ㅣ형: 중심판中心板[94]에 좌우 양 날개가 부착된 양식그림 130, 131

● 조우식 ㅣㅣ형: 좌우 양 날개 없이 중심판만으로 구성된 양식그림 132

대륜식 조우관 대륜식 조우관은 구성방법에서 보통 금관류로 불리는 대륜식 입식관과 구별된다. 황남대총 남분 출토 대륜식 조우관그림 133은 중심부가 있고, 좌우에 깃털모양의 입식이 비스듬하게 세워져 있는 점이 특이하다.

(3) 대륜식 입식관

고신라의 대륜식 입식관은 주로 수목형 입식관과 수목녹각형 입식관이었다.

수목형 입식관 수목형山字겹침식 입식관은 입식의 수와 산자겹침의 수, 형태에 따라 크게 4가지로 나눌 수 있다.

- 대륜臺輪, 테에 1단의 산자식 입식을 3개 세운 양식그림 134
- 대륜에 3단의 산자겹침식 입식을 3개 세운 양식그림 10
- 대륜 위에 3단의 산자겹침식 입식을 4개 세운 양식그림 135
- 대륜 위에 4단의 산자겹침식 입식을 4~5개 세운 양식: 전傳 상주 출토 금동관그림 136은 대륜위에 4단의 산자겹침식 입식을 5개 세우고 있는데 너무 폭이 넓어서 균형이 안 맞고 비대한 느낌을 준다.[95] 단양 하리 출토 금동관그림 137은 대륜이 합쳐지는 부분을 뒤로 쓰면 좌우에 2개씩 대칭으로 세워지게 되어 있으며, 다른 산자겹침식 입식과 달리 장방형 동판에 투각을 하여 4단의 산자형이 아래위가 붙어 있는 형상[96]을 나타낸 것으로 원래의 산자겹침식 양식에서 벗어난 7세기경의 독특한 변형 양식으로 추측된다.

134
수목형 금관
경주 교동 출토
국립경주박물관 소장

135
금동관
안동 지동 출토
국립중앙박물관 소장

134

135

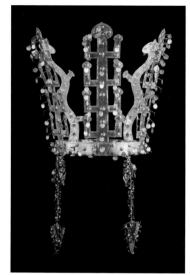

136   137   138

수목녹각형 입식관 수목녹각형 입식관은 산자겹침식의 형태와 관상부의 십자형+字形 유무에 따라 크게 3가지로 나눌 수 있다.

- 3단의 산자겹침식 입식 3개이고 녹각형 입식鹿角形立飾이 2개 세워져 있는 양식그림 18
- 위와 입식은 동일한 형태이나 관 위에 십자형의 장식이 달려 있는 양식
- 첫째와 동일한 구성방법이나 산자겹침식이 4단으로 되어 있는 양식그림 138

(4) 흑건

《당서》〈동이전〉신라조를 보면 "신라의 남자들은 머리를 깎아 팔고 흑건을 썼다."고 하였는데, 이로 보아 가난한 사람들은 부득이하게 머리를 깎아 다래로 팔고 머리카락이 다시 자라 상투를 틀 때까지 맨머리를 가리기 위해 흑건을 쓰고 있었다는 사실을 알 수 있다. 이것은 전술한 고구려 고분 벽화 속 흑건그림 6과 동일한 양식으로 추측된다.

(5) 고모

경주 단석산 신선사 석굴 마애 공양상그림 139은 전술한 백제 고모高帽, 그림 105와 거의 동일한 양식의 관모를 착용하고 있다.

(6) 책

〈왕회도〉 속 신라 사신그림 122은 책의 형태를 착용하고 있는 것으로 보인다.

3) 의복

(1) 유

유襦는 '위해尉解'라고 불렀다고 전해지며, 경주 단석산 신선사 석굴 마애 공양상그림 139이나 울주 천전리 암각화 인물상 I그림 140에서 그 착용 모습을 볼 수 있다. 이는 고구려 고분 벽화 인물도 등에 나타난 유와 거의 동일한 형태였으리라 생각된다.

(2) 장유

《당서》〈동이전〉 신라조에는, "부녀자는 '장유長襦'를 착용한다."라고 되어 있으며, 의복은 대개 고구려, 백제와 같다고 기록하고 있다. 따라서 고신라에서도 고구려 고분 벽화에 보이는 장유長襦의 형태를 착용했을 것으로 보인다. 〈왕회도〉 속 신라 사신그림 122이 착용한 장유는 법흥왕 대 공복제도에 나타난 자의紫衣, 비의緋衣, 청의靑衣, 황의黃衣와 같은 형태였을 것으로 생각된다.

(3) 고

신라인들이 고袴를 '가반柯半'이라고 불렀다 하며,《당서》〈동이전〉 신라조에는 "남자는 갈고褐袴를 착용한다."고 기록하고 있는데 이는 고의 착용 사실을 나타내준다. 즉, 고신라에서는 밑을 묶는 통이 좁거나 넓은 바지 아니면 밑을 묶지 않는 바지를 입었을 것이다.

139
마애 공양상
경주 단석산 신선사 석굴

140
인물상 I
울주 천전리 암각화

- 밑을 졸라맨 통이 좁은 바지: 울주 천전리 암각화 인물상 II그림 141
- 이색단을 댄 밑을 묶지 않는 바지: 〈왕회도〉 신라 사신그림 122
- 밑을 졸라맨 통이 넓은 바지: 경주 단석산 신선사 석굴 마애 공양상그림 139, 울주 천전리 암각화 인물상 I그림 140

141

141
인물상 Ⅱ
울주 천전리 암각화

142

142
토우(부인상)
경주 황남동 출토
국립경주박물관 소장

(4) 상

《삼국사기》〈문무왕조〉에는 금군錦裙을 주고 꿈을 샀다는 문명왕후 설화가 등장하는데, 이는 비단치마가 착용되고 있었음을 나타낸다. 경주 황남동 출토 토우그림 142에도 세로 주름이 있는 치마의 모습이 새겨져 있어 당시 여인들이 치마를 착용하였음을 알 수 있다.

(5) 포

《삼국유사》에는 법흥왕의 방포方袍에 관한 기록이 있어 삼국 모두 포袍를 착용하였음을 알 수 있다. 그러나 중국식 포는 왕실 또는 귀족 등 특수층에 한하여 착용되었을 것으로 보인다.

4) 요대·신

(1) 요대

과대의 착용 모습은 전술한 경주 황남동 출토 토우남편상, 그림 124에서 볼 수 있다. 과대류로는 금관총 출토 금제투조 과대그림 143, 천마총 출토 금·은제 과대, 식리총 출토 은제 과대 등이 있다. 과대의 교구는 걸쇠와 축이 하나로 만들어진 T자형이며, 과대에 늘어뜨린 요패는 초기에는 1줄 내지 몇 줄로 구성되었다가 점차 발전하여 대형 요패 1조와 소형 요패 여러 조로 구성되었다. 요패는 일시에 전부를 패

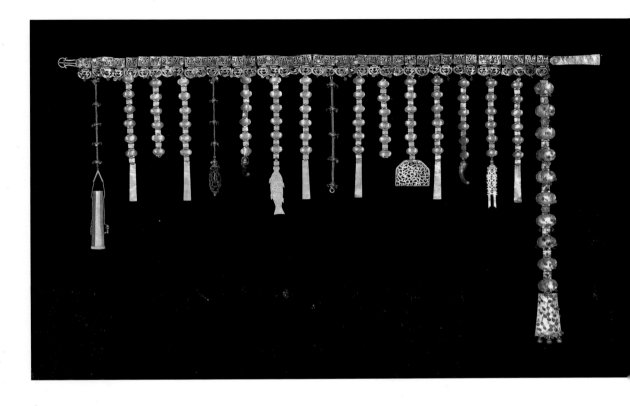

용했던 것이 아니라, 주인공 혹은 지역에 따라 적절히 배합하여 착용하였을 것으로 추정된다.

143
금제 과대
경주 금관총 출토
국립중앙박물관 소장

(2) 신

신으로는 화靴와 이履가 있었다. 〈왕회도〉 속 신라 사신그림 122은 화를 착용하고 있는 것으로 보인다. 이는 단화로 보이는데 경주 단석산 신선사 석굴 마애 공양상그림 139, 울주 천전리 암각화 인물상 II그림 141도 단화를 신고 있다. 망혜芒鞋는 짚신을 말하는데, 도기로 만들어진 유물그림 144은 굽다리와 작은 항아리 사이에 짚신을 배치한 형태로 짚신을 세부적으로 잘 표현하고 있다.

144
짚신모양 도기
아모레퍼시픽미술관 소장

(3) 금동신발

단화의 형태를 짐작할 수 있는 고분 출토 유물로는 금동金銅신발이 있다. 금동신발은 좌우 구별을 하지 않는 경우가 대부분이며 투조透彫나, 타출打出 등의 여러 가지 장식기법을 사용하고 있다. 스파이크식 금동신발과 영락부 금동신발 등은 그 양식 및 기법 등이 당시 일본에까지 전파되었던 것으로 보인다.

고분 출토 금동신발의 양식은 신 바닥의 형태에 따라 3가지로 구별된다.

- 신 바닥에 각정角釘이 달려 있는 스파이크식 양식: 경주 황남대총 북분 출토품그림 145
- 신 바닥에 영락瓔珞이 달려 있는 영락부 양식: 경주 황남대총 남분 출토품그림 146

145
스파이크식 금동신발
경주 황남대총 북분 출토
국립경주박물관 소장

146
영락부 금동신발
경주 황남대총 남분 출토
국립경주박물관 소장

147
금동신발
경주 식리총 출토
국립중앙박물관 소장

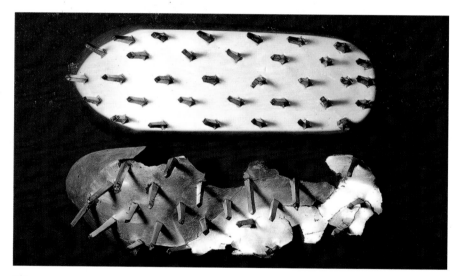

145

146

147

• 신 바닥에 각정이나 영락 등이 없는 양식: 경주 식리총 출토품그림 147[97]

5) 장신구

고신라는 장신구의 종류나 양식의 다양성 등으로 볼 때, 고구려나 백제에 비해 장신구를 매우 애용했던 것으로 추측된다.

(1) 귀고리

고신라의 귀고리는 기록은 없지만 수많은 고분 출토품이 그 유례를 보여준다. 귀고리의 양식은 타 장신구에 비해서도 매우 복잡하고 다양하여, 신라인들이 이를 매우 애용했던 것으로 추정된다. 귀고리의 구조상 분류는 형태의 다양성에 따라 여러 가지로 할 수 있으나 세환식과 태환식으로 대별되며, 다시 1줄로 매다는 단조식單條式과 여러 줄을 매다는 다조식多條式 귀고리로 나눌 수 있다.

세환식 단조식 귀고리 세환식 단조식 귀고리의 수식부는 심엽형, 특히 심엽의 앞뒤에 작은 크기의 심엽을 매단 복엽식復葉式이 대부분이다. 또한 금령총 출토 세환식 귀고리그림 148가 있다.

세환식 다조식 귀고리 금관총 출토 귀고리그림 149는 세환식에 형태가 다른 2줄의 수식이 달려 있다.

148
세환식 복심엽형 귀고리
경주 금령총 출토
국립중앙박물관 소장

149
세환식 다조식 귀고리
경주 금관총 출토
국립중앙박물관 소장

148   149

150

151

태환식 단조식 귀고리 태환식 귀고리는 수하식이 보통 심엽형으로 된 것이 많다. 또한 태환 자체에 무늬가 있는 것과 없는 것이 있다. 경주 보문동 부부총 부총婦塚 출토품그림 150[98]은 굵은 고리 밑에 타원형의 가는 고리가 달렸다. 거의 동일한 양식이 금조총 출토품과 삼성미술관 리움 소장품에 나타나 있다. 태환식 표면에 장식만 없는 것은 황오동, 금관총, 황남대총 북분 출토품 등에서 볼 수 있다.

태환식 다조식 귀고리 금관총 출토품그림 151은 태환식에 2줄로 된 수식물이 달려 있는데 모두 심엽형 수식이다.

(2) 목걸이

고신라의 목걸이는 착용방법에 따라 목에 거는 경식頸飾, 가슴까지 장식하는 경흉식頸胸飾, 또는 목에 몇 줄을 거느냐에 따라 나눌 수도 있다. 고분 출토품을 살펴보면 곡옥曲玉, 환옥丸玉, 관옥管玉, 조옥棗玉, 다릉옥多稜玉 등 각종 옥과 금속환 등을 다양한 방법으로 연결하여 착용하였던 것으로 보인다.

경식 각종 옥으로 연결된 양식그림 152, 금속제를 연결한 양식그림 153, 수하식으로 곡옥을 연결한 양식으로 나눌 수 있다. 수하식으로 곡옥을 연결한 양식은 또다시 각종 옥과 곡옥을 연결한 것경주 미추왕릉지구 C지구 3호분 출토품, 그림 154, 금제 사슬과 금제 곡옥을 연결한 것황남대총 남분 출토품, 그림 155, 금옥과 곡옥을 연결한 것경주 노서동 출토품, 그림 156으로 나누어진다.

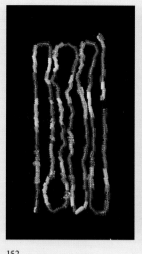

152

153

154

155

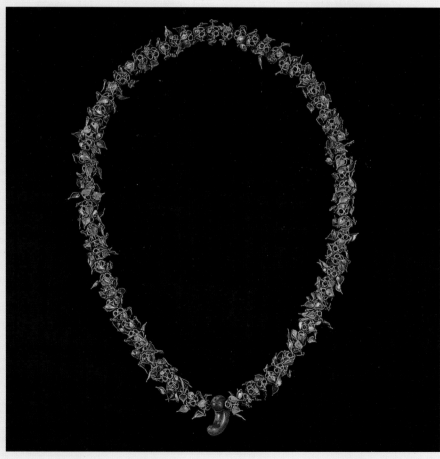

156

경흉식 천마총에서 출토된 경흉식그림 157[99]은 황남대총 북분 출토품은 황남대총 남분 출토품과 거의 동일한 양식이며, 부식에 곡옥이 여러 개 더 가해져 있다.[100] 이 외에도 경주 월성로 출토 경흉식 등이 있다.

157
경흉식
경주 천마총 출토
국립중앙박물관 소장

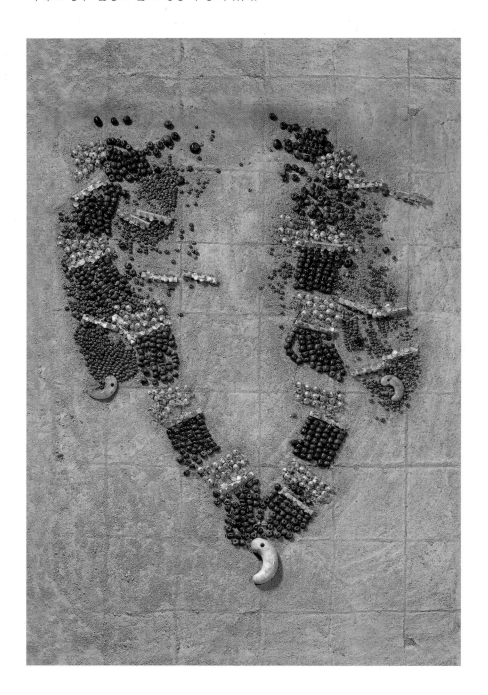

1부 고대 복식

(3) 팔찌

팔찌는 양팔에 착용하는 것이 보편적이었으며 남녀 공용이었을 것으로 추측된다. 한 번에 여러 개의 팔찌를 차기도 했던 것으로 보인다. 고분 출토품에 나타난 팔찌로는 금·은·동·옥제품이 있으며 전술한 톱니식 팔찌, 금판환식金板環式 팔찌, 옥팔찌, 금속환 팔찌 등이 있다.

톱니식 팔찌 고분 출토품그림 158, 159을 보면 간단한 톱니식부터 감주嵌珠의 기법을 가하여 톱니문을 이루고 있는 것도 있다.

금판환식 팔찌 전술한 경주 황남대총 북분 출토 금판환식金板環式 팔찌그림 39는 얇고 길쭉한 금판을 붙여 만든 것으로, 표면의 돌기 속에 보석을 박아 금빛과 조화를 이루도록 하였다.

옥팔찌 경주 인왕동 19호분 출토 금방울 옥팔찌그림 160는 곡옥과 금방울을 달아서 만든 것이다. 또한 흰색 곡옥 하나와 검은색에 가까운 유리구슬 24개를 연결한 옥팔찌, 여러 가지 옥을 연결한 옥팔찌그림 161 등이 있다.

금속환 팔찌 간단한 환형의 청동팔찌도 있다.

159
금제 톱니식 팔찌
경주 노서동 출토
국립중앙박물관 소장

160
금방울 옥팔찌
경주 인왕동 19호분 출토
경희대학교박물관 소장

161
옥팔찌
국립중앙박물관 소장

159

160

161

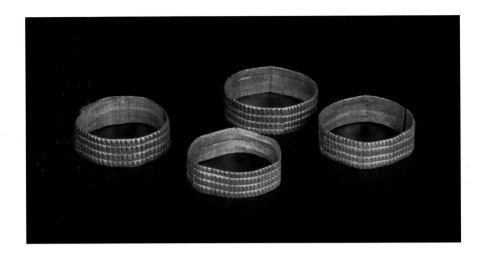

(4) 반지

고신라에서는 반지를 많이 착용하였고, 그 착용 방법도 다양했다. 반지는 금·은·옥제를 양손에 끼었으며 재료나 형태에 제한이 없었던 것으로 추측된다.

고리형 반지　반지의 상하가 같은 폭의 간단한 고리형 반지로 표면에 무늬가 있는 것과 없는 것이 있었다.

능형 반지　반지의 윗부분이 마름모꼴을 하고 있는 능형 반지가 있었는데 대부분의 고분 출토 반지가 이에 속한다. 황남대총 남분 출토 금제 능형 반지그림 41와 같이 능형에 무늬가 있는 것과 없는 것이 있었다.

장식부 반지　상부에 장식이 달려 있는 반지이다. 고분 출토 장식부裝飾付 반지그림 163는 사엽四葉으로 되어 있고 중앙과 꽃잎 가운데 푸른색 옥이 감입되어 매우 화려하다. 황남대총 남분에서 출토된 은반지는 상부에 펜촉모양 장식이 돌출되어 붙어 있고 장식 표면에 영락을 단 흔적이 남아 있다.

옥반지　황남리 82호분에서 출토된 옥반지는 환옥, 호박 대추옥, 유리옥 등으로 이루어져 있었다.[101]

4 가야 복식

낙동강 방면에 자리 잡았던 변한제국이 중류의 대가야국과 하류의 금관가야를 중심이 되어 점차 부족적인 세력을 형성하여 가야伽倻연맹을 맺게 되었는데 여기에는 6가야가 있었다.

금관가야는 김수로왕에 의하여 42년에 세워진 후, 김해를 중심으로 6가야의 맹주가 되기도 하였으나 신라 법흥왕 19년532에 신라에게 멸망하였다. 대가야는 신라 진흥왕 23년562에 신라에 항복하고, 다른 4가야도 이때를 전후하여 신라에 합병되었다. 연대로 보아 가야는 삼국시대의 다른 삼국과 거의 동년대를 지나게 되는데 특히 신라와는 지역적·문화적으로 동일한 문화 양상을 보이며 복식도 마찬가지였을 것으로 생각된다.

가야의 복식에 대한 것은 기록에 나타나 있지 않으나 '금관가야'의 '금관'이 금관金冠의 뜻일 것이라 하였으며, 실제로 고분 출토품 중에 많은 금관류가 출토되고 있다. 또한 《삼국유사》〈가락국기〉에 "김수로 왕이 인도의 아유타국 공주 허씨를 왕비로 맞이하는데, 이때 왕비는 능고綾袴를 벗어 산영山靈에게 제물로 바쳤다. 가지고 온 금수錦繡, 능라綾羅 금, 은, 주옥 등이 이루 기록하기 어려울 정도였다."라는 내용이 나온다. 이로 미루어볼 때 금관가야의 복식은 멀리 인도 복식문화의 영향을 받았다고도 할 수 있는데 자세한 것은 알 수 없다. 가야의 복식은 고신라의 복식과 거의 유사하며, 이를 고분 출토품 중심으로 살펴보면 다음과 같다.

1) 관모

(1) 변형모

164
변형모
합천 옥전 23호분 출토
국립중앙박물관 소장

합천 옥전 23호분 출토 변형모그림 164는 부식이 좀 되었으며 상부에 긴 대롱이 달린 것이 특이하나 기본 형태는 고신라의 변형모와 그 양식이 같다. 이는 후술할 조우관의 모부母部로서 백화수피제 변형모가 양산 부부총과 대구 비산동 제37호분 제2석곽에서 출토되고 있어, 가야의 변형모 역시 단독이나 조우관의 모부로 착용되었을 것으로 추측된다.

(2) 조우관
가야의 조우관은 금속제 조우관과 대륜식 조우관으로 나눌 수 있다.

금속제 조우관 가야의 금속제 조우관도 고신라와 마찬가지로 조우식 I형과 조우식 II형으로 나눌 수 있다. 조우식 I형을 단 조우관도 여자용으로 사용되었으리라 추정되나 그보다는 좀 더 간편한 형태의 중심판만을 삽식한 조우식 II형 조우관이 여자들에게 애용되었던 것으로 추측된다.[102]

- 조우식 I형: 양산 부부총 출토 금동제 조우관그림 165
- 조우식 II형: 양산 부부총 출토품그림 166, 경북 달성 비산동 제37호분 제II석곽 출토품은 모부는 백화수피제, 조우식은 금동제로 되어 있고 양식은 양산 부부총 출토품과 비슷하다.

대륜식 조우관 의성탑리 제I묘곽 출토 금동제 조우관그림 167은 대륜 위에 3개의 입식을 세우고 있는데, 입식이 바로 세워져 올라가 있는 것과 달리 좌우 측면의 2개의

165
조우식 I형
양산 부부총 출토

166
조우식 II형
양산 부부총 출토

165

166

입식이 약 70도 정도 경사지게 배치되어 있다. 각 입식은 공작의 꼬리털처럼 만들어 우모상羽毛狀을 만들고 하나하나 2~4번씩 틀어 마치 바람에 흔들리는 날개 같은 형상이다.

(3) 대륜식 입식관

고분 출토품에 나타난 가야의 대륜식 입식관의 양식은 초화형草花形 입식관, 수목형山자겹침식 입식관과 수목녹각형 입식관으로 나눌 수 있다.

167

168

167
대륜식 조우관
의성탑리 제Ⅰ묘곽 출토
국립대구박물관 소장

168
산자겹침식 입식관
달성 고분 37-2호분 출토
국립대구박물관 소장

초화형 입식관　초화형 입식관은 전傳 고령高靈 부근 출토 금관그림 7이 있는데 대륜에 초화형 입식 4개를 같은 간격으로 세우고 있다.

수목형 입식관　수목형 입식관은 입식의 형태와 세우는 방식에 따라 크게 3가지로 나눌 수 있다.

- 대륜 위에 3단의 산자겹침식 입식을 3개 세운 양식: 달성 고분 37-2호분 출토 금동관그림 168
- 전자와 구성방법은 같으나 산자의 모양이 특이한 양식: 부산 복천동 11호분 출토 금동관그림 13은 전술한 산자겹침식 입식들과 그 양식은 동일하나 선단 보주寶珠의 형태, 영락의 부착 부위 등이 조금씩 다르다.
- 대륜 위에 3단의 산자겹침식 입식을 5개 세운 양식: 부산 복천동 1호분 출토 금동관은 위로 올라갈수록 줄기의 굵기와 가지의 폭이 좁아지는 3단의 산자겹침식 입식 5개가 세워져 있다.

수목녹각형 입식관　수목녹각형 입식관은 크게 2종류로 나눌 수 있다.

169
수목녹각형 입식관
달성 고분 37-2호분 출토
국립대구박물관 소장

170
금동관
고령 지산동 32호분 석실 출토
계명대학교박물관 소장

169   170

- 3단의 산자 겹침식 입식 3개이고 녹각형 입식이 2개 세워져 있는 양식: 양산 부부총 출토 금동관
- 입식은 동일한 형태이나 관 위에 십자형+字形의 장식이 달려 있는 양식: 달성 고분 37-2호분 출토 금동관그림 169

(4) 금동관

고령 지산동 32호분 출토 금동관그림 170은 좁은 대륜臺輪 위에 광배光背, 후광 같은 판판한 입식판立飾板을 세운 형태이다. 좌우대칭으로 붙인 2개의 가지로 인해 산자겹침형 금관을 좀 더 의장화意匠化한 듯 보인다.

2) 의복

전술한 것과 같이 《삼국유사》〈가락국기〉에 나타난 능고綾袴라는 기록, 금수錦繡, 능나綾羅라는 직물의 기록으로 보아 이미 가야에서도 화려한 의복을 착용했을 것으로 보이며, 타 관모나 장신구류로 미루어보아 대부분 문화적 배경이 비슷했던 고신라와 같은 유, 장유, 고, 상, 포 등이었을 것으로 추측된다.

171
기마 인물형 토기의 무사
전 경상남도 김해 출토
국립경주박물관 소장

172
투구와 갑옷
고령 지산동 32호분 출토
국립중앙박물관 소장

171   172

　한편 기마 인물형 토기그림 171에서 보이는 무사는 머리에 챙이 있는 투구를 쓰고 있고, 몸에는 갑옷을 입고 목 부분에는 보호용 경갑脛甲을 두르고 있다. 또한 고령 지산동 32호분 출토품그림 172을 비롯한 많은 갑옷과 투구가 가야의 고분에서 발견되고 있다.

3) 요대·신

(1) 요대

경산 임당동 고분 출토 은제 과대그림 173는 전술한 고신라 과대류와 과판의 양식과 요패의 양식이 거의 비슷하나 요패의 종류와 숫자가 적어서 숫돌형과 어형魚形 정도만 달려 있다. 또한 경남 합천 출토 은제 과대, 안동 조탑리 고분 서곽 출토 은제 과판, 대구 비산동 제37호분 출토 은제 과판 6개가 있고, 양산 부부총 출토 은제 과판 36개, 교구 1개, 대선금구 1개가 있다.

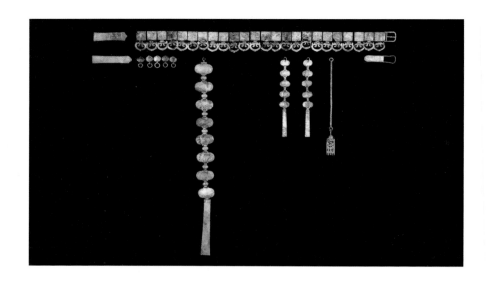

(2) 신

가야의 신으로는 화와 이, 금동신발이 있었다.

화 화의 형태는 대성동 8호분에서 출토된 신발모양 토기장식에서 볼 수 있다. 이 화는 앞부리가 뾰족하고 신목이 있는 장화형태를 하고 있다.

이 이로는 단화와 짚신이 있었다. 단화의 모습은 신발모양 토기그림 174에서 볼 수 있는데. 앞쪽은 코가 우뚝 들려 있고 바닥은 편평하며, 코 뒤와 좌우에도 구멍이 나 있어 끈을 매달 수 있도록 되어 있다. 또한 짚신모양 토기그림 175가 출토된 것으로 보아 짚신을 착용했던 것으로 보인다.

금동신발 가야 고분 출토 금동신발은 대부분 신 바닥에 영락을 매달고 있는 점이 특이하다. 예로는 의성 탑리 2곽 출토 금동신발그림 176, 경상남도 창녕 출토 금동신발그림 177, 대구 내당동 55호분 출토 금동신발, 양산 부부총 출토 금동신발 등이 있다.

174

175

176

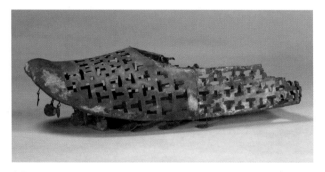

177

174
신발모양 토기
삼성미술관 리움 소장

175
짚신모양 토기
부산 복천동 출토

176
금동신발
의성 탑리 2곽 출토

177
금동신발
경상남도 창녕 출토
동경국립박물관 소장

삼국시대의 금동신발

삼국시대 금동신발은 주로 부장품(副葬品, 무덤 매장용)으로 만들어졌을 것이라는 주장과는 달리 실제로 착용되었던 것으로 추측하는데 그 이유는 다음과 같다.

_ 첫째, 스키타이인들은 발바닥이 위로 향하는 좌식 생활을 하였는데 신발 바닥에 많은 장식을 가한 신발들이 있어 금동신발도 실제로 착용할 수 있었을 것이다.

_ 둘째, 고구려 유품을 통해서도 알 수 있는 바와 같이 실제로 신바닥에 붙인 스파이크가 닳은 흔적이 있다.[103]

_ 셋째, 금동신발 내부에 나무나 섬유질이 부착되어 있었던 흔적이 있다.

_ 즉 금동신발은 금관이나 과대류 등 화려한 장신구들과 보조를 맞추기 위한 예장용으로 또는 특수한 경우에 사용되었을 것으로 추측된다.

4) 장신구

가야지역 출토 장신구로는 귀고리, 목걸이, 팔찌, 반지 등이 있다.

(1) 귀고리

귀고리는 크게 단환식 귀고리와 수식부 귀고리로 나눌 수 있다. 단환식 귀고리는 가야의 여러 지역에서 출토되었으며 금·은·동제 고리가 1개만 출토된 예가 많이 있다.

수식부 귀고리는 고신라와 달리 주환主環에 태환식은 드물고 대부분 세환식가는 고리이지만 태환식굵은 고리도 있으며, 1줄의 단조식이나 여러 줄의 다조식 귀고리로 구성되어 있다. 또한 수식부의 형태에 따라 주로 심엽형心葉形, 복엽식複葉式의 심엽형과 치자실형梔子實形, 원추형 등으로 나눌 수 있다. 수식부 귀고리의 유형을 살펴보면 다음과 같다표 3.

표 3 **가야 수식부 귀고리의 유형**

구분	내용	
단조식 귀고리	세환식 귀고리	심엽형 수식
		복엽식 심엽형 수식
		치자실형 수식
		원추형 수식
	태환식 귀고리	
다조식 귀고리		

178
세환식 심엽형 귀고리
합천 옥전 M11호분 출토
합천박물관 소장

복엽식 심엽형 수식 합천 옥전 M11호분 출토 귀고리그림 178와 같이 좀 더 큰 심엽형 앞뒤에 작은 심엽형을 매단 유형이다.

치자실형 수식 창녕 교동 고분 출토 귀고리그림 179처럼 수식으로 치자실형을 매단 유형이다. 치자실형 귀고리들은 당시 일본으로 전수된 것으로 보인다.

태환식 귀고리 창녕 교동 12호분 출토 금제 태환식 귀고리그림 180는 둥근 고리 밑 테두리 부분에 여러 개의 달개가 달려 있는 주판알모양의 중간식과 심엽형의 수하

1부 고대 복식

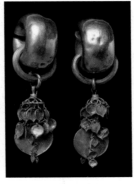

179   180   181

179
세환식 치자실형 귀고리
창녕 교동 고분 출토
국립중앙박물관 소장

180
태환식 귀고리
창녕 교동 12호분 출토
국립김해박물관 소장

181
세환식 다조식 귀고리
합천 옥전 24호분 출토

식을 매달고 있다.[104]

다조식 귀고리 경남 창원군 동면 다호리 출토 다조식 귀고리그림 181는 세환식에 3가닥의 줄을 늘어뜨리고 장식을 매달았다.

(2) 목걸이

목걸이로 빈부 차나 신분의 차를 표현했을 듯하나 귀족 남녀가 같이 애용한 것으로 추정된다. 고분에서 출토된 목걸이의 재료는 금, 은, 동의 금속제도 약간 보이나 대부분이 옥玉류이다. 옥류에는 비취, 수정, 마노, 호박, 유리 등이 있고 그 모양도 다양하다. 곡옥을 수하시킨 방법으로 목걸이를 분류하면 다음과 같다.

각종 일반옥으로 연결된 양식 각종 일반옥을 연결한 목걸이들이 있다.

수하식으로 1개의 곡옥을 연결한 양식 합천 옥전 24호분 출토 목걸이그림 182는 수하식으로 곡옥을 배치하고 있다. 양산 부부총 출토 목걸이그림 183는 붉은 마노 곡옥 1개에 각종 옥을 연결한 것이다.

여러 개의 곡옥을 중심으로 각종 옥을 연결한 양식 부산 복천동 15호분 출토 목걸이그림 184는 청색 유리구슬과 호박구슬, 관옥, 비취 3개, 마노 곡옥 등으로 연결되어 있다.

182
곡옥부 목걸이
김해 양동리 349호분 출토
국립중앙박물관 소장

183
곡옥부 목걸이
양산 부부총 출토
국립경주박물관 소장

184
다수 곡옥부 목걸이
부산 복천동 15호분 출토
부산대학교박물관 소장

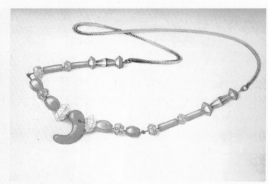

182

183

184

185
톱니식 팔찌
창녕 계성면 고분 A지구 1호
분 출토
국립진주박물관 소장

186
금판환식 팔찌
전 고령 출토
삼성미술관 리움 소장

185   186

(3) 팔찌

가야 고분에서도 금, 은, 동의 팔찌와 옥팔찌가 출토되었다.

톱니식 팔찌 창녕 계성면 고분 A지구 1호분 출토 은팔찌그림 185가 있다.

금판환식 팔찌 전 고령 출토 금판환식 팔찌그림 186는 얇은 금판 양쪽에 금제 원형
영락이 달려 있다.

옥팔찌 양산 부부총에서 출토된 2조의 옥팔찌가 있다.

(4) 반지

양산 부부총에서는 남자 주인의 왼손에 5개, 오른손에 4개, 그 밖의 곳에서 모두
10개의 반지가 출토되었다. 고신라와 마찬가지로 양손에 반지를 착용하는 풍습이
있었던 것으로 추측된다.

줄반지 합천 옥천 고분군 VI 출토품은 얇은 금봉을 둥글게 말아서 양 끝이 겹치
게 만들었다.

능형 반지 양산 부부총 출토 은반지는 중앙부의 폭을 넓게 하고 마름모꼴의 내면
으로 갈수록 폭이 좁아진다. 창녕 교동 7호분 출토 은반지는 형태가 마름모꼴이고
테두리에 점줄무늬가 돌려져 있다.

4장

통일신라시대 복식

신라는 삼국통일로 인해 고구려, 백제의 문화를 흡수 통합하고 선진 당唐문화를 받아들여 귀족적이고 불교적인 독특한 문화로 발전시켰다. 삼국시대에 수입된 불교는 국교로까지 발전되어 국왕부터 평민에 이르기까지 화장묘火葬墓가 유행하여 모든 부장품副葬品이 현저하게 감소하였으므로 고분 출토품을 통해 복식제도를 알아보기는 매우 어렵다.

신라는 통일 후 태평성대가 계속되어 모든 문화가 난숙기에 들어섰다. 이에 따라 도덕이 차츰 해이해지고 복식제도가 문란해져 사치에 다다라 제42대 흥덕왕興德王 9년834에 다음과 같은 글이 전해지게 되었다.

> "사람에게는 상하가 있으며 지위에는 존비尊卑가 있고 이름도 같지 않으며 의복 또한 다르다. 풍속이 점점 천박해져 백성들은 다투어 사치에 흐르고, 다만 이방異方의 것을 진귀하다 숭상하고 도리어 토산물을 속되고 천하다 하여 싫어하며, 분수를 지나쳐 예의에 거슬리고 풍속이 쇠락해가고 있다. 감히 구장舊章에 쫓아 써 밝힐 것을 명하노니, 만약 고의로 이를 범하면 상형常刑이 있을 것이다."

이렇듯 복식금령服飾禁令을 내린바 있는데 이는 당시 복식제도의 전모全貌를 찾아볼 수 있는 좋은 자료이다. 복식금령의 대상이 된 품목은 22항목인데, 이것은 계급을 진골대등眞骨大等, 6두품六頭品, 5두품五頭品, 4두품四頭品, 평인의 5단계로 구별하고 남녀별로 재료의 직물, 문양, 장식, 색채, 포량布量 등을 상세하게 규제하고 있다.

그러나 여기에 보이는 복식 명칭의 실체가 어떤 것인가에 관해서는 문헌의 기재도 없고 유물도 거의 존재하지 않는다. 또한 그것이 당제를 따랐을 것이라고는 하나 제복, 조복, 공복의 구별이 보이지 않고, 고려조에 들어서도 광종 11년960에서야 관복의 제정이 이루어지고 있는 것으로 보아 통일신라시대에는 확실한 관복제도가 성립되지 않았던 것으로 생각된다. 다만 당과 관련이 있는 공식행사에서는 당제에 근거한 복제를 착용하고, 국풍國風의 제사 등의 행사에는 전통적인 신라양식이 행해졌을 것으로 생각된다. 즉 일반 관복에서 당풍과 국풍의 이중제二重制가 행해졌다는 것이다.

또한 통일신라시대 당의 장회태자章懷太子 이현李賢, 654~684의 묘[105]에서 발견된 벽

187
신라 사신
당 장회태자 이현 묘 벽화

화 일부에는 신라 사신으로 보이는 인물이 있는데, 그 복장을 보면 벽화가 그려진 때가 신라가 당의 복제를 채택한 649년에서 50여 년이 지난 후인데도, 당의 일반적인 양식과 좀 다르고 다른 주변 국가의 복식과는 상당히 다른 신라 특유의 복장이 나타난다.

한편 통일신라 전후의 복식양식을 보여주는 실물자료로는 7세기 초의 양식으로 보이는 경주 황성동 고분[106] 출토 인물 토용 6점과 7~8세기경 양식으로 추정되는 경주 용강동 고분[107] 출토 인물 토용 28점이 있다. 이 인물 토용들은 신라 통일 전후 복식의 실상 제시는 물론, 신라 복식에 외래적 요소가 수용되었음을 밝히는 귀중한 자료이다.[108] 이외에도 일본 쇼소인正倉院[109]에 통일신라시대 복식양식을 보여주는 유품들이 많이 남아 있어 참고가 가능하다. 《삼국사기》, 《신당서》 등 고기록과 벽화 인물도, 인물 토용 등을 중심으로 통일신라시대 남녀 복식을 간략하게 살펴보면 다음과 같다.

- 당의 장회태자 이현 묘 벽화의 신라 사신그림 187: 머리에 조우관을 쓰고 깃과 도련에 선襈이 둘러진 소매통이 넓은 장유를 입고 허리에 띠를 매어 늘어뜨리고 있으며, 같은 색의 밑단이 붙은 넓은 바지를 착용하고 화를 신고 있다.
- 황성동 고분 출토 남자상 I그림 188: 복두 후면에 무엇인가 붙었다가 떨어진 자국이 있다. 후각後脚을 쓰고, 둥근 깃의 소매통과 품이 좁은 포를 착용하고 있는데, 허리 부위에는 대를 매고 있다.
- 황성동 고분 출토 남자상 II그림 189: 윗부분이 변형을 이루는 복두를 착용하였으며, 옷은 남자상 I과 거의 동일하다.
- 용강동 고분 출토 남자상 I그림 190: 후각이 늘어진 복두를 착용하였으며, 난이 있는 단령團領을 입고 허리에는 대를 매고 있다.
- 용강동 고분 출토 남자상 II그림 191: 복두를 쓰고 난이 있는 단령을 착용하고 있으며 홀을 들고 있다.
- 용강동 고분 출토 남자상 III그림 192: 변형모를 쓰고 장유를 착용하고 있다.
- 대구카톨릭대학교 역사·박물관 소장품그림 193: 책을 쓰고 소매가 매우 긴 단령을 착용하고 있다.

190

188

189

191

192

193

188
황성동 고분 출토 남자상 Ⅰ
국립경주박물관 소장

189
황성동 고분 출토 남자상 Ⅱ
국립경주박물관 소장

190
용강동 고분 출토 남자상 Ⅰ
국립경주박물관 소장

191
용강동 고분 출토 남자상 Ⅱ
국립경주박물관 소장

192
용강동 고분 출토 남자상 Ⅲ
국립경주박물관 소장

193
단령
대구가톨릭대학교 역사·박
물관 소장

1 남자 복식

1) 관모

통일신라시대 남자들은 머리에 변형모, 조우관과 복두, 책, 소립, 투구 등을 착용하였다.

(1) 변형모

변형모는 용강동 고분 출토 남자상 III그림 192에 나타난다. 당 장회태자 이현 묘 벽화의 신라 사신그림 187이 쓴 조우관의 모부로 사용된 것으로 보아 고신라와 마찬가지로 변형모를 착용하였던 것으로 보인다.

(2) 조우관

194
조우관
둔황 막고굴 237굴

당 장회태자 이현 묘 벽화 속 신라 사신그림 187은 앞에 장식판이 달린 변형모 양식에 조우식을 꽂은 조우관을 착용하고 있는데, 귀를 내놓고 끈을 턱 밑에서 묶어 모자가 아래로 흘러내리지 않게 하고 있다. 둔황 막고굴 237굴의 신라인그림 194이 착용하고 있는 것은 고구려, 백제에 있던 3 조우관으로 보이는데 이것은 후술할 발해의 유물그림 207에서도 나타나는 것으로 보아, 삼국시대 이후에는 3 조우관의 형태로도 사용되었던 것으로 추정된다.

(3) 복두

복두幞頭는 왕부터 평민까지 모든 남자들이 착용했던 중국식 관모였다. 황성동 고분 출토 남자상 I, II그림 188, 189, 용강동 고분 출토 남자상 II그림 191는 후각이 붙은 복두를 착용하고 있다. 용강동 고분 출토 남자상 I그림 190은 후각이 늘어진 복두를 착용하고 있는데 이는 당 초기의 복두 양식을 보여준다.

(4) 책

대구가톨릭대학교 역사·박물관에 있는 소장품그림 193에서 책의 착용 모습을 살펴볼 수 있다.

(5) 소립

《삼국유사》원성왕元聖王, 785~799조에는 소립素笠이라는 용어
가 보이는데 이는 후대의 입모와 같은 형태로 볼 수 있으
나, 이때까지는 전술한 챙이 달린 고신라의 입형 변형모 양
식이었던 것으로 추측된다.

(6) 투구

경주 안압지에서는 철제 투구그림 195가 쇠비늘 126편과 함께 발견되었다. 투구 아랫
부분에 일정한 못구멍이 뚫려 있는 것으로 보아 쇠비늘을 이 못구멍에 부착하여
목과 어깨를 가렸을 것으로 추정된다.[110]

2) 의복

(1) 표의

표의表衣는 장유와 단령으로 나누어진다.

장유 당 장회태자 이현 묘 벽화의 신라 사신그림 187이나 용강동 고분 출토 남자상
III그림 192은 우리 고유의 장유형태도 착용했던 것으로 보인다. 신라의 9서당九誓幢[111]
에 속한 무관들은 이 장유의 깃에 출신 성분별로 염색한 깃을 달았을 것이다. 신라
인들은 녹·자, 백, 백제민들은 백, 고구려민들은 황색, 말갈민들은 흑색, 보덕성민들
은 벽·적, 백제성민들은 청색 깃으로 구별하였다. 10정十停[112]에 속한 무관들은 지
역에 따라 청색, 흑색, 황색, 녹색 깃을 달았다.

단령 황성동 고분과 용강동 고분에서 출토된 인물 토용그림 188, 189, 190, 191은 단령團
領을 착용한 것으로 보이는데, 그 양식은 일본 쇼소인正倉院 소재 단령그림 196에서 살
펴볼 수 있다. 귀족층에서는 관복으로 중국제 단령을 착용한 것으로 보인다.

(2) 내의

내의內衣는 겉옷 안에 입었던 옷으로 그 형태는 알 수 없으나, 고구려 고분 벽화의 유나 장유 속에 보이는 둥근 깃의 내의 같은 종류로 추측된다. 이것은 내의라고 하더라도 밖으로 보이는 부위가 있어 고급 비단류를 사용하지 않았을까 추측된다. 통일신라시대 남자들은 내의 위에 표의를 입는 것이 일반적이었을 것이다.

(3) 반비

반비半臂는 당제唐制에서 온 것으로 그 양식은 일본 쇼소인正倉院 소재 반비그림 197에서 살펴볼 수 있다. 이것은 골품계급에게만 착용이 허용되었다.

(4) 고

당 장회태자 이현 묘 벽화에 등장하는 신라 사신그림 187은 밑단에 넓은 단을 댄 밑을 묶지 않는 통이 넓은 바지, 즉 고袴를 입고 있었다. 이외에도 통이 좁은 바지가 착용되었던 것으로 보인다.

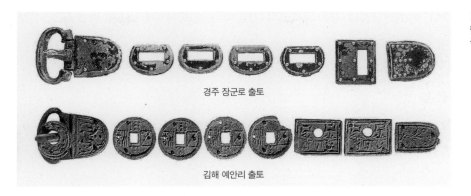

경주 장군로 출토

김해 예안리 출토

3) 요대·말·신·홀

(1) 요대

요대腰帶는 포대袍帶로 사용되었던 것으로 보이며 과대銙帶였을 것으로 추측된다. 과대그림 198는 이미 통일 이전 중국의 영향을 받으면서 정형화되었다. 7세기에는 기존의 형태와 다른 중국적 요소가 가미된 과대가 만들어졌는데, 띠 연결부 및 과판 표면에 각종 초화문草花文, 동물무늬瑞獸文, 귀신 얼굴鬼面, 사람 얼굴人面 등을 형상화한 무늬가 있는 것이 특징이었다.

(2) 말

말襪은 남자들이 착용한 것으로 버선목이 긴 형태의 버선이었다.

(3) 신

남자들은 화靴와 이履를 착용했는데 이는 벽화 인물도에서도 나타난다. 이 화에는 화대가 달려 있던 것으로 보인다. 이것은 수·당의 육합화六合靴, 그림 199(육봉화식六縫靴式)을 모방한 것이었으며, 화의 목에는 금동교구金銅鉸具가 구비된 화대가 있어 이것으로 졸라매게 되어 있었다고

199
육합화

한다. 이履는 남자의 경우 가죽으로 만들어 신었고 지체가 낮으면 마제麻製도 신었다. 이것은 미투리, 짚신 등과 같은 것이었다.

(4) 홀

복식금제에는 나타나 있지 않지만 황성동 고분이나 용강동 고분 출토 인물상에는 홀忽의 착용 모습이 보인다. 당시에는 관복에 홀을 착용하였을 것으로 생각된다.

2 여자 복식

황성동 고분 출토 여자상그림 200은 쪽찐머리를 하고 상의 위에 치마를 착용하고 있다. 용강동 고분 출토 여자상그림 201은 얹은머리를 하고, 상의 위에 치마를 입었으며 표裱를 두르고 있다.

1) 머리모양, 머리장신구·관

(1) 머리모양

쪽찐머리 황성동 고분 출토 여자상그림 200의 머리모양은 가르마를 타서 빗어 넘겨 후두 중간에서 묶어 쪽을 찌는 쪽찐머리이다.

고계 고계高髻는 얹은머리형의 높은 머리로 용강동 고분 출토 여자상그림 201에 나타나 있다.

가체머리 가체에 사용된 체다래에 대하여는 당시 이미 체가 신라의 명물로서 외국 수출까지 이르게 된 것을 보거니와, 이는 남자 또는 가난한 부녀자가 친 머리로써 충당되었던 것이다.

200
황성동 고분 출토 여자상
국립경주박물관 소장

201
용강동 고분 출토 여자상
국립경주박물관 소장

(2) 머리장신구

머리장신구로는 빗을 의미하는 소梳와 비녀인 채釵가 있었다. 소와 채는 여인의 전용물이었다.

202
소
호암미술관 소장

소 소그림 202는 머리를 빗는 것이었을 뿐만 아니라 장식용으로 머리에 꽂는 것이었다. 재료로는 슬슬전瑟瑟鈿[113]이나 대모玳瑁, 거북 껍질 등을 사용했던 것으로 보인다.

채 비녀로서 주로 머리 뒤에 꽂아 장식하는 것이었다. 금·은 등을 사용하고 무늬를 아로 새기거나 보석을 박는 법을 사용하였다.

(3) 관

신라의 진골녀眞骨女나 육두품六頭品의 여자만 쓸 수 있었던 관冠은 당관을 모방한 화관花冠과 같은 것이었다.

2) 의복

(1) 표의

여자들도 의례적인 경우에는 남자들과 같이 표의를 착용했을 것으로 보인다.

(2) 내의

내의는 여자들이 단의短衣나 표의 속에 착용했던 것으로 보인다.

(3) 단의

단의短衣는 여인의 전용 의복으로, 보통 내의 위에 단의를 입고 의례적인 경우에만 표의를 덧입었던 것으로 추측된다. 황성동 고분 출토 여자상그림 200과 용강동 고분 출토 여자상그림 201 모두 단의를 입고 있다.

(4) 배당

배당褙襠은 배자의 일종으로 반비와 같은 계통의 것이었으나 반비와 달리 소매가 없었다. 여인 전용 의복으로 평인녀平人女에게는 착용이 허용되지 않았다.

(5) 고

여자도 평상시에는 고袴만을 입었다. 치마는 의례용으로 그 위에 덧입었던 것으로 보인다.

(6) 치마

표상表裳은 겉에 입는 치마로 치마말기가 있다. 삼국시대의 치마와 다른 점은 주름이 치마단까지 잡히지 않고 현대의 치마와 같이 위에만 잡혀 있다는 것이다. 내상內裳은 항상 속에 입는 치마가 아니라 치마 2개를 입었을 때 속에 입었기 때문에 내상이라고 했으며,[114] 오두품5頭品 이상의 특수층만 입었던 것으로 상당히 고급스러운 옷감을 사용했던 것으로 보인다.

203
표를 착용한 당 도용

(7) 요·반

요褄와 반襻은 치마허리를 지칭하는 '요'와 치마끈을 지칭하는 '반'으로 이루어졌다. 황성동 고분 출토 여자상그림 200이나 용강동 고분 출토 여자상그림 201에 나타난 것처럼, 단의를 입고 그 위에 치마를 입었을 때 밖으로 치마허리와 치마끈이 보이는 양식이었다.

평인녀에게는 치마끈의 반襻에만 능綾의 사용이 허용되었다고 한다. 아마도 평인녀들의 유상 착장방법이 우리의 고유 양식인 치마를 입고 그 위에 유를 착용함으로써 치마끈만 밖으로 보였기 때문일 것이다.

(8) 표

표裱는 당제唐制에서 온 것으로 영포領布, 그림 203라고도 불렸다. 표는 목 뒤에서 가슴 앞으로 길게 드리운 것인데, 일종의 목도리로서 용강동 출토 인물 도용 여인상그림 201에서도 표를 두르고 있는 모습을 볼 수 있다.

3) 요대·신

(1) 요대
여자들 역시 요대를 포대용으로 사용했을 것으로 보이며, 이는 포백대布帛帶였을 것이다.

(2) 말·말요, 이
여인들의 말襪은 남자용과 그 모양이 같았으며, 말요襪袎는 여인 전용의 버선목에 끈이 붙어 있는 것이었다. 이는 오늘날의 버선과는 달리 옷과 같은 고급 비단류를 사용하였다. 여인들의 이履는 계繲, 라羅 등을 사용하여 만들었던 것으로 보인다.

4) 장신구

통일신라의 장신구는 고신라와 비교하면 유물 수가 현저히 적다. 경북 칠곡군 송림사에서는 옥목걸이와 은제 지환 여러 개가 발견되었다.

5장
발해시대 복식

발해渤海는 고구려의 유민을 중심으로 하여 대조영이 698년에 세운 이래로 무왕武王, ?-737 대의 영토 확장기를 거쳐 문왕文王, 738-794 대에 중앙정치기구 완비, 경제·문화적 발전을 이룩하였으며 사신을 당에 보내 당례唐禮 등을 필사해와서 발해의 제도 정립에 적용하였다. 그 후 선왕의 대외 정복을 바탕으로 최대의 판도를 형성하였으며, 이에 맞추어 5경京 15부府 62주州의 지방제도를 완비하였다. 그 결과 당으로부터 해동성국海東盛國이라는 칭호를 얻게 되었으나 이후 거란족의 침입으로 936년에 멸망하였다.

문왕 대 제도 정립에 사용되었던 당례는 정관례와 현경례를 기초로 하여 현종 개원 20년에 만들어졌다. 여기에는 당의 예령禮令, 의복령, 의제령 등의 내용이 담겨 있었다. 당시 복식양식은 1980년에 발굴된 문왕의 4녀인 정효공주757-792 묘[115] 벽화 인물도 등에서 살펴볼 수 있다.

발해는 고구려 복식의 바탕 위에 당의 복식제도를 받아들여 이를 관복으로 사용했으리라 생각된다. 발해 관리의 복장에 대한 기록은 《발해고渤海考》나 《발해국지渤海國誌》, 《신당서》〈발해조〉 등에서 살펴볼 수 있다. 관리의 계급은 1품에서 9품까지 나누어졌는데 복장은 이를 4등等으로 나누어 의복색과 어대魚袋[116], 홀笏로 구분하여 착용하였다.

발해의 복식을 보여주는 유물로는 정효공주 묘 벽화 인물상이나 길림성 화룡시 용두산 부근 석국묘石國墓에서 발견된 삼채여용三彩女俑[117], 연해주 출토 청동상[118] 8세기 말~9세기 초의 발해 왕실 고분으로 알려진 용해고분군에서 발견된 삼채남자용 1점, 여용 4점, 삼엽형 관식, 옥판 과대, 금제 팔찌, 금제 비녀 등이 있다.[119]

표 4 **발해 관리의 복장 구분**

계급	복장
3품 이상	자색 관복紫色官服에 아홀牙笏을 쥐고 금어대金魚袋를 참
4·5품	비색 관복緋色官服에 아홀을 쥐고 은어대銀魚袋를 참
6·7품	천비색 관복淺緋色官服, 엷은 붉은색 관복에 목홀木笏을 쥠
8·9품	녹색 관복綠色官服에 목홀을 쥠

1 남자 복식

발해의 남자 복식을 보여주는 예로는 정효공주 묘 벽화 남자상그림 204, 205이 있다. 이를 통해 당시 사람들이 주로 머리에 복두나 말액抹額, 이마에 두른 수건을 착용하였고 단령포를 입었다는 것을 알 수 있다.

1) 관모

(1) 복두

정효공주 묘 벽화에 그려진 발해 남자들은 주로 복두를 착용하고 있다그림 204.

(2) 말액

정효공주 묘 벽화에 그려진 발해 남자들은 상투를 틀고 이마에 수건을 두르는 형태의 말액을 하고 있다그림 205.

(3) 조우관

중국 서안시 교통대학 부지에서 발견된 도관칠국육판은합都管七國六瓣銀盒[120]을 보면 발해인으로 추정되는 인물들그림 206이 나오는데, 이들은 조우관을 착용한 것으로 보인다. 또한 고구려의 조우관과 거의 같은 형태의 3 조우식그림 207이 소피변小皮弁과 함께 출토되었는데,[121] 변형모 앞에 이 3 조우식을 삽식한 조우관으로 보인다.

(4) 투구

발해의 무인武人은 말액이나 투구를 쓰고 갑옷을 입었다. 흑룡강성黑龍江省 영안현 발해진 동경성東京城 상경용천부지上京龍泉府址 부근 고분에서 출토된 투구그림 208는 주발을 엎어놓은 것 같은 형태이며 윗부분에 끝이 달걀형을 이루는 막대모양이 꽂혀 있다.

204

205

206

207

208

(5) 털모자

쇼소인正倉院에 있는 그림에서는 발해인이 털모자를 쓴 모습을 볼 수 있다.

2) 의복

(1) 단령

관복은 관품에 따라 자색紫色, 비색緋色, 천비색淺緋色, 흐린 비색, 녹색綠色을 착용하였으며 아홀牙笏이나 목홀木笏을 쥐었고, 금어대金魚袋나 은어대銀魚袋를 찼다.

벽화 속 단령 벽화에 나타난 단령그림 204은 깃이 받아서 목둘레에서는 속에 입은 옷이 보이지 않으나 옆트임을 통하여 포 안 중단류의 내의와 바지의 착용 모습이 보인다. 소매는 넓은 것과 좁은 것이 있으며, 옷자락이 발등까지 내려올 정도로 길다. 단령의 색은 갈색, 붉은색, 푸른색, 자색, 흰색 등이 있으나 동일 직분에서 서로 다른 색의 옷을 착용한 것으로 보아 전술한 관복색의 규정에 따른 것은 아닌 듯하다.

209
삼채남용
용해고분군 출토
화룡박물관 소장

용해 고분군 출토 삼채남용 용해고분군 출토 삼채남용그림 209도 전반적으로는 정효공주 묘 벽화 인물의 단령과 비슷하나 단령의 길이가 보다 길고 전체적으로 품에 여유가 있어 보이며, 허리에는 공통적으로 과관 장식이 없는 혁대를 두르고 있다. 동 고분 출토 여용그림 212도 단령을 하고 있는데 이는 여자가 남장을 한 것으로 보인다.[122]

(2) 구

당시에는 방한용으로 담비나 표범 등의 가죽으로 만든 구裘도 착용하였던 것으로 추측된다.

(3) 바지·저고리

편복으로는 바지나 저고리를 착용하였다.

3) 요대·신

(1) 요대

정효공주 묘 벽화 인물도그림 204에는 허리에 띠를 두른 사람이 있는데, 이는 가죽띠로 보이며 과대도 착용한 것으로 추측된다. 길림성 화룡현 하남둔 출토 순금제純金製 과대그림 210는 작은 금 알갱이를 촘촘하게 붙인 누금鏤金기법이 뛰어나며, 상감기법을 이용하여 수정과 터키석을 박아 넣었다. 허리띠 아래에는 금동고리를 달아 소지품을 매달 수 있도록 하였다.

210
과대
길림성 화룡현 하남둔 출토
전쟁기념관 소장

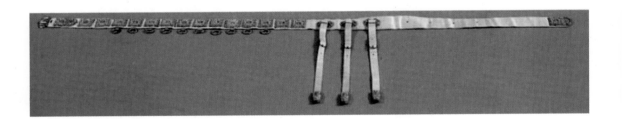

(2) 신

신은 검은색 가죽신과 삼신을 신었다. 목이 달린 가죽신도 있었는데 밤에 행군하기 알맞다고 하여 암모화暗摸靴라고도 하였다.[123]

2 여자 복식

여자들의 복식은 석국묘 출토 삼채여용그림 211, 용해고분군 출토 삼채여용그림 212이나 연해주 출토 청동 여인상에서 볼 수 있다.

1) 머리모양, 머리장신구·관

(1) 머리모양

석국묘 출토 삼채여용그림 211의 머리모양은 머리 위에 작은 쪽을 찌고 옆머리는 귀

211
삼채여용
길림성 화룡현 석국묘 출토
연변박물관 소장

212
삼채여용
용해고분군 출토
화룡박물관 소장

211

212

를 가리며 뒤 어깨로 이어져 드리워진다. 귀를 가린 옆머리는 빈髩이라 하는데 당, 송대 빈으로 얼굴을 가리는 것이 유행하였다 하므로 발해 여인들도 이같은 양식의 머리모양을 한 것으로 보인다.[124] 용해 고분군 출토 삼채여용그림 212은 귀 양쪽에서 낮게 머리를 틀어 묶은 쌍계형태를 띠고 있다.[125] 연해주 출토 청동 여인상그림 213의 머리모양은 양쪽으로 나누어 계를 만드는 쌍계를 하고 있으며, 그 외에도 변발後垂辮髮 등의 머리모양을 주로 하였다.

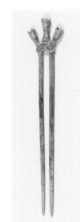

213   214

(2) 머리장신구

흑룡강성 영안현 발해진 고분 출토 머리뒤꽂이그림 214는 양갈래로 갈라진 상부에 산山자 모양의 장식이 있다. 러시아 연해주 크라스키노 발해성터에서 출토된 2개의 청동 머리핀은 상부는 반구형으로 되어 있고, 양옆으로 2개의 관이 겹으로 붙어 있다.[126] 이 같은 산자모양 뒤꽂이는 발해의 독특한 양식으로 생각된다.

　빗은 나무, 대모, 상아, 골각骨角 등으로 만들었다. 고분 출토 시 골제의 빗이 피장자被葬者의 머리 부위에 꽂힌 상태로 발견되었던 것으로 보아, 통일신라와 마찬가지로 빗을 장식용으로도 사용했을 것으로 추측된다.

213
청동 여인상
연해주 출토
블라디보스톡박물관 소장

214
머리뒤꽂이
흑룡강성 영안현 발해진 고분
출토
전쟁기념관 소장

(3) 관

발해에서는 관冠을 쓰기도 하였다.

2) 의복

(1) 유·군

석국묘 출토 삼채여용그림 211에서 보이는 것과 같이 여인들은 유를 입고 군을 입고 허리에 요·반을 하였다. 이는 당의 착장방식과 거의 유사한 양식이다.

(2) 유·군·포·운견

연해주 출토 청동 여인상그림 213은 유와 군을 입고 위에 대수포大袖袍를 걸쳤다. 또 어깨에 운견雲肩을 걸치고, 위에 또 표襆를 걸친 것으로 보아 당시 당의 부인복과 같은 형태였으리라 여겨진다. 서민 부녀들은 우리의 기본 복장인 유고, 유상을 입고 예복으로 포를 착용했을 것이다.

3) 신

석국묘에서 출토된 삼채여용그림 211은 신 끝이 약간 올라간 이履를 착용하고 있다.

4) 장신구

발해인들은 귀고리, 목걸이, 팔찌, 반지 등의 장신구류를 착용하였다.

(1) 귀고리

귀고리는 금·은·동·청동제품으로 주로 세환식이었으며 수식垂飾이 달린 태환식과 세환식이 있었는데 장식은 비교적 간단하였다. 함경북도 화대군 정문리 창덕 3호 무덤 출토 태환식 귀고리그림 215는 순금판을 말아서 만든 큰 고리에 금을 입힌 작은 청동고리가 연결되어 있으며, 작은 고리에는 순금판으로 만든 표주박모양의 수하식이 달려 있다.

(2) 목걸이

흑룡강성 홍준어장 고분군 출토 옥류 목걸이그림 216는 관옥과 환옥으로 이루어져 있고 수정, 마노, 진주, 호박 등으로 구성되어 있었다.

(3) 팔찌

팔찌는 금, 은, 동, 철로 만들어졌으며 원형과 타원형이 있었고 완전히 막힌 것과 한쪽이 열린 것도 있었다. 장식은 없는 것이 많았으며 비교적 간단한 형태였다.

215

216

(4) 반지

반지는 금, 은, 동, 청동으로 만들어졌다. 청동반지는 장식이 없는 간단한 형태였
다.[127)

6장
고대 장식 및 직물·염색

1 장식기법과 종류

고대의 관모, 장신구 및 과대류 등은 제작과정에서 여러 가지 장식기법을 사용하였다. 특히 귀고리류를 제작할 때는 더욱 다양한 기법을 사용하여 정교한 양식을 보여주었다.

1) 장식기법

(1) 영락식

영락瓔珞은 얇은 금판의 작은 조각을 금선에 꿰어 매단 것이다. 금조각의 영락이 흔들리면 금색이 찬연히 번쩍이기 때문에, 장식에서 금색을 살리기 위해서는 필수적이었고 형태의 단조로움을 깨는 데도 효과적이었다. 영락은 금제 관모류와 금동신발, 귀고리장식 등에 많이 사용되었다.

(2) 세금세공

세금세공細金細工 또는 누금세공鏤金細工은 금장식 표면에 아주 작은 금알갱이나 가는 금선, 또는 조각한 가는 금선 등을 도안에 따라 붙여서 정교한 조각효과를 내는 수법이었다. 특히 태환식 귀고리에 많이 사용되었다.

(3) 도금·첩금

도금鍍金을 할 때는 소위 아말감 도금, 즉 수은도금을 사용하였다. 이것은 수은에 용해된 금을 동銅 또는 기타 금속 표면에 칠한 후에 열을 가하여 금을 표면에 얇게 밀착시키는 방법이다. 첩금貼金은 금박金箔을 금속 표면에 붙이는 방법으로 도금보다 금막이 두꺼워 얼핏 순금 같아 보이는 경우가 많다.

도금과 첩금은 순금을 절약하고자 하는 목적 외에도, 태환식 귀고리와 같이 속이 비어 있어서 우그러들기 쉬운 장신구를 제작할 때 사용되었다. 또한 바탕에 단단한 금속을 사용하고 겉에만 금빛을 내기 위하여 사용되었을 것으로 추측할 수 있다.

(4) 투조

투조透彫는 금속판 일부를 도려내고 남은 부분으로 무늬를 나타내는 기법이었다. 섬세한 표현이 가능했기 때문에 금관이나 과대, 장신구 등의 제작에 많이 사용되었다.

(5) 타출

타출打出은 금속판을 안에서 밖으로 두드러서 무늬를 새겨 넣는 기법이었다.

(6) 소원배식

소원배식小圓杯飾은 찍어낸 작은 금판을 안으로 굽은 면을 갖게 하여 평면을 입체화시키는 기법이었다. 특히 복엽식 심엽형 귀고리에 많이 사용되었다.

(7) 감주식

감주식嵌珠飾은 강렬한 색채를 자랑하는 금 위에 옥류玉類 보석을 박아 넣는 기법이었다. 주로 장신구에 많이 사용되었다.

2) 식옥 및 옥충식

(1) 식옥

옥은 장신구에 금·은이 사용되기 전, 석기시대에도 사용되었으며 우리나라 고대 고분시대에 애용되었다. 식옥飾玉은 관모나 각종 장신구 등에 사용되었다. 옥에 관한 삼국 정립 시대 이전의 기록을 보면 "영주瓔珠를 가지고 재보로 삼았으니 혹은 옷에 둘러 장식하고 혹은 목에 걸고 귀에 드리웠다."라고 적혀 있다. 이를 통해 옥이 삼국시대 이전부터 의복장식품이나 목걸이, 귀고리류에 사용되었다는 것을 알수 있다. 삼국시대의 수많은 유물에 나타난 옥의 종류와 형태를 살펴보면 다음과 같다.

곡옥 곡옥曲玉이라 불리는 것은 대개 동물의 이빨모양을 하고 있었다. 이는 비취, 마노, 수정, 호박 등으로 만들어졌으며 금제 중공옥이나 금모金帽를 씌운 것 등이 있었다. 머리 부분에는 반드시 다른 장식품과의 연결이나 단독장식을 위한 구멍이 뚫려 있었다.

환옥 환옥丸玉은 평범하고 둥근 모양의 옥으로 남청색 유리로 된 것이 많았으며 때로는 금박金箔을 입힌 후 다시 유리를 그 위에 덮어씌워 아름다운 광택이 나는 것도 있었다. 환옥은 마노·동·금동··은·금으로 만든 것도 있었으며, 곡옥이 그 형태로 눈길을 끄는 데 반해 수량으로 주의를 끌었다.

다릉옥 다릉옥多稜玉은 다각多角으로 된 옥으로 6릉, 5릉, 4릉의 것이 있었다. 수정으로 된 것이 가장 많았으며 마노·유리류로 된 것도 있었다.

관옥 관옥管玉은 대롱을 잘라놓은 형상의 옥으로 비취, 마노 등으로 되어 있었으며 골제骨製도 있었다.

대추옥 대추씨와 흡사한 형태의 옥으로 흔히 마노를 가지고 만들었다.

(2) 옥충식

옥충玉忠은 비단딱지벌레의 일종으로 딱지날개가 금록색金綠色 또는 금남색金藍色을 띠고, 양쪽 딱지날개 중앙에 각각 한 줄기의 금자색金紫色을 지니고 있어 매우 아름다웠다.

옥충식玉忠飾은 이집트에서도 발견될 만큼 색이 아름다워 장신구를 만들 때 애용되었던 것으로 보인다. 이는 고구려 고분인 중화군 진파리 7호분에서 출토된 금동투조금구金銅透彫金具에서도 발견되었다.

2 직물·염색

우리나라가 원시시대를 벗어나 제법 의생활다운 복식을 갖추게 되었을 때, 이미 직물을 생산하는 방법을 알고 있었다. 여기에 염색술을 가미함으로써 고대의 의생활은 더욱 진일보하였다.

1) 직물

직물로 견직물絹織物과 모직물毛織物, 포직물布織物이 있었다.

(1) 견직물

견직물로는 금, 라, 능, 견, 주 등이 있었다.

금 금錦은 금金과 중량으로 교환할 만큼 고귀한 것이라 하였으며, 금錦이란 글자도 이러한 뜻에서 만들어진 것이라고 해석되고 있다. 그만큼 값비싸고 다채로운 문양이 있는 정교하고 값비싼 고급 견직물絹織物이었던 것이다.

고구려에서는 대중 모임 시 입는 의복에 수놓은 금錦을 사용하였으며, 오색금五色錦과 운포금雲布錦을 제직한 기록이 남아 있다. 백제에서는 백제왕이 청색 금錦으로 만든 바지를 착용하였다. 신라에서는 일반인도 금錦을 사용하게 되었다는 기록이 남아 있다. 이를 통해 당시 삼국에서 모두 금을 사용했다는 것을 알 수 있다.

라 라羅는 얇은 비단의 일종이었다. 고구려·백제 관모의 재료로, 신라에서는 귀족계급 남녀 의복에도 흔히 사용되었다.

능 능綾은 얼음결과 같이 섬세하게 직조된 직물이었다. 신라에서는 귀족계급 남녀들이 표의表衣, 내의內衣, 반비半臂, 말요襪요, 말襪 등에 사용하였다.

견 견絹은 평견平絹이라고 해석되는 것이었다.

주 주紬는 견보다 좀 더 가공한 것으로 생각된다.

겸포 겸포縑布는 매우 가는 실로 물도 새지 않을 정도로 치밀하게 짠 평견 직물이었다.[128]

(2) 포직물

포직물로는 모시, 삼베, 백첩포, 갈 등이 있었다.

모시 저마苧麻의 섬유를 이용한 포로, 저마는 기후·풍토적으로 우리나라에 가장 적합하여 오래 전부터 많이 재배되어 직물로 이용되었다.

삼베 삼베는 삼 섬유로 만드는 것으로 마포麻布 또는 마麻라고 불렸다.

백첩포 백첩포白疊布는 풀솜에서 뽑은 섬유로 실을 만들어 밀도가 치밀한 직물이었다.[129]

갈 칡섬유로 만든 옷감으로 잔털이 많아 광택은 없지만 모시, 삼베에 비해 따뜻하였다.

(3) 모직물

모직물로는 계, 탑등, 구유, 전, 장일 등이 있었다.

계 계罽는 섬세하고 부드러운 모사로 짠 모직물이었다.[130]

탑등 탑등氍毹은 첨모직방식으로 제작한 모직물로 요즘의 양탄자와 같았으며 구유보다 더 섬세하게 만들어진 것이었다.[131]

구유 구유氍毹는 모섬유와 마섬유를 섞어 제작하였다. 씨줄에는 마사, 날줄에는 모사를 사용하여 문양을 나타냈다.

전 전氈은 양털을 겹쳐서 열과 압력을 가해 축융한 펠트직물이었다.

장일 장일鄣日은 돼지털로 만든 포로 고구려의 특산물 중 하나였다.

2) 염색

물체에 색을 이식하는 최초의 수단은 염색이라기보다는 착색이었을 것이다. 초기에는 색이 있는 흙, 돌, 초즙草汁, 동물의 피 등을 염료로 하여 이것을 물체의 표면에 그저 도포하였을 것으로 생각된다. 염료에 의해 무늬를 표현하는 방법에는 회염繪染 날염捺染, 힐염纈染이 있었다.

(1) 회염

회염繪染은 옷감에 무늬를 직접 그리는 방법으로, 기록을 살펴보면 신라 사람은 소견에다가 그림을 잘 그렸고,[132] 백제 사람은 관인의 의복에 비색緋色 그림을 그렸다고 전해진다.

(2) 날염

날염捺染은 무늬를 새겨넣은 형판型版에 안료를 발라 옷감에 찍는 방법으로, 진덕왕 5년651 신라에서 당나라로 보낸 금총포金總布도 날염의 일종인 금박을 한 직물이라고 생각된다.

(3) 힐염

힐염은 여러 방법으로 염료가 침투하지 못하도록 방염 처리한 후, 염액에 담가 무늬를 형성하는 방법으로 교힐絞纈, 협힐頰纈, 납힐蠟纈이 있었다.

교힐 실로 직물을 단단히 묶은 후 염액에 담가 염색하는 것이었다. 실로 묶은 부분에 염료가 들어가지 못하도록 하여 무늬를 형성하였다. 원형 무늬는 크기에 따라 좁쌀, 팥, 콩 등의 곡식을 넣어 묶는 방법으로 만들었다.

협힐 똑같은 무늬를 음각한 나무판을 2개 만들어 그 사이에 옷감을 넣고 단단히 묶은 후 염료를 넣어 음각한 부분에만 염액이 들어가는 방법으로 무늬를 표현한 것이다. 흥덕왕 복식금제에서도 여러 종류의 복식에 협힐 사용을 금지할 정도로 많

이 이루어졌다. 일본 쇼소인의 유물에도 신라에서 보낸 것으로 추정되는 새무늬 협
힐 라를 비롯하여 협힐기법으로 염색한 직물이 많이 남아 있다.

납힐 밀납이나 방염 역할을 하는 풀로 무늬를 그린 후 염액에 담그는 방법이었다.
밀납이나 풀로 무늬를 그린 부분이 방염되어 무늬를 형성하였다.

1부 미주

1) 김문자(1994), *한국복식문화의 원류*, 민족문화사, p.99.

2) 김용문(1993), 아시아 수발양식에 관한 연구-동아시아를 중심으로, 성신여자대학교 대학원 박사학위 논문(圖 126).

3) 三國志 魏書 三十 韓 ' 馬韓 …魁頭露紒 …弁辰 …長髮.

4) 김용문(1993), *op.cit.*, p.181.

5) *Ibid.*, p.248.

6) 김문자(1994), *op.cit.*, pp.74-75.

7) 이한상(2004), *황금의 나라 신라*, 김영사, p.53.

8) 김병모(1998), *금관의 비밀*, 푸른역사, pp.39-41.

9) 이종선(2000), *고신라 왕릉 연구*, 학연문화사, p.8.

10) 太田晴子(1964), 中國戰國時代にわける樹木中心文樣の西方からの傳來について, *美術史研究, 3*, 早稻田大學美術史學會, p.57.

11) 김문자(2001), 聖樹文에 대한 硏究-앗시리아式 樹木中心文樣을 中心으로, *패션비즈니스, 5*(3), pp.63-71.

12) 이한상, *op.cit.*, pp.51-52.

13) 국립중앙박물관 편(1991), *스키타이 황금*, 조선일보사, p.216.

14) 金烈圭(1981), 東北亞脈絡속의 韓國神話, *古代韓國文化의 隣接文化와의 關係*, 城南: 韓國精神文化研究院, p.302.

15) YE. D. Prokofyeva(1972), *The Costume of an Enets Shaman*, Studies in Siberian shamanism, ed. Henry. N. Michall, University of Toronto Press, p.140.

16) 金烈圭, *op.cit.*, p.309.

17) 유태용(2005), 지석묘(支石墓)에 부장(副葬)된 청동제품의 사회적 기능에 대한 연구, *선사와 고대, 22*, p.203.

18) *Ibid.*, p.189.

19) 말을 탈 때 오른손잡이의 경우 보통 오른쪽에서 말을 타는데 이때 옷자락이 풀어지지 않게 오른쪽 자락을 잡고 타게 되기 때문에 좌임을 하게 되었다 한다.

20) 이영주(1999), 韓國古代染色文化 研究, 한양대학교 대학원 박사학위논문, p.8.

21) 송화섭, 이하우(2008), *알타이의 바위그림*, 민속원, p.27.

22) 이건무, 조현종(2003), *선사유물과 유적*, 솔, pp.248-249.

23) 충청문화재연구원 http://www.ccpri.or.kr/bbs/view.php?id=ccpri_mata5&no=54[2009. 9. 16. 검색]

24) 김원룡 편(1973), *한국미술전집 1, 원시미술*, 동화출판공사, p.155.

25) M. I. Artamonov(1966), Treasures from Scytian Tombs, trans. Kupriyanova, London: Thames &

Hudson, pp.65-66.

26) 귀에 다는 장식을 지칭하는 것으로 귀고리와 귀걸이가 함께 쓰이기는 하지만 고대부터 사용한 귀에 구멍을 뚫어 착용하게 되는 것은 '귀고리', 후에 조선시대에 귓바퀴에 걸어 사용한 것은 '귀걸이'로 명칭을 구분하여 사용하고자 한다.

27) 藤田亮策(1948), *朝鮮考古學研究*, 京都: 高桐書院, p.408.

28) 國立文化財研究所(2004), *高城 文岩里 遺蹟*, 國立文化財研究所, p.237.

29) 국립중앙박물관 편(1992), *한국의 청동기문화*, p.28.

30) 이은창(1978), *한국복식의 역사, 고대편*, 세종대왕기념사업회, pp.367-368.

31) 복천박물관, 제1전시실, 고분과 문화, PDF파일, p.26.

32) 청록색 또는 녹색의 아마존석, 또는 아마조나이트라고도 한다.

33) 이화여대박물관 편(1991), *한국의 장신구*, 대학박물관협회, p.21.

34) 김문자(1994), *op.cit.*, pp.138-139.

35) 복천박물관, 제1전시실, 고분과 문화, PDF파일, p.26.

36) 이은창, *op.cit.*, p.42.

37) 조선유적유물도감편찬위원회 편(1990), *조선유적유물도감, 2권*, 동광출판사, pp.88-89.

38) *증보문헌비고 제79권* 예고 26 장복 1 의복총론 단군 조선(3517).

39) *연려실기술 별집 제19권*, 역대전고(歷代典故), 단군조선(檀君朝鮮).

40) 유태용(2005), *op.cit.*, p.203.

41) *Ibid.*, p.189.

42) 한민족유적유물박물관 http://gate.dbmedia.co.kr/suwon/korea.asp?url_name=[2015. 1. 6. 검색]

43) 國立文化財研究所(2004), *op.cit.*, p.237.

44) 북한문화재자료관 http://north.nricp.go.kr/nrth/kor/inx/index.jsp[2009. 9. 2. 검색]

45) 이은창, *op.cit.*, p.42.

46) 李亨求(1991), *韓國古代文化의 起源*, 서울: 도서출판 까치, pp.140-145.

47) 키가 매우 작아 말을 타고서도 능히 과실나무 밑을 지나갈 수 있다는 데서 유래된 이름으로, 고구려와 동예의 특산물이었다.

48) 襜褕是深衣類服裝° 襜褕是一种直裾之服.

49) 태환식은 그 굵기로 보아 직접 귓불에 꿰어 달기가 힘들다고 보아 줄이나 금사슬 등으로 꿰어 달았을 것으로 추측하기도 했으나 동시대인 5~7세기의 중앙아시아 유적인 키질 벽화 인물상을 보면 이란계 양식으로 보이나 귓불이 매우 크게 구멍이 나서 늘어져 있는 것으로 보아 태환식의 귀걸이도 직접 착용했을 것으로 추정된다.

50) 〈왕회도〉는 〈양직공도〉보다 약 100년쯤 뒤인 7세기 초인 당 태종 재위 시에 국가 행사에 참석한 삼국은 물론 왜·파사국(페르시아) 등 중국 주변 32국의 사신도를 당시 화가가 비단에 그린 것으로 같은 시대

각국의 사신 모습을 함께 그려 좋은 비교가 되고 있다.

51) 〈번객입조도〉는 10세기 초에 그려진 것으로 추정되며, 종이에 그려진 백묘화(白描畵)로 채색 없이 묵선 (墨線)으로만 표현되어 있다. 여기에는 우리나라 삼국을 포함하여 31개국 35명의 사신이 조공(朝貢)하는 모습이 묘사되어 있다.

52) 이진민, 남윤자, 조우현(2001), 〈王會圖〉와 〈蕃客入朝圖〉에 묘사된 三國使臣의 服飾 硏究, *服飾, 51*(3), p.156.

53) 周迅, 高春明(1988), 中國歷代婦女妝飾, 三聯書店, 上海學林出版社, p.43.

54) 쌍계는 '총각'을 의미하는 것으로 알려져 있었으나 조선조 말까지 관례 시 쌍계를 트는 경우도 있었지만 노소를 가리지 않고 머리숱이 많은 사람은 두발을 좌우로 나누어 쌍계를 맺었다고 한다.

55) 주영헌(1963), *약수리 벽화 무덤발굴보고, 고고학자료집 3*, 과학원출판사, pp.141-142.

56) 李浩官(1997), *韓國의 金屬工藝*, 서울: 文藝出版社, p.186.

57) *Ibid.*, p.185.

58) 尹世英(1988), *古墳出土 副葬品硏究*, 고대민족문화연구소, pp.27-28.

59) 박선희(2013), 고구려 금관의 양식사와 정치변화, *고조선단군학, 28*, pp.117-118.

60) 근래까지 사용되어 오던 '머릿수건'을 보면 개성 일대, 황해도, 함경도 방면의 부인들은 수건을 접어서 머리의 주위 및 상부까지를 덮어 뒤에서 맺는 것이 보통이었고, 평안도의 부인들은 수건을 세로로 접어 겹쳐 앞머리에서 뒷머리로 감아 맺어 끼우고 있어, 이것은 벽화에 보이는 2가지의 머릿수건 착용방법과 묘하게 합치된다. 부인들의 머릿수건 착용은 중북부뿐만 아니라 남부에서도 흔하게 볼 수 있는 것이었다.

61) 고구려 고분 벽화의 편년에 따르면 중기의 고분 벽화의 인물도에서 착용한 유의 임이 좌임일 경우가 더 많았는데 전기 고분의 토지가 주로 한사군의 영향을 직접 받는 평양 부근이 많았고 중기 고분은 한문화 전파 지역에서 동떨어진 통구지방에 편재해 있었다. 따라서 중국식 우임은 고분 벽화에서는 전기 고분에서 더 많이 보인다. 그러나 이는 지역적인 차이로 보이며 삼국시대 유나 장유의 임의 변천은 역시 좌임·우임 또는 좌·우임 혼재로 보아야 할 것이다.

62) 이경자(1991), *韓國服飾史論*, 일지사, pp.82-122.

63) 이은창, *op.cit.*, p.346.

64) 유송옥(1993), 벽화에 나타난 고구려 복식, *집안고구려고분 벽화*, 조선일보사, p.215.

65) 이은창, *op.cit.*, p.346.

66) 최무장(1995), *고구려고고학 II*, 민음사, pp.914-916.

67) *Ibid.*, pp.660-661.

68) 주영헌, *op.cit.*, pp.150-51.

69) *Ibid.*, pp.141-142.

70) 채희국(1964), 대성산 일대의 고구려유적에 관한 연구, 유적발굴보고 *제9집*, 사회과학원출판사, p.51.

71) *Ibid.*

72) 李浩官, *op.cit.*, pp.160-161.

73) *Ibid.*, pp.183-184.

74) *삼국사기 권 제32*, 12장 앞쪽, 잡지 1악.

75) 〈양직공도〉는 남북조시대 한족이 세운 남조의 하나인 양(梁, 502~556)의 원제(元帝, 52~554) 재위기간에 각국에서 조공하러 온 사신의 모습을 태수이던 소역(蕭繹, 505~554)이 그린 것이다. 사신 옆에는 그 나라에 대한 간단한 설명이 적혀 있어서 당시의 사정을 단편적으로나마 이해하는 좋은 자료가 된다. 이 그림의 시기는 백제 성왕(523~554)의 재위 때로 그림 뒤에 적힌 7행 160자의 백제를 설명하는 내용을 통해 백제를 이해할 수 있는 귀중한 자료이다.

76) 李弘稙(1965), 梁職貢圖論考-特히 百濟國 使臣 圖經을 中心으로, 고려대학교 창립 60주년기념논문집, pp.295-325.

77) 김문자(2011), '서동설화'에 등장하는 주요 인물 복식 고증, 복식, *61*(7), p.143.

78) 김문자(2001), 삼국시대 머리장신구에 대한 연구 , *복식문화연구, 9*(5), pp.31-33.

79) 文化公報部 文化財管理局 편(1973), *武寧王陵發掘調査報告書*, p.21.

80) 이영훈, 신광섭(2004). *고분미술 1*, 고구려·백제, 솔출판사, p.243.

81) 김문자(2012), 일본 고대 복식에 미친 백제복식의 영향, 복식, *62*(5), pp.101-102.

82) 安承周,李南奭(1988), *論山六谷里 百濟古墳發掘調査報告*, 백제문화개발연구원, pp.31-34.

83) 백제문화권 개발사업소, 백제역사재현단지조성 조사연구 보고서, p.242.

84) 국립부여문화재연구소, 부여군(1988), 부여 능산리 공설운동장 신축 예정부지 - 백제고분 1·2차 긴급 발굴조사보고서.

85) 김문자(2012), 일본고대복식에 미친 백제복식의 영향, 복식, *62*(5), p.100.

86) 권태원(2004), *백제의 의복과 장신구*, 주류성, pp.144-145.

87) 서미영(2006), 백제공복에 관한 연구, 복식, *56*(8), p.69.

88) 윤양노(2011), 백제금동대향노 주악상 복식재현을 위한 연구, *국악원논문집 23*, pp.102-103.

89) 김성욱(2011), 한반도 마형대구의 편년과 지역상, 고려대학교 대학원 석사학위논문, p.21.

90) 국립부여박물관(2005), *백제인과 복식*, 부여: 국립부여박물관, pp.153-154.

91) 이영훈, 신광섭(2004). *op.cit.*, p.244.

92) 김문자(2012), *op.cit.*, p.105.

93) 김문자(1991), 古代 白樺樹皮製冠帽, *수원대학교 논문집 9*, pp.187-194. 백화는 자작나무로 원래 색이 희어서 '백화'로 불렀으며 '샤먼'의 나무로 알려져 있다. 방부제 성분이 들어 있어서 잘 썩지 않아 껍질로 관모나 장신구 등을 만드는 데 사용되었다.

94) 고분 출토품에서 보이는 전형적 조우식은 보통 모부에 꽂을 수 있는 부위(중심판으로 명명)에 좌우 양날개를 부착하는 경우가 대부분인데, 이 중심판의 맨 윗부분이 W나 WW모양을 하고 있어 이것이 스키타이 꼬리양식(Scythe-shaped tail)을 나타내는 것으로 본다.

95) 이송란(2004), *op.cit.*, pp.245-246.

96) 김병모(1998), *op.cit.*, 도판 61 설명.

97) 금동리 바닥에 있는 거북등 무늬는 5~6세기 사산왕조 페르시아에서 크게 유행했던 것으로 그 영향을 받은 북위(北魏)에서도 널리 쓰였다.

98) 국립중앙박물관 편(1985), *명품도감*, 삼화출판사, 도판 66.

99) 文化財管理局 文化財研究所 편(1994), *皇南大塚II(南墳)發掘調査報告書*, pp.78-79.

100) 文化財管理局 文化財研究所 편(1985), *皇南大塚I(北墳)發掘調査報告書*, pp.94-95, 도판 11.

101) 朝鮮總督府(1933) *昭和六年度古蹟調査報告*, p.22, 圖版 11.

102) 이은창, *op.cit.*, pp.67-68.

103) 김문자(1996), 三國時代 金銅履에 대한 研究, *수원대학교 논문집, 14*. pp.167-178.

104) 국립진주박물관 편(1992), *국립진주박물관*, 통천문화사, p.138.

105) 1972년 중국 섬서성(陝西省) 건현(乾縣)에서 발굴된 것으로 수렵, 의장병(儀仗兵), 궁녀, 외국 사절 등의 그림이 그려진 벽화가 50여 조 발견되었다. 장회태자는 고종(高宗)과 측천무후(側天武后)의 둘째 아들로 706년 고종의 능에 배장(陪葬)되었다.

106) 1987년 5월, '말무덤'으로 구전되어오던 분묘에서 인물 토용 6점, 수레바퀴와 이를 끌던 소의 모습을 빚은 토용, 마두(馬頭) 1점 등의 토용 11점, 토기와(土器碗), 두침(頭枕), 견태(肩台), 족좌편(足座片) 등이 출토되었다. 남자상은 대략 17.8cm, 여자상은 16.5cm 정도이며 채색이 되어 있지 않다.

107) 1986년 7월에는 인물 토용 28점, 토제마(土製馬) 3점, 청동제 십이지신상 7점, 석침(石沈)과 족좌(足座) 각 1점, 토기 2점 등이 출토되었다. 인물 토용은 9~16cm 내외의 크기로 흙으로 빚어 만든 뒤 불에 구워 백토칠을 하고 그 위에 채색을 가한 것이다.

108) 구인숙(1989), 慶州隍城洞古墳出土 土俑의 服飾史的意味, *服飾*, 13, pp.21-37.

109) 正倉院은 일본 奈良현 東大寺에 있는 왕실 보물창고로 쇼무왕(聖武王, 연호 덴표天平, 서기 729~749)대에 창건된 것으로 추정된다. 8세기경 일본과 한국·중국·인도의 고대 유물 9천여 점이 소장되어 있다.

110) 국립경주박물관 편(1992), *국립경주박물관*, 통천문화사, p.177.

111) 구서당은 수도의 방어와 치안을 맡았다. 서당은 통일 전까지 2개가 있었으나 당나라군 축출 이후 9개로 늘어났는데, 대부분이 신문왕 때 설치된 것이다. 그리고 신라인 3개 부대, 고구려인 1개 부대, 백제인 2개 부대, 보덕국인 2개 부대, 말갈인 1개 부대 등으로 구성되었다.

112) 10정은 지방군 제도로 685년(신문왕 5년)에 9주 5소경의 지방 제도를 정비하며 설치된 것으로 보인다. 각 주에 1정씩 두었으며, 북방 국경 지대인 한주(漢州)는 구역이 넓고 국경 지대여서 2정을 두었다.

113) 김영재(1997), 瑟瑟·鈿考, *服飾*, 31, pp.215-222. '슬슬전(瑟瑟鈿)'에서 '슬슬'이란 단어는 중국에서도 고대로부터 귀하게 여겨온 보석으로 서역에서 전래되었다고 하며 벽색(碧色)의 보석, 일명 터키석이라고 불리는 녹송석(綠松石)을 말하는 것이라 한다. '전(鈿)'이라는 말도 원래는 양감으로 하는 장식세공의 하나를 말하는 것으로 '슬슬전'은 녹송석을 양감식한 것을 말한다.

114) 김미자(1988), 치마 저고리의 차림새에 관한 연구, *서울여대논문집 17*, p.98.

115) 중국 지린성(吉林省) 허룽현(和龍縣) 룽수이향(龍水鄉) 룽하이촌(龍海村) 서쪽 룽터우산(龍頭山) 발해무덤군에 있다. 정효공주 묘 벽화는 발해 고분 벽화의 가운데 완정한 것으로 알려진 유일한 것으로 무덤의 주인공은 그려져 있지 않고 무사, 시종과 내시, 악기 등 12명의 인물상이 그려져 있다.

116) 금어대·은어대의 구별이 있었는데, 이것 또한 송제를 본뜬 것이다. 일찍이 당의 제도에 부계(符契)라는 것이 있어 처음에는 어부(魚符)라 하였는데, 여기에 관성명(官姓名)을 새기고 좌우 2개로 쪼개어 왼쪽은 궁내(宮內)에 바치고 오른쪽은 지니고 있게 하여 궁내 출입 때 합쳐서 보게 되어 있었다. 이것은 주머니(袋)에 넣고 있었으므로 어대(魚袋)라 부르게 되었다.

117) 이순원, 김민지(2000), 석국묘 출토 발해 삼채여용의 복식, 복식, *50*(3), pp.43-58.

118) 김민지(1994), 발해의 복식에 관한 연구(2) -러시아 연해주에서 발견된 청동용(靑銅俑)을 중심으로-, 복식, *22*, pp.97-118.

119) 전현실, 강순제(2011), 용해(龍海) 발해 왕실고분 출토 유물에 관한 고찰, 복식, *61*(10), p.73.

120) 赤羽目匡由(2010), 동아시아에서의 고구려·발해문화의 특징-도관칠국 육판은합(都管七國六瓣銀盒)의 조우관 인물상을 통해서, *高句麗渤海研究*, *38*, pp.62-65. '도관칠개국'이라는 명문은 은합 중앙 부분에 그려진 '곤륜왕국'에만 결부시켜 해석될 것이 아니라 은합의 명문 및 그림 전체를 설명한 표제이고 '도관'하는 주체로 중국 황제를 상정할 수 있다. 도관은합의 명문과 그림은 중국 황제가 일곱 나라와 본국에 사리를 분배한다는 것을 표현하는 것이며, 그중 고려국(高麗國)이라고 표시된 것은 당시의 상황으로 보아 '발해'를 지칭하는 것으로 추정된다.

121) 전현실, 강순제, *op.cit.*, p.79.

122) *Ibid.*, pp.76-77.

123) 방학봉(1991), *발해문화연구*, 이론과 실천, p.120.

124) 김민지(2000), 발해복식연구, 서울대학교 박사학위논문, p.100.

125) 전현실, 강순제, *op.cit.*, pp.80-81.

126) V. I. 볼딘(2004) 러시아연해주발해유적발굴보고서.

127) 임명미(1996), *한국의 복식문화(I)*, 경춘사, pp.176-196.

128) 국사편찬위원회 편(2006), *옷차림과 치장의 변천*, 두산동아, p.68.

129) *Ibid.*, p.71. 당시 고구려에서 면종자를 직접 재배했는지는 확인할 수 없으나, 인도나 중국 남부지방에서 생산한 초면 원사를 들여와 제직했을 가능성도 배제할 수 없다.

130) *Ibid.*

131) *Ibid.*, pp.72-73.

132) 北史, 卷94, 列傳82 "服色尚畫素".

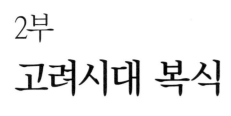

2부
고려시대 복식

918년 왕건이 세운 고려는 초기는 정치, 종교와 학술·예술 면에 있어서도 전대인 신라적인 요소를 많이 내포하고 있었으며, 국호가 표시하듯 고구려의 부흥자를 자처하였기에, 북방 민족들인 거란족, 여진족, 몽골족들, 그리고 한족漢族과의 끊임없는 투쟁으로 점철되어 있었다. 이러한 가운데 제23대 고종高宗 46년1259부터 약 80년간 몽골족이 세운 원元나라의 부마 국으로 놓이게 되어 자주성을 상실하였다. 그러나 원이 쇠퇴함에 따라 신흥의 명나라와의 관계를 조정하는 과정에서 1392년 조선왕조가 탄생하게 되었다.

이러한 고려의 발전과정을 보면 신라적인 요소 위에 송宋, 요遼, 원 등의 풍조와 영향을 다각도로 받아들여 고려문화의 내용을 다채롭게 하였다.

기록을 통한 고려의 복식 연구는 주변 국가들인 송·요·금·원·명의《여복지》및〈사여 관복〉,《고려사高麗史》,《고려사절요高麗史節要》,《고려도경高麗圖經》,《상정고금례詳定古今禮》등이 있다. 그 외에도《노걸대老乞大》와《박통사朴通事》에서 고려 복식 명칭의 일단을 살펴볼 수 있으며, 원 복속기의 고려 복식의 일면을 살펴볼 수 있는 몽골의《집사集史》등을 통해서도 고려 복식의 양식을 고찰할 수 있다. 고려불화高麗佛畵에 나타난 일반인들의 복식, 인물초상화, 목우상木偶像, 태사묘 소장품, 문수사 금동여래불 복장품腹藏品, 해인사 비로자나불 복장품,1) 온양민속박물관에 소장되어 있는 아미타불 복장품, 박익朴翊, 1332~1398 묘 벽화를 비롯한 고려 벽화들을 통해서도 고려인의 복식을 살펴볼 수 있다.

표 1 고려시대 복식의 흐름

시대	흐름
고려 초	모든 문물제도를 신라의 것을 그대로 따라 사용하였다. 관복제도도 당제를 모방한 통일신라시대 복식을 거의 그대로 이어받았다.
광종 11년960 사색공복제도 四色公服制度	후주後周에서 온 쌍기雙冀의 진언으로 제정하였다. 백관의 공복을 제정하였다.
인종 원년1123《고려도경》	내조來朝한 송나라 사신 서긍徐兢이 쓴 것으로 당시 왕복, 백관복 등을 관모, 의衣, 대帶, 홀笏 등으로 나누어 계급 구분을 하고 있다.
인종 18년1140 체례복장의 제	제사 시 복장을 제정하였다.
의종 15년1161《상정고금례》	평장사 최윤의가 편찬한 것으로 왕을 비롯한 백관들의 관복제도를 살펴볼 수 있다.
원나라에 복속되어 있던 80여 년간	몽고풍을 따르는 풍조가 나타나게 되었다. 그러나 원 복속기에도 원의 고유 복식 일색으로 변모한 것은 아니고, 우리 국제國制와 송제宋制를 물려받은 원제元制와의 이중적인 구조를 지니면서 왕의 면복, 백관의 공복계통은 송제와 차이가 별로 없는 것을 그대로 사용했던 것으로 보인다.
공민왕 대1351~1374	즉위 초 개체변발의 몽고풍을 고쳤으며 왕 자신은 면복에 있어 구류면구장복九旒冕九章服인 것을 중국 황제와 동격인 십이류면십이장복十二旒冕十二章服을 착용하기도 하였다.
우왕 13년1387	일품一品에서 구품九品까지 모두 사모紗帽, 단령團領을 착용하였으며, 그 품에 따라 대帶의 차이를 두었다. 이때의 제도는 명제를 따른 것이다.

7장
고려시대 남자 복식

1 왕복

왕복王服은 제복祭服, 조복朝服, 공복公服, 상복常服, 편복便服으로 구별되었다.

1) 제복

동짓날이나 사직社稷, 태묘太廟, 역대 임금의 위패를 모신 사당 등에 제사할 때 착용한 제복은 면복이었다.

염립본閻立本이 그렸다고 전해지는 〈제왕도帝王圖〉그림 1에서 이 같은 면복을 착용한 모습을 볼 수 있다.

표 2 **고려시대의 제복**

시기	명칭	비고
초·중기	구류면 구장복九旒冕 九章服	고려 불화 〈지장시왕도地藏+王圖〉그림 2[2)]에도 면류관旒冠을 착용하고 규圭을 들고 있는 모습이 보이고 있어, 실제로도 이 같은 면복을 착용했을 것으로 생각된다.
원 복속기	구류면 구장복	
공민왕 대	십이류면 십이장복+二旒冕 +二章服	자주성이 보인다.
	구류면 구장복	동왕 19년에는 명으로부터 다시 구류면 구장복을 사여받아 사용했던 것으로 보인다.

1
제왕도
중국고궁박물관 소장

2
왕의 면복
일본 계조인 소장

1

2

3
십이장문
〈삼재도회〉 소재

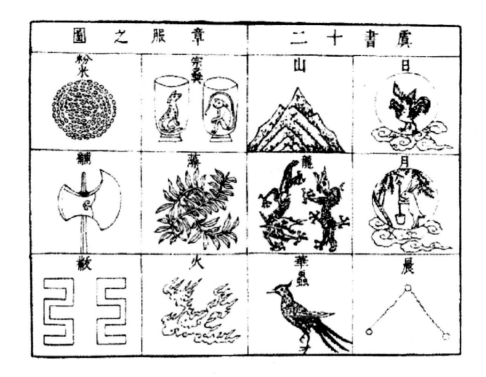

표 3 면복의 장문

장문		의미	형태
일日	12장복에만 있음	공평히 비춤	원형일 속에 삼족오三足烏
월月			원형월 속에 두꺼비나 토끼
성신 星辰			주로 북두칠성北斗七星과 삼성三星, 직녀성織女星
산		편안히 안정시킨다와 구름을 토하여 비와 이슬이 되어 만물에 혜택을 줌	산모양
용		신기 변화	사실적인 용모양
화충華蟲		문장이 아름다움	꿩모양
종이宗彝		호랑이는 용맹함, 원숭이는 지혜로움	제사 시 사용하는 그릇 속에 호랑이와 원숭이 그림
화火		밝게 빛남	화자火字모양
조藻		문장이 아름다움	수초水草, 당초식 곡선문
분미紛米		백성	원형으로 '쌀'을 모아놓은 모양
보黼		결단	도끼모양
불黻		악을 멀리하고 선을 가까이 하라	2개의 궁弓자가 서로 등을 대고 있는 모양

2부 고려시대 복식

(1) 면복의 장문

면복의 장문은 다음과 같이 12가지로 구성되었다그림 3, 표 3.

(2) 면류관

면류관冕旒冠의 면판冕版, 즉 평천판平天板은 겉을 검은색, 안은 붉은색으로 하였다. 면류冕旒는 앞뒤 각 9류씩이었고, 여기에 청색의 굉紘을 턱 밑에 맺어 늘였다. 청색의 전瑱, 귀막이옥과 광纊, 귀막이솜을 매단 청색의 담紞, 귀막이 끈을 늘어뜨렸다. 면류관은 임금의 샤먼으로서의 역할을 의미하는데 이는 현실세계와의 격리를 위한 것으로 류는 눈밝음을 가리고 전과 광은 귀밝음을 막는 것이었다.

(3) 구장복의 곤복

면복에서 의복을 곤복袞服이라 하며, 이것은 의衣·상裳·중단中單·폐슬蔽膝·혁대革帶·대대大帶·패옥佩玉·수綬·말襪·석舄으로 구성되어 있고, 여기에 또한 규圭가 있었다. 구장복은 중단을 입고 상을 두르고, 의를 입고 혁대·대대를 맨 다음, 혁대 앞에 폐슬, 뒤에는 수, 옆에는 패옥을 걸었다. 발에는 먼저 말을 신고 그 위에 석을 신은 후 손에 규를 들었다. 맨 마지막에는 면류관을 착용하였다.

표 4 **곤복의 구성**

구성	색과 형태	장문
의	검은색	5장문용, 산, 화, 화충, 종이
상	붉은색, 앞 3폭 뒤 4폭	4장문조, 분미, 보, 불
중단	백색	깃에 불문 9개
폐슬	붉은색	2장문산, 화
대대	흰색, 선을 두름	-
혁대	금장식	-
수	붉은색, 술과 옥환玉環	-
패옥	백옥	-
말	흰색 버선에 끈 달림	-
석	붉은색 신에 끈 달림	-
규	옥, 위는 삼각형으로 뾰족하고 아래는 각진 것	-

2) 조복

조복은 왕이 백관과 사민士民을 접견할 때 착용하였다.

표 5 **고려시대 왕의 조복**

시기	명칭 및 형태		비고
초·중기	복두		복두를 쓰고, 치자나무빛 의를 입고 자황색 포를 걸치고 그 위에 속대를 띠었다.
	치황의梔黃衣		
	자황포柘黃袍		
	속대束帶, 2개의 대를 양옆으로 이어서 여미는 대		
원 복속기	질손그림 4		질손은 원의 대표적인 복식으로 우리나라의 장유와 그 모양이 비슷하다.
공민왕대	복두와 대수포		공민왕 초상화그림 5
	원유관遠遊冠과 강사포絳紗袍	원유관: 칠량관七梁冠	강사포는 면복과 구성은 같으나 장문章文이 없는 것이 다르다.
		강사포: 홍상紅裳, 백사중단白紗中單, 강사폐슬絳紗蔽膝, 백가대白假帶, 방심곡령方心曲領, 홍혁대紅革帶, 백말白襪, 흑석黑舃	

4
질손
〈원 세조 출렵도〉 소재
중국고궁박물관 소장

5
공민왕 초상화
국립고궁박물관 소장

6
왕의 조복
일본 다이온사 소장

4

5   6

그런데 고려 불화인 〈관경서분변상도觀經序分變相圖〉1312에서 보이는 왕의 모습그림 6은 원유관을 착용하고 대수포에 방심곡령方心曲領을 하고 있어 이것이 조복제의 하나가 아닐까 여겨진다. 또한 〈미륵하생경변상도彌勒下生經變相圖〉일본 친왕원, 1350[3]의 왕의 모습그림 7에서도 조복을 착용한 모습을 볼 수 있고 특히 조선시대 원형의 방심곡령을 머리 위로 쓰는 착장방법과 달리 목 뒤에 매고 있는 모습을 보여주고 있다.

7

8

방심곡령그림 8은 송의 방심곡령제와 같은 백라白羅로 만들고 옷깃에 덧단 것으로, 2개의 끈을 양쪽에 달아 등 뒤에서 매게 되어 있었다.

3) 공복

공복은 왕이 사신을 접견할 때 착용하던 복장이었다.

표 6 **고려시대 왕의 공복**

시기		명칭		비고
초·중기	문종文宗 32년1078에 송 신종宋神宗으로부터 사여	공복公服	단령	바지와 한삼을 입고 그 위에 공복단령을 입고 허리 부위에 첨과 포두를 두르고 그 위에 늑백과 요대를 하고 발에는 화를 신었다.
		한삼汗衫	속에 받쳐 입는 옷중단	
		첨襜	폐슬과 동일	
		포두包肚	허리 부위에 두르는 보온용이나 장식용 천[4]	
		늑백勒帛	포백대류	
		고袴	-	
		요대腰帶	과대류	
		화靴	-	
	《고려도경》	자라공복紫羅公服		자색 비단羅으로 만든 공복을 입고 옥대玉帶를 띠고 상홀象笏을 들었다.
		옥대玉帶		
		상홀象笏		
원 복속기		포袍, 홀笏		충렬왕은 즉위 시 원제元帝의 조詔를 받기 위하여 포袍, 홀笏을 갖추고 사신을 맞이하였다.
공민왕 대		원유관과 강사포		-

4) 상복

상복은 왕의 평상시 집무복이었다.

표7 **고려시대 상복**

명칭	형태	비고
오사고모烏紗高帽	검은색 사紗로 만든 위가 높은 관모	담황색의 소매통이 좁은 포를 입고 허리에 자색 띠를 두르며 오사고모를 쓴다.
착수 상포	담황색의 소매통이 좁은 포	
자색 늑건勒巾	자색 띠	

5) 편복

편복便服은 평상복을 일컫는 것으로 국왕도 평상시에는 일반 서민과 다름없이 조건㣏巾, 검은색 두건에 백저포白苧袍, 백색 모시포를 착용하였다. 또 하나의 평상복은 원복속기에 부마국이 되면서 사여되었으리라고 보는데 '질손'이 바로 그것이라 여겨진다.

2 백관복

고려시대 백관복百官服으로는 제복, 조복, 공복, 상복이 있었다. 그런데 사기史記들에는 제복·공복에 대한 것은 비교적 상술詳述되어 있으나, 조복·상복에 대한 것은 자세한 기록이 남아 있지 않다. 다행히 초상화나 고려 불화의 인물상에 조복과 공복의 착용 모습이 남아 있어 이를 참고로 고려시대 백관복에 관해 서술한다. 편의상 《고려도경》을 중심으로 한 장위복仗衛服과 하급관리복下吏服도 아울러 다루기로 한다.

1) 제복

(1) 고려 초·중기 백관 제복

백관 제복은 인종仁宗 18년 4월에 소정한 체례복장제도에서 그 일단을 찾아볼 수 있다.

표 8 **고려 초·중기 백관 제복**

계급	명칭	비고
1품	칠류면 오장七旒冕 五章	면류관의 수식이나 복장의 장문이 어떠한 것이었는지 그 자세한 것을 알 수 없다.
2품	오류면 삼장五旒冕 三章	
3품	무류면無旒冕	

(2) 고려 후기 백관 제복

의종조 상정 백관 제복을 높은 계급순으로 정리하면 다음과 같다. 제복에는 홀이 보이지 않는데, 왕 면복에 규가 있었던 것과 같이 품계에 따라 상홀象笏 또는 목홀木笏이었을 것이다.

표 9 **고려 후기 백관 제복**

명칭	장문
칠류면 칠장복	• 의: 화충·화·종이 3장문 • 상: 조·분미·보·불의 4장문
오류면 오장복	• 의: 종이·조·분미 3장문 • 상: 보·불의 2장문
삼류면 삼장복	• 의: 조·분미의 2장문 • 상: 불 1장문
삼류면 일장복	• 의: 무장無章 • 상: 불 1장문
평면 무장복	• 의: 무장無章 • 상: 무장無章

재량[5]은 면복을 입지 않고 흑개책黑介幘에 붉은색 의·고를 입고 납에 동을 입힌 적색 혁대를 차고, 붉은색 가죽으로 만든 석舄을 착용하였다.

(3) 고려 말기 백관 제복

원 복속기에도 백관 제복이 그러했는지는 전혀 알 수 없지만, 고려 말 공민왕 때 청사관복에 의해 명 태조로부터 신하들의 제복을 사여받은 바 있었다. 그것은 면복이 아닌 양관복으로 중국의 이등체강원칙二等遞降原則, 2단계를 내리는 원칙에 따른 것이었다. 그러나 이것은 당시 어지러운 사회 정세로 보아 준용되었으리라고는 생각되지 않는다. 만일 그것이 준용되었다면 조선시대에 들어와서 태조가 백관 제복을 제정할 때 친명정책親明政策으로 보아 당연히 명제明制에 의한 양관복梁冠服을 채택했어야 하지만, 실제로는 송제에 의한 구제인 면복을 입었기 때문이다.

2) 조복

고려 전기 백관 조복의 존재 여부는 알 길이 없다. 이것이 《고려사》에 비로소 나타나는 것은 의종조 《상정고금례》인데 여기서도 자세한 제도를 기술하지는 않았다.

고려 말 공민왕恭愍王 때 명의 청사관복 가운데에도 백관 조복은 빠져 있다. 그런대로 《고려사》 여복지에 보면, 공민왕 21년 11월 교지敎旨에서 "초라조복綃羅朝服과 여기의 상홀象笏·붉은 대홍정紅鞓·조화皀靴는 모두 본국산이 아니므로 금후로는 동서반東西班 5품 이하는 목홀木笏·각대角帶·주저紬紵로 한 조복을 착용하라."고 언급한 것으로 보아 당시 백관 조복의 제가 있었음을 알 수 있다.

9

10

• 양관, 단령, 홀: 백관 조복의 제는 수락암동 1호분 십이지신상十二支神像, 그림 9이나 일본 세이카도분코미술관靜嘉堂文庫美術館 소장 〈지장시왕도〉그림 10 등 많은 고려 불화 인물상에서도 양관을 쓰고 단령을 입고 손에 홀을 든 백관의 모습을 볼 수 있다.

3) 공복

(1) 고려 초·중기 백관 공복

광종의 사색공복제도 고려에서 백관의 공복제도를 처음으로 제정한 것은 광종光宗 11년960의 일이다.

11
백관 공복
강민청 초상화
진주 은열사 소장

표 10 **광종의 사색공복제도**

명칭	계급	비고
자삼紫衫	원이元尹 이상	고려 초기 인물인 강민첨6) 초상화그림 11에 보이는 복장은 백관 공복으로 각이 편평한 복두에 적색 선을 두른 단령을 입고 손에 홀을 들고 있는 것으로 보아 삼은 단령의 제로 보인다.
단삼丹衫	중단경中壇卿 이상	
비삼緋衫	도항경都航卿 이상	
녹삼綠衫	소주박小主薄 이상	

《고려도경》의 사색공복제도 최유선?~1075의 초상화그림 12에서는 평각복두平脚幞頭를 착용하고 분홍빛 단령을 입었는데 이 단령의 깃과 수구에 흑색 선이 둘러져 있어7) 사색공복제도의 비문라포緋文羅袍를 표현한 것으로 보인다. 또한 손에 홀을 들고 있다.

표 11 **《고려도경》의 사색공복제도**

명칭		구분
복두		1~9품
포	자문라포紫文羅袍	자색의 무늬가 있는 비단포
	비문라포緋文羅袍	붉은색의 무늬가 있는 비단포
	녹의綠衣	녹색의
대帶		옥玉·금金·각角·정鞓으로 장식의 구별
		금어대金魚袋 또는 은어대銀魚袋를 참

12
백관 공복
최유선 초상화

(2) 고려 후기 백관 공복

의종조에 상정된 공복제도 등위를 복색服色과 대帶·어대魚袋 및 홀로써 가르고 있다.

표 12 **의종조에 상정된 공복제도**

명칭		비고
관모	복두	문무백관
의복	자紫	직품에 따라 사색공복
	비緋	
	녹綠	
	조皁	
대	통서通犀[8)], 금金, 옥玉, 반서班犀, 금도은金途銀, 서犀, 홍정紅鞓, 붉은 가죽	직품에 따라 차별
어대	금어대, 은어대	직품에 따라 차별
홀	상홀	비복緋服 이상
	목홀	녹의綠衣

원 복속기 원 복속기에 들어서는 옷감이나 문양에 다른 점이 있었다 하더라도 의종조의 공복제도를 그대로 습용하였다고 본다.

충렬왕 원년에는 재추 이상은 옥대玉帶, 6품 이상은 서대犀帶, 7품 이상은 흑대黑帶로 조관의 복장을 정한 바 있었다.

공민왕 대 6년, 16년, 21년, 23년에 공복제도의 변화가 있었다.

표 13 **공민왕 대의 공복제도**

시기	명칭		비고
공민왕 6년	청립靑笠		복색을 오행사상에 맞춤
	흑의黑衣		
공민왕 16년	흑립黑笠	백옥白玉·청옥靑玉·수정水精·잡수정雜水精 등의 정자頂子를 정수리에 장식	등위에 따라 장식
공민왕 21, 23년	흑초방립黑草方笠: 왕골 같은 재료로 만든 가장자리를 4개의 꽃잎모양으로 만든 삿갓형		• 21년 대언반주 이상 • 23년 재상대성과 중방 각문

13
이색 초상화
국립중앙박물관 소장

14
정몽주 초상화
국립중앙박물관 소장

13   14

우왕 대 고려 말 이색1328~1396의 초상화그림 13를 살펴보면 분홍빛 단령에 서대를 하
고 각이 아래로 처진 사모를 착용하고 있다. 정몽주1337~1392 초상화그림 14는 삽화금
대銀花金帶를 한 흑빛 단령을 착용하고 각이 아래로 처진 사모를 쓰고 있다.

이 같은 과대의 유물로는 안동 태사묘 소장 여지문대그림 15를 들 수 있는데 장식
판 부분은 금동金銅으로 만들어져 있으며, 꽃받침이 얹혀진 형태의 여지와 도안화
된 넝쿨형 줄기와 잎사귀가 표현되어 있다.[9]

표 14 **우왕 대 공복제도**

명칭		비고
관모	사모	명에서 사여
	고정립高頂笠, 고정모高頂帽, 전모氈帽, 감투坎頭, 유각두건有角頭巾, 평정두건平頂頭巾, 자라두건紫羅頭巾, 녹라두건綠羅頭巾, 오건烏巾	직품에 따라 착용
포	단령	
대	삽화금대銀花金帶	1품
	소금대素金帶	2품
	삽화은대銀花銀帶	3품
	소은대素銀帶	4품
	각대角帶	5~9품
	사대絲帶, 세조전대細條纏帶, 전대纏帶	직품에 따라 착용

4) 상복

상복은 조선시대 복식제도처럼 문헌 등에 뚜렷하게 명시된 바가 없어 자세한 내용을 알 수 없으나, 대체로 전기 공복을 그대로 통용하였을 것으로 추측된다.

5) 장위복

장위복仗衛服은 군복軍服을 의미하는 것으로 다음과 같이 구성되었다.

(1) 관모

높은 계급용 관모로는 전각복두展脚幞頭, 금화식복두金花飾幞頭, 채화복두采花幞頭, 절각복두折角幞頭, 금화대모金花大帽가 있었다. 낮은 계급용의 관모로는 문라두건文羅頭巾, 문라건文羅巾, 오사연모烏紗軟帽, 피변皮弁, 피몽수皮蒙首가 있었다.

(2) 의복

포로는 구문라포, 자문라포, 홍문라포가 있었는데 지위가 높은 층이 착용하였다. 의는 청의靑衣, 비의緋衣, 주의朱衣, 자의紫衣가 있었고 이것은 주로 하급층이 착용하였다. 또한 궁고窮袴라고 하는 우리 고유의 당이 달린 바지가 있었다. 갑옷은 고려의 유물로는 그 형태를 짐작할 수 있다. 고려 유물 중에는 투구그림 16와 갑옷이 있는데, 그중 정지鄭地, 1347~1391장군의 갑옷그림 17은 철판과 철제 고리를 엮어 만든 경번갑鏡幡甲으로 철판에 구멍을 뚫어 앞면과 뒷면을 철제 고리로 연결하였다. 어깨와 팔은 철판 없이 고리만 사용하여 자유롭게 움직이도록 하였다.[10]

16

17

6) 하급관리복

(1) 이직복

이직吏職이란 서리胥吏를 뜻하는 것으로 조선시대 아전계급衙前階級을 지칭하는 것이었다. 이 계급이 착용했던 이직복은 복두, 삼자삼, 비삼, 녹삼, 화, 홀로 구성되었다. 단 심청삼深靑衫과 천벽삼天碧衫에는 홀을 착용하지 않았다. 백방립白方笠, 평정두건平頂頭巾, 녹의綠衣, 흑각대黑角帶, 목홀木笏은 고려 말기에 사용되었다.

(2) 이인복

이인吏人은 주현의 금곡金穀과 포백布帛을 출납하는 자를 일컫는 말로 이인복은 복두, 검은색 의衣, 검은색 혁대革帶, 구리勾履, 앞이 낮고 뒤가 높은 신로 구성되었다. 평정두건平頂頭巾은 고려 말기에 사용되었다.

(3) 정리복

정리丁吏는 사령使令 역할을 하는 자로, 정리복은 문라두건文羅頭巾, 책幘으로 구성되었다. 황의黃衣는 고려 말기에 사용되었다.

(4) 방자복

방자房子는 중국 사신과 그 수행원이 머무는 사관使館에서 잡역雜役을 보는 자로서, 방자복은 문라두건文羅頭巾, 자의紫衣, 각대角帶, 조구皂屨, 검은색 신로 이루어졌다.

(5) 소친시복

소친시小親侍는 궁중에서 심부름하는 10여 세의 아동으로서, 이들은 자의紫衣를 입고 두건頭巾을 머리 뒤에 드리웠다.

(6) 산원복

산원散員은 무반계통武班系統의 장정이 모인 단체의 일원을 말하는 것으로, 산원복은 복두, 자라착의紫羅窄衣, 가죽신으로 구성되었다.

3 편복·서민복

우리나라 고유의 복식 풍속은 서민계급에 의해 유지되어왔으므로 관복을 제외한 고려의 복식제도를 보면, 삼국시대 이래 그다지 큰 변화는 없었던 것으로 보인다. 원 복속기의 몽고풍이 상층사회를 휩쓴 것이 사실이지만, 일반 서민계급에까지 강요된 것은 아니어서 우리의 기본 복식에 변함이 없었던 가운데, 그들 고유의 복식인 질손이 우리의 포에 약간 영향을 미친 것이 고작이었다.

　왕 역시 평상시에는 조건皂巾, 검은색 건과 백저포白紵袍, 모시포를 착용하는 등 복식이 서민과 다르지 않았으며, 백관도 사택私宅에 있을 때는 국속에 벗어나지 않는 평복을 입었다. 관직자의 편복과 서민복이었던 복식의 유형을 간추려서 정리하면 다음과 같다.

1) 머리모양·머리장식

(1) 머리모양

혼인 전에는 검은 끈으로 머리를 묶거나 건으로 머리를 싸고 나머지는 뒤로 늘어뜨렸다. 혼인 후에는 상투를 틀었다.

(2) 머리장식

상투를 고정시키는 동곳은 조선시대와 달리 다리가 2개 달린 것이 특징이었다.

불두잠 기본형은 채와 같으나 몸체의 길이가 짧고 머리가 부처의 머리와 비슷하여 불두잠佛頭簪이라고 불렸다그림 18. 불교문화의 영향이 엿보이는 명칭이다.

수정동곳 수정동곳그림 19의 윗부분은 반원형이고 아래에는 다리가 2개 달려 있다. 이외에도 U자형, ㄷ자형 금동제 동곳, 머리 부위에만 조각한 수정동곳이 있었다.

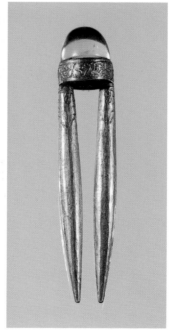

18
불두잠
국립중앙박물관 소장

19
수정동곳
국립중앙박물관 소장

18

19

20

21

(3) 머리쓰개

머리쓰개로는 조건, 평정건, 발립, 죽관이 있었다.

조건 조건幞巾은 왕부터 하인에 이르기까지 착용했던 두건으로 계급에 따라 비단, 마포, 갈포 등 재료에 차이가 있었다. 또한 두건에 달린 대帶의 수로 계급을 구분하였다. 귀족 계급은 양대兩帶, 일반인들은 사대四帶를 썼다. 《고려경高麗鏡》 뒷면의 인물도를 보면 4명이 두건을 쓴 모습이 나와 있는데, 뒤에 뻗어 있는 2개의 끈양대으로 보아 귀인의 조건을 표현한 것이라 할 수 있다그림 20. 또한 이제현1287~1367의 편복 차림 초상화그림 21에서도 검은 건이 나타나는데 이 역시 조건을 착용한 것으로 보인다.

평정건 평정건平頂巾은 위가 편평한 관모로서 안향1243~1306 초상화그림 22[11]와 염제신1304~1382 초상화그림 23에서 착용 모습을 확인할 수 있다.

발립 주발모양의 모부와 챙이 달린 몽고풍 발립鉢笠은 이조년1269~1343 초상화그림 24, 그 아들인 이포의 초상화그림 25, 후술할 박익 묘 벽화 인물도그림 30에서 그 착용 모습을 찾아볼 수 있다. 이조년과 이포의 초상에서는 구슬입영을 늘어뜨린 모습을 볼 수 있다.

죽관 죽관竹冠은 모양이 방형方形 혹은 원형圓形으로 일정한 제도가 없었다. 이는 뱃사람의 관모였으나 농민들도 작업할 때는 착용했던 것으로, 하서인들이 관모로 널리 사용하였다고 보는 것이 옳다.

20
《고려경》 인물도

21
이제현 초상화
강진 구곡사 소장

22

23

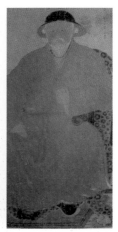
24

22
안향 초상화
소수박물관 소장

23
염제신 초상화
국립중앙박물관 소장

24
이조년 초상화
한국학중앙연구원 소장

2) 의복

(1) 포

남자 편복의 포로는 삼국시대부터 착용하였던 장유형의 직령교임식 포와 요선철
릭腰線帖裏, 단령포, 답호搭胡가 공존하였을 것으로 추측된다.

직령교임식 포 고기록에서는 포의 명칭을 구裘 또는 백저포白紵袍 등으로 구분하고
있으나 이는 재질의 차이를 나타낸 것이 아닐까 추측된다. 그런데 고려 말 14세기
의 남자 평상복의 포를 보여주는 몇 점의 화상畵像이 남아 있다.

- 이제현 초상화그림 21는 황색포의 여밈이 깊고 허리에는 술이 달린 띠를 매
  고 있다.
- 안향 초상화그림 22는 상반신 상으로 홍색포를 입었으며 깃은 원나라 복과
  같이 깃 중심선이 하나 더 있고 여밈은 겨드랑이 밑까지 깊게 겹쳐져 있다.
- 이조년 초상화그림 24[12]는 홍색 포의 깃 가운데 줄이 있는 긴 깃으로 여밈
  이 깊으며, 양옆이 무릎 높이 아래로 트여 있고 허리에 가는 홍색띠를 띠
  고 있다.

25

26

27

- 이조년의 아들인 이포李褒의 초상화그림 25는 암록색의 포를 입고, 부父의 것과 같은 구성인데 각대를 하고, 옆이 많이 트여 있으며 뒤로 늘어지는 무가 붙어 있다. 신은 목화木靴를 신고 있다.
- 길재1353~1419 초상화그림 26[13]는 깃에 좁은 동정이 달려 있으며 옆트임이 없다.
- 방배동에서 발견된 남자 목우상木偶像, 그림 27은 남자 서민의 포 착용 모습을 살펴볼 수 있는 유물로 옆트임이 없는 포를 착용하고 대를 띠고 있다.

심의 심의는 중국에서 들어온 것으로 전술한 이제현상과 다른 이제현 초상화그림 28에서 볼 수 있다. 흰색의 깃 위에 검은색의 연緣을 둘러 깃이 조금 노출되어 있고 상裳 오른쪽에는 여밈 자락이 보인다. 대를 묶은 허리 부분은 소매에 가려져서 보이지 않지만, 매듭을 묶은 양 귀와 늘어뜨린 신紳에 검은색 연緣이 둘러져 있다.

요선철릭 요선철릭그림 29[14]은 분홍빛의 고운 세모시로 만들어졌다. 특이하게도 일반 철릭과 다르게 허리 부위

에 요선이 둘러져 있었다. 요선은 바탕천을 그대로 턱tuck의 형태
로 접어서 만들었으며 치마 부위의 주름은 맞주름으로 하였다.
깃은 이중깃이었으며 중거형重裾形이었고 안고름이 달려 있었다.

29

단령포 전술한 염제신 초상화그림 23는 상반신만 보이지만 편복으로 단령
포를 착용하고 있다. 박익 묘 벽화 남자상그림 30은 발립을 착용하고 옆트
임이 있는 단령포를 착용하고 있는데, 포의 길이가 종아리 아래까지이다. 옆
선에 붉은색으로 표시된 것은 안감의 색을 보여주기 위한 것으로 추측된다. 발에
는 화를 착용하고 있다.[15] 단령포는 관복의 제에 있기는 하나 관모로 보아 편복포
로 입었을 것이다.

답호 답호는 통일신라시대부터 착용되었던 반비半臂가 고려시대에도 그대로 유지된
것으로 보인다. 고려 후기에는 이것이 '답호'로 바뀌어 사용된 것으로 추정된다.[16]
충남 서산 문수사文殊寺의 금동여래불상의 복장腹臟[17]에서 나온 답호그림 31는 반소매
의 모시포였다. 깃은 이중 깃으로 옆 터진 양쪽에 이중 주름을 잡았다.[18]

30

    해인사의 비로자나불 복장품腹藏品[19] 중 하나인 답호그림 32는 문수사에서 나온 것
과 거의 동일한 양식이다. 이것은 마포로 만들었으며 깃이 이중이고 동정을 댄 자
국이 없다. 양옆에 무를 달아 옆주름을 처리하였고, 위에서부터 약 7cm 정도만 감
추고 아래로 트임을 주었다. 보통의 포 위에 덧입었을 것이다.

31

32

29
요선철릭
해인사 성보박물관 소장

30
단령포
박익 묘 벽화

31
답호
수덕사 근역성보관 소장

32
답호
해인사 성보박물관 소장

(2) 의

의衣는《고려도경》에 녹의綠衣, 자의紫衣, 조의皂衣, 자라착의紫羅窄衣, 비착의緋窄衣 등으로 나타났다. 온양박물관 소장품에도 자의紫衣라는 명칭이 붙은 복식이 나타났는데, 형태가 유襦의 모습이 아니라 전형적인 포의 길이였으므로 문헌에서 표기한 '포'와 '의'의 형태 차이를 아직은 정확하게 알 수 없다. 다양한 형태의 의를 살펴보면 다음과 같다.

장수의 비로자나불 복장품腹藏品 중에는 일반적인 포류보다 길이가 짧은 상의류가 등장한다. 장수의長袖衣, 그림 33라고 명명된 것은 소색 주紬로 만들어졌으며, 길이가 84cm이며 옆선 쪽에 길이 28cm의 옆트임이 있고 소매통이 좁았다. 이 옷은 중의中衣로서 겉옷 안에 입었을 가능성도 있다.

모시적삼 모시적삼그림 34은 깃과 섶이 좌우 대칭형인 목판 깃형이다. 옆트임이 있으며 보통 저고리보다 소매통이 넓은 편이다.

단갈 단갈短褐은 뱃사람들이 입는 옷이었다. 고려 불화 〈미륵하생경변상도〉에서 사람들이 허리에 띠를 맨 상의그림 35가 이것으로 추측된다.

고 고袴는 오늘날의 남자 바지와 별 차이가 없는 것이었다. 이는《고려경》뒷면 인물도그림 20를 보아도 알 수 있다. 일할 때는 〈미륵하생경변상도〉그림 36에서 나타난 것처럼 고를 전통적인 한복 바지같이 허리 부위를 잡아매고 고정시켜 무릎 위까지 올라오도록 접었다. 그림 속에서 오른쪽 사람이 입은 바지는 마치 속옷처럼 보

33
장수의
해인사 성보박물관 소장

34
모시 적삼
해인사 성보박물관 소장

33

34

35
36
37

35
추수하는 농민
〈미륵하생경변상도〉 소재

36
바지
〈미륵하생경변상도〉 소재

37
화
안동태사묘 소장

인다.《고려도경》〈장위조仗衛條〉에는 궁고窮袴, 백저궁고白紵窮袴 등이 나타나는데, 이러한 군병의 바지는 특별히 밑에 당襠을 대어 기마騎馬 등을 할 때 편리하게 입었을 것으로 추측된다.

3) 화·이

고려시대에도 화靴와 이履가 통용되었다. 안동태사묘 소장 화그림 37는 검은색 소가죽으로 만들어졌고, 신목이 길고 직선이며 청록색 목면으로 장식선을 둘렀는데, 장식선 부분에만 뒤트임을 주었다.[20] 전술한 박익 묘 벽화그림 30에도 화를 신은 모습이 나타난다. 당시 사람들은 공석에서 혁리를 신고, 평상시에는 초리를 신었던 것으로 추측된다.

4) 서민복·도사복·승복

여기서는 《고려도경》〈서민조〉에 나타난 내용을 주로 참고하여 당시의 서민복과 도사복道士服, 승복僧服에 관해 알아보도록 한다. 아직 벼슬길에 오르지 않은 진사進士나 학생學生도 그 복식이 이와 유사하다고 보아 함께 다룬다.

(1) 진사복

진사복進士服으로는 사대문라건四帶文羅巾에 검은 비단포를 입고 흑대黑帶를 띠었고 혁리革履를 신었다. 복두는 공인貢人이 되었을 때 썼다.

(2) 농상복

농상복農商服으로는 백저포에 사대오건四帶烏巾을 썼다. 빈부 차에 따라 포布가 두껍거나 얇았다.

(3) 공기복

공기복工技服, 장인복으로는 백저포에 조건을 썼다. 관부의 일을 맡아서 하게 되면 자포紫袍를 관급받아 착용하였다.

(4) 민장복

민장복民長服은 민장이 입었던 의복으로, 민장은 부락의 부유한 사람 중에서 선출하였다. 큰 사건은 관부가 맡고 작은 사건은 민장이 처리하였으므로 이들은 사람들에게 존경받았다. 민장복은 문라건文羅巾을 쓰고 검은 비단포에 흑각대黑角帶를 띠었으며 검은색 가죽신을 신었다. 마치 공인이 되지 않은 진사복과 흡사하였으나, 민장복의 문라건은 사대문라건四帶文羅巾과 같은 것이지만 사대四帶가 없는 것이 아니었나 추측된다.

(5) 도사복

도사란 도교를 믿고 수행하는 소위 도인으로 도사복道士服을 착용하였다. 그들은 우의羽衣를 입지 않고 백색포로 만든 포袍에 조건사대皁巾四帶를 썼는데, 서민복에 비해 그 소매가 다소 넓었다.

(6) 승복

승복僧服의 특색은 가사袈裟에 있었다. 가사는 일반인들이 애착하는 색을 피하고 잡색雜色을 썼던 것이나, 옷으로서의 가사는 원래 사람이 버린 옷 또는 죽은 사람의 옷을 백팔염주百八念珠를 본떠 백팔매百八枚를 모아 불규칙하게 만들었던 것을 훗날 바르게 꿰맨 것이다. 인도에서는 가사 하나로 사철을 났으며, 중국에 건너와서는 상의가 되었고, 다시 우리나라로 들어와서는 전통적인 옷 위에 걸치는 것이 되었다. 이러한 차이는 습속과 기후 때문인 것으로 보인다.

국사는 승려의 으뜸가는 자리를 일컫는 것으로 대각국사 의천의 초상화그림 38에서 그 모습을 살펴볼 수 있다. 국사복의 구성요소를 살펴보면 다음과 같다.

표 15 **국사복의 구성요소**

구성	형태
납가사衲袈裟	헝겊 조각을 누벼 만든 가사
장수편삼長袖褊衫	오른쪽 어깨에서 왼쪽 겨드랑이로 걸치는 옷과, 왼쪽 어깨에서 오른쪽 겨드랑이로 걸치는 옷을 합쳐 만든 소매가 긴 법의法衣
자상紫裳	중국식의 전3폭, 후4폭으로 된 자주색 치마 형태
금발차金跋遮	금색으로 만든 금강저金剛杵. 불승이 번뇌 파쇄의 상징으로 손에 들고 있는 인도의 고대 무기
오혁검리烏革鈐履	조이는 장식이 달린 검은색 가죽신

8장

고려시대 여자 복식

고려 전기의 여자 복식은 통일신라시대의 복식제도를 그대로 계승한 것으로, 일부는 중국의 제도를 모방하고 가미한 것이었다. 원 복속기에는 원나라와의 국혼으로 말미암아 몽고풍이 강한 궁양宮樣이 나타나기도 했는데, 어디까지나 상류사회에서나 볼 수 있는 현상으로 서민 사회에서의 우리 고유의 복식에는 두드러진 변화가 나타나지 않았다.

고려시대 복식은 상류층의 경우 통일신라시대부터 착용했던 중국식 복장을 거의 그대로 이어온 것이었으며, 일반인들의 경우에는 고대부터 내려온 우리 고유 복장이 그대로 이어져오면서 약간씩 변화했음을 알 수 있다.

특히 말엽의 유물에 나타난 것을 보면 고려 중엽까지 있었던 띠가 없어지고 고름이 생기는 과정에서 매듭단추를 사용했던 것으로 보이며, 옷의 여밈방법도 깊게 여미는 방법으로 변하였고, 깃은 목판깃이었으며, 당시에도 이미 동정이 있었음이 확인되었다.

1 왕비복

1) 고려 초·중기의 왕비복

고려 초·중기의 왕비복王妃服은 홍색으로 그림 수繡를 놓았다. 왕비 역시 평상시에는 저고리와 치마를 주축으로 한 고유의 일반 부녀복을 착용하였다.

2) 원 복속기의 왕비복

원 복속기에는 왕비가 원나라 궁실에서 오는 경우가 많았으므로, 몽고의 풍습이 궐에 영향을 주어 예복은 물론 상복·평상복 등에서 국속과 몽고풍의 이중구조가 나

39

40

39
왕비복
일본 사이후쿠사 소장

40
시녀복
일본 사이후쿠사 소장

타났다. 일본 후쿠이현 사이후쿠사福井縣 西福寺 소장 〈관경서품변상도觀經序品變相圖〉[21]에 나타난 왕비복그림 39을 보면 길게 끌리는 치마 위에 넓은 수구, 주름장식의 담홍색 포를 착용하고 있으며 허리에는 홍색 매듭이 있는 조組가 길게 끌리도록 두르고 '표'도 둘렀다. 9명의 시녀侍女들은 홍색, 녹색, 담홍색의 단의를 각각 3명씩 입고 위에 길고 넓은 치마를 입었다그림 40. 치마 허리 뒤쪽으로는 홍색 장식 매듭을 단 조組를 길게 늘어뜨리고 표를 둘렀다.

원 복속기에는 우리나라 복식이 몽고 복식의 영향 아래 있었으나 통일신라시대부터 착용했던 당·송의 복식이 후술할 귀부녀 복식과 마찬가지로 궁중에서도 거의 그대로 유지되었다.

표 16 **원 복속기의 왕비복**

명칭	형태
고고관姑姑冠	고려 왕비가 된 원 공주들은 고고관, 즉 족두리를 쓰고 있었다.
탑자포塔子袍	2색 꽃무늬로 된 금錦으로 만든 포
금포金袍	비단포
금단의金段衣	금색단金色緞의 비단옷
진주의眞珠衣	탑납도塔納都가 원명인데 진주로 장식한 몽고 복식

3) 공민왕 대의 왕비복

공민왕 초상화 속의 왕비는 선이 둘러진 대수포를 착용하고 있는 모습그림 41으로, 당시 복식이 고려 초·중기의 복식과 크게 다르지 않았음을 짐작하게 한다. 왕의 면복에 비해 상裳에 대한 기록이 없어 왕비의 적의에는 상을 착용하지 않았고 치마로 대신한 것으로 보이며 '패옥'과 '규'도 없었던 것으로 보인다.

표 17 **공민왕 대의 왕비복**

명칭	형태
관冠	칠적관七翟冠
적의翟衣	청색 바탕에 9줄로 등분하여 가지런히 꿩翟을 수놓음
중단中單	백색 바탕의 깃에 수를 놓음
폐슬蔽膝	청색 바탕에 이등분하여 가지런히 꿩을 수놓음
대대大帶	청색
혁대革帶	금장식
수綬	뒤에 늘임
말襪	청색
석舃	청색

41
공민왕비 초상화
국립고궁박물관 소장

2 귀부녀복

1) 머리모양

고려시대 귀부녀들의 머리모양으로는 추마계, 조천계, 아환계 등이 있었다.

표 18 **귀부녀 머리모양**

머리모양		비고
처녀들의 머리	홍색 비단으로 머리를 묶고 나머지는 뒤에 늘임	-
추마계墜馬髻[22]	오른쪽으로 드리우고 그 나머지는 아래로 내려뜨리되 붉은 비단으로 묶고 작은 비녀를 꽂음	일본 다이토쿠지大德寺 소장 〈수월관음도水月觀音圖, 그림 42, 왼쪽〉[23] 여인도
조천계朝天髻	머리 위를 높게 올린 모양	일본 다이토쿠지 소장 〈수월관음도〉그림 42, 오른쪽 여인도
아환계丫鬟髻	양쪽 머리와 머리 위를 땋아서 고리를 만들고 붙인 모양	박익 묘 벽화 여인상그림 43

42

43

44

45

46

2) 머리장신구

고려시대 머리장신구로는 ∩형 몸체 위에 장식이 달려 있는 채釵와 잠簪, 비녀, 뒤꽂이 등이 있었다.

(1) 채

채釵에 속하는 것 중 은제품그림 44은 비녀머리 부분이 세 잎 모양을 하고 있으며 한 쪽 면에는 물결무늬가 장식되어 있었다.[24] 또 다른 은비녀는 머리핀처럼 몸체가 두 가닥으로 된 집게형 비녀로 머리 부분이 뭉툭하게 처리되어 있다.

(2) 비녀

금은주옥金銀珠玉으로 만든 비녀는 주로 상류계급에서 사용하였다. 봉잠그림 45은 은으로 만든 비녀로 봉황무늬 부분만 도금되어 있었으며, 봉황의 큰 벼슬과 긴 깃털이 특징적으로 잘 표현되어 있었다. 봉황 깃털의 질감까지 얇은 선으로 새겨 정교하게 만들어졌다.

화봉잠그림 46은 상부에는 보석을 박았고 중앙에는 봉황문을 새겼다.[25]

후술할 하연 부인 초상화그림 54를 보면 이와 거의 유사한 형태의 비녀가 정상이 뚫린 여모女帽 뒤쪽에 꽂혀 있는 것이 보인다.[26] 또한 위와 머리 다발 아래 두 군데에 옆으로 삐죽하게 나와 있는 일반 비녀도 볼 수 있다. 이는 한 번에 여러 개의 비녀를 꽂기도 했다는 것을 의미한다.

(3) 뒤꽂이

봉뒤꽂이그림 47는 봉황장식에 금실과 금알갱이를 일일이 붙여서 만들었다. 금제 귀이개 뒤꽂이그림 48는 자루 윗부분을 대나무 모양처럼 장식하고 그 끝에 연결된 고리에 방울모양 장식과 나비모양 장식을 달았다.[27] 이외에도 금제 수정 감장 뒤꽂이와 빗치개 뒤꽂이도 사용하였다.

47
봉뒤꽂이
국립중앙박물관 소장

48
귀이개 뒤꽂이
국립중앙박물관 소장

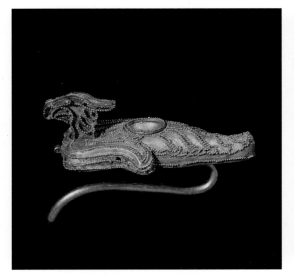

47

48

49

49
당의 멱리 착용녀
도쿄국립박물관 소장

50

50
고고관
중국고궁박물관 소장

3) 쓰개

쓰개로는 몽수蒙首와 입笠, 화관花冠과 족두리簇頭里가 있었다.

(1) 몽수·입

고려시대 부인들은 나들이할 때 검은색 라로 만든 몽수를 썼다. 몽수는 이마부터 머리를 내려 덮고 눈만 나오게 한 것으로 나머지는 땅에 끌리게 하였다. 몽수는 서역西域 부인의 두식이 중국의 수·당을 거쳐서 고려에 들어온 것으로, 당에서는 이를 멱리冪䍦, 그림 49라 불렀다. 귀부인들이 외출할 때는 몽수를 쓰고, 말 위에서는 몽수 위에 입笠을 더 썼다. 왕비의 경우에는 홍색 입을 썼다.

(2) 화관

화관은 신라 문무왕 때 중국 당의 제도를 따르면서 들어온 것으로, 통일신라시대의 궁양이 되었고 다시 고려에 전승되어 귀족·양반계급 부녀자가 예복에 쓰는 관모가 되었다.

(3) 족두리

원 복속기에 들어서면 몽고의 고고관姑姑冠, 그림 50[28])이 족두리가 되어 고려의 궁양이 되었다. 이것은 화관과 함께 주로 예복의 관으로 착용하였으며, 외출할 때는 전과 다름없이 몽수를 썼다.

4) 의복

고려시대 귀부녀들의 의복은 전대인 통일신라시대 의복을 습용하는 경우가 대부분이었다. 원 복속기에 들어와 일부 몽고복의 영향을 받은 모습이 나타나고 있으나 그림에 나타난 여인상을 보면 고려 말기까지도 통일신라시대 복식의 형태가 유지되었음을 알 수 있다. 이는 조선시대 초기 여인복으로 그대로 이어진다.

(1) 포

포는 백저로 하여 입었으며, 그 제도가 남자의 포와 비슷하였다. 온양민속박물관에서 소장하고 있는 1302년 아미타불복장품阿彌陀佛腹藏品에는 자의와 중의[29]의 모습도 나타난다.

- 경북 부석사 조사당祖師堂 벽화에 나타난 귀부인그림 51은 화려한 깃이 달린 홍색 대수포를 입고, 깃과 같은 감의 대와 녹색 표를 두르고 있다.
- 조선미술박물관 소장되어 있는 나한도羅漢圖 옆 여인상그림 52은 동정이 달린 홍포를 입고 위에 홍포보다 길이가 짧은 현청색 포를 입고 포백대를 띠고 있다.
- 일본 다이토쿠지大德寺 소장 수월관음도 여인상그림 42, 왼쪽은 동정이 달린 포를 입고 허리에 띠를 띠고 있다.
- 조반趙胖, 1341~1401 부인 초상화그림 53에서는 포를 의상 위에 걸치는 식으로 하였으며 띠가 없는 모습이 나타난다.
- 하연河演, 1376~1453 부인 초상화그림 54에서는 포를 의상 위에 걸치고 허리에 띠를 두른 모습이 나타난다.

51
포를 착용한 여인상
부석사 조사당 벽화

52

53

54

52
포 착용 여인상
조선미술박물관 소장

53
조반 부인 초상화
국립중앙박물관 소장

54
하연 부인 초상화
개인 소장

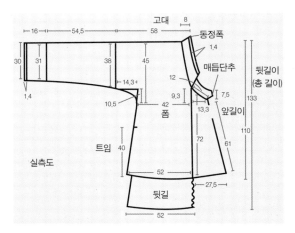

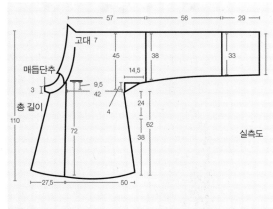

55

56

자의 자의紫衣, 그림 55는 포형袍形으로 고대의 우리 고유의 포형장유형이 직령교임식이며 직수형直垂形인 데 비해 교임형이면서 깊숙히 여며져 있었고 앞뒤의 길이 차가 나타났다. 자의의 여밈을 고정하기 위하여 매듭단추를 겉깃의 끝과 안깃 끝에 달고 단춧고리를 사용하였다. 또한 동정이 달려 있었고, 수구에도 동정과 같은 방법으로 거들지를 대었다.

중의 중의中衣, 그림 56은 소색으로 치수로 보아 자의의 밑받침 옷으로 입었던 것으로 보인다. 길이는 앞뒤 차이가 없으며 자의와 앞길이가 같고 품, 진동도 자의와 같았다. 고대와 깃나비는 약간 좁으나 화장은 자의보다 훨씬 길고 수구는 좁았다. 길어서인지 옆선이 많이 트여 있었다.

(2) 의·상

고려시대 귀부녀들은 포 안에 의衣, 襦와 상裳을 입었다. 평상시에는 포 없이 의와 상을 착용하였다.

착용 방법 의와 상의 착용방법은 크게 2가지로 나눌 수 있다. 첫째는 우리 고유의 방식으로 상 위에 의를 착용하는 것이다. 다른 하나는 통일신라시대의 당과 송의 여자 복장처럼 의衣, 襦를 먼저 착용하고 위에 상을 걸치는 방법이다.

치마 위에 의를 착용하는 양식은 《고려도경》에 나타나 있다. 상하귀천 없이 함께 착용했다는 백저의, 황상黃裳은 우리 고유의 양식으로 상 위에 상의를 입는 형태였다. 이와 같은 착용방법은 다음과 같이 나타난다.

- 일본 다이토쿠지 소장 수월관음도 여인상그림 42, 오른쪽: 화문이 있는 홍색 상裳 위로 고름과 동정이 달린 황색의를 입고 있다. 상裳은 앞에 허리끈이 길게 늘어져 있다.
- 박익 묘 벽화 여인상그림 43: 상裳 위에 의衣를 입고 있다. 깃은 남자복과 마찬가지로 깊게 여며지는 형이며, 옆트임이 있는 것으로 보인다. 상裳은 허리끈을 아래로 늘어뜨리고 있는 모습이다.[30]
- 조반 부인 초상화그림 53: 포 속에 입은 양식은 상裳 위에 이색선이 달린 의衣를 입고 있다. 상裳에는 허리 끈이 앞쪽 중심에 나란히 늘어져 있다.[31] 이것은 시대가 비슷한 하연 부인상의 착장방법과 다른 차림새로, 같은 귀족층에서도 조선시대 초까지는 2가지 차림새가 공존했던 것으로 추측된다.
- 서민 여인상으로 보이는 방배동 출토 목우상木偶像, 그림 57: 허리끈을 늘인 상裳 위에 옷고름이 달린 의衣를 착용하고 있다.

의衣 위에 상裳을 입은 양식은 다음과 같이 나타난다.

- 고려 초 둔마리 고분 벽화의 여인상그림 58[32]: 좁은 소매의 의衣 위에 허리 부위를 다른 천으로 댄 상裳을 입었는데 표를 두르고 있다.
- 충숙왕 10년1323 일본 지온인知恩院 소장 〈관경십육관변상도觀經十六觀變相圖〉[33] 공양인 여인상그림 59: 소매통이 넓은 의衣 위에 상裳을 입고 있다.
- 하연 부인 초상화그림 54: 동정이 달린 의衣를 입고 위에 상裳을 입고 다시 그 위에 포를 입고 다시 표를 두른 모습이다. 허리에는 이색의 끈을 둘러 아래로 늘어뜨리고 있다.

58   59

의의 형태 아미타불복장품 초척삼阿彌陀佛腹藏品 綃脊衫, 그림 60[34])에서는 조선시대 적삼의 모습이 나타나는데, 적삼은 홑으로 된 것으로 적삼赤衫, 的衫으로도 일컬었다. 《고려도경》에서는 이것을 '의衣'로 표현하기도 하였다. 당시의 의는 깊게 여며지고 옆트임이 있는 것으로 화장은 손등을 완전히 덮는 정도였으리라 추측된다. 여밈에서는 대가 없어지고 고름이 생기는 과정에서 첫 단계로 매듭단추를 사용한 것으로 보인다.

60
초적삼

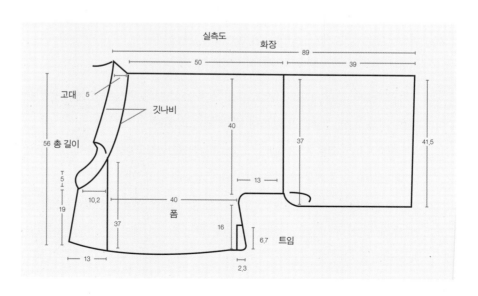

치마의 형태 〈관경서품변상도〉 시녀상에 나타난 상裳은 매우 길어서 바닥에 끌리는 데 비해, 서민 여인상을 표현한 목우상이 착용한 상裳은 그다지 길지 않고 폭도 좁다. 이를 통해 당시에는 계급에 따라 치마의 폭과 길이에 차이가 있었을 것으로 추측된다.

당시의 상은 허리 부위를 다른 감으로 달아서 입은 것으로 보이며, 허리끈을 앞으로 길게 늘어뜨리고 있기도 하였다. 이는 조선시대까지 이어져 내려온다. 가을과 겨울에는 짙은 색이나 옅은 황색을 많이 입었으며, 홍색은 왕비의 색이므로 금제로 되어 있었는데,35) 조반 부인상이나 하연 부인상을 통해서 다양한 다양한 상裳의 색을 엿볼 수 있다.

- 선군:《고려도경》에는 선군旋裙이라는 명칭도 나타나는데 이는 특히 폭이 넓은 상裳을 지칭하는 것으로, 선회旋回할 때 원형으로 펼쳐지는 아랫자락이 넓은 군을 말하며 당대唐代 궁인 사이에서 유행하였다고 한다.36) 이것은 여러 겹으로 해 입는 것이 자랑이었고, 겉은 폭도 넓고 길이가 대단히 길어 보행 시 겨드랑이 밑에 끼고 다녔다.

고의 형태 《고려도경》〈귀부조〉에는 "남자 것과 같은 백저포를 입고 생초生綃로 안을 받친 문릉文綾, 무늬가 있는 비단 고袴를 입었다37)고 하는데 이는 여유 있게 하여 옷이 몸에 붙지 않게 하기 위함이었다." 라는 내용이 나온다. 즉, 백저포를 입을 때는 '상'裳뿐만 아니라 '고'도 착용한 것으로 보인다.

5) 말·혜

말버선은 포를 이용하여 만들었으며 형태는 오늘날과 비슷하였다. 혜는 녹피鹿皮를 사용하여 만든 가죽신이었다.

3 서민녀복

1) 머리모양

몽수는 서민층에서도 사용하였다. 서민들은 이것을 아래로 내리지 않고 머리 위로 접어 올렸다. 귀부녀와 달리 일을 해야 하는 관계로 거추장스러움을 덜기 위해서였다. 화관이나 족두리는 결혼 예식에서만 사용하였다.

2) 의복

백저의와 황상은 서민층에서도 입었겠지만, 일하는 데 불편한 백저포를 상용했다고는 볼 수 없다. 또한 "그들은 걸어 다닐 때 상裳을 걷어 올리고 다녔다."라고 기록되었는데 이것은 조선시대의 '거들치마'를 연상하게 하는 것으로 일하는 사람의 옷차림으로는 당연한 것이었다고 할 수 있다. 또한 민서 여인들도 '선군'을 입었다는 기록이 전해지는데, 이는 일반 서민이 아니고 연석宴席에서 시중을 드는 여기女妓들이 착용했던 것으로, 귀부인과 마찬가지로 특수직의 여인들이 선군을 착용하였다.
　당시 서민녀의 모습을 보여주는 유물로는 전술한 방배동 출토 목우상그림 56 2점이 있다. 여기에 나타난 의복은 상裳 위에 의를 착용하는 양식으로 귀족 계급에 비해 복식의 폭이 좁아졌던 것으로 보인다.

3) 말·혜·리

서민녀들은 포로 만든 백말을 신었고, 간혹 소가죽을 사용한 혜를 신었으나 주로 초리를 신었다.

9장

고려시대 장신구 및 직물·염색

1 장신구

고려는 경제적·문화적으로 진보된 사회였으므로 삼국시대의 뛰어난 세공기술을 그대로 계승·발전시켰고 장신구의 패용이 많았을 것으로 추측된다. 그러나 통일신라처럼 화장묘가 성행하여 출토 유물의 수가 적기 때문에 그 내용을 상세하게 파악하기 어렵다. 그러나 고려사 공양왕恭讓王 3년 3월에 중랑장中郎將 방사량房士良이 상소上疏하기를, "…사서士庶, 공상工商, 천예賤隸는 일절 견직, 비단紗羅綾의 의복과, 금은주옥金銀珠玉의 장식粧飾을 금하여 사치하는 풍속을 단속하고 귀천貴賤 분별分別을 엄하게 하소서." 38) 라고 한 것으로 보아 고려시대에는 아래 계급의 사람들까지 금은주옥 장식을 하였음을 알 수 있다.

1) 의복장식품

고려시대 장신구는 대개 쌍으로 짝을 이루고 똑같은 것도 여럿 남아 있다. 또 뒷면에 섬유질 흔적이 남아 있는 것이 몇 개 발견되어 옷가지에 장식했던 것으로 추측된다. 1999년 청주 명암동에서 발견된 고려시대 고분에서는 시신의 가슴 위치에 이와 비슷한 은제 장신구가 쌍으로 출토되어 이러한 추측을 뒷받침한다.

고려시대 장신구는 순금·금동·은이 대종을 이루었고 간혹 옥으로 만든 제품도 나타났다. 제작기법은 투조하거나 새기거나 밑에 모형을 대고 두드려서 겉으로 모양이 나오게 하는 것으로 무늬를 만들거나 거푸집에 쇳물을 녹여 부어 전체적인 형태를 만든 뒤 음각으로 좀 더 세밀하게 무늬를 표현하였다. 형태는 대개 원형·사각형·꽃봉오리모양이었으며, 문양의 구성은 연꽃·모란 같은 식물과 학·원앙·오리·봉황·용·거북이·물고기·벌·나비 등 동물을 절묘하게 결합한 것이었고 사천왕과 같은 불교 도상도 있었다.

금제 화문장식그림 61은 가는 금선으로 매우 정교하고 화려하게 장식한 의복장식

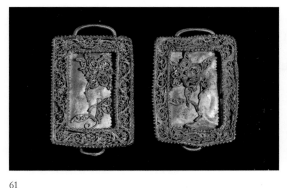

61

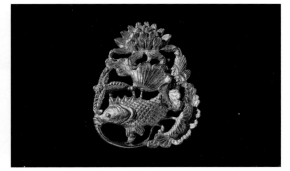

62

품이었다.[39] 금제 어·연화문장식그림 62[40)]은 연잎 위로 뛰어오르는 잉어와 또 그 위로 뻗어올라가 피어 있는 연꽃과 연잎을 배치한 순금제 장신구이다.[41] 이외에도 금제 거북·뱀문장식,[42] 은제 장신구,[43] 1쌍으로 된 옥장신구, 금동제 장신구 등이 있었다.

61
금제 화문 장신구
국립중앙박물관 소장

62
금제 어·연화문 장신구
국립중앙박물관 소장

2) 귀고리

귀고리로는 금제 세환식 귀고리와 열매모양을 본뜬 은제 귀고리, 금제 S자형 귀고리 등이 있었다. 금제 세환식 귀고리그림 63는 긴 사슬형으로 끝 부분에 2개의 나뭇잎을 붙여 만든 판을 달았는데 양면 모두 표면에 잎새를 음각하였다.[44] 열매모양

63
금제 귀고리
충청남도 청양 출토
연세대학교박물관 소장

64
은제 귀고리
경기도 개성 부근 출토
국립중앙박물관 소장

63

64

을 본뜬 은제 귀고리_{그림 64}는 아래 구체球體 위를 꽃받침 형상의 은판으로 살짝 덮고 구체를 관통하여 뽑아져 나온 은선이 동그랗게 구부러져 마감되어 있다.[45] 금제 S자형 귀고리는 끝에 여러 가닥의 금선을 풀어놓은 것 같은 장식을 부착하고 있다.

3) 목걸이

고려시대에는 목걸이를 거의 하지 않은 것으로 생각되나 가운데 구멍이 뚫린 황갈색을 띠는 구슬옥이 출토되어 이것이 옥목걸이로 사용되었을 것으로 추정된다.

4) 팔찌

이전 시대에 귀고리나 목걸이가 유행하였던 것에 비하여, 고려시대에는 유물의 양이나 장식방법 등으로 짐작할 때 특히 팔찌를 애용하였던 것으로 추측된다.

국립중앙박물관에서 소장하고 있는 은제 도금 타출 화조문 팔찌_{그림 65}는 타출기법으로 정교하게 시문한 뒤 전체에 도금을 하였다.[46] 국립춘천박물관에서 소장하고 있는 은제 도금 타출 화조문 팔찌에서도 거의 동일한 양식을 찾아볼 수 있

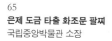

65
은제 도금 타출 화조문 팔찌
국립중앙박물관 소장

다.[47] 이 팔찌들은 단순히 치장을 목적으로 착용했을 것이지만 제작방식으로 짐작할 때 팔찌 속에 다라니陀羅尼 경전이나 부적 등을 넣었을 가능성도 있다.[48]

은제 도금 타출 화문 팔찌그림 66는 같은 모양의 정釘으로 만개한 꽃잎군을 안쪽에서 두드린 다음, 바깥쪽에서 다시 두드려 고부조의 타출효과를 나타내었기 때문에 안이 비어 있다.[49] 이 팔찌에 사용된 기법은 고려시대의 가장 발달했던 장식기법 중 하나로, 대개 소형 장신구를 만들 때 사용되었으며 특히 팔찌에서 두드러졌다.

66
은제 도금 타출 화문 팔찌
국립중앙박물관 소장

5) 반지

고려시대에 만들어진 반지 중에서 뛰어난 것은 금제에 마노상 보석이 감장되어 있는 것과 녹색 보석이 박힌 것이다. 이외에도 당초문을 양각한 순금제 반지, 톱니문을 새긴 은제 반지 등이 남아 있다.

2 직물·염색

고대사회부터 발달해온 직조 및 염색기술은 고려시대에도 그 전통을 계속 이어왔으나, 여러 외우내환 속 기술 발전의 위축으로 중국에서 생산되는 사라능단에 눌려 오히려 역수입을 하는 처지가 되었다. 한편으로는 세마포細麻布, 가는 삼베와 저포苧布, 모시의 직조술이 더욱 발달하여 이것을 중국에 공물로 수출하기도 하였다.

1) 직물

중앙에는 도염서都染署·잡직서雜織署와 같은 어용의 직조기관과 거기에 소속된 계장計匠, 금장錦匠, 편장編匠, 능장綾匠, 나장羅匠 등의 공장이 따로 있어 각종 직조를 전담

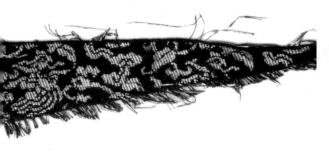

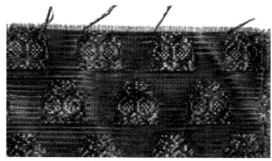

67

68

하였다. 가내공업에서 이루어지는 의류수공업은 여기에 그치지 않고 전업적으로 모시, 삼베, 능라綾羅, 금錦 등을 제조하였다. 특히 백저는 우리나라 특산물 중 하나로 국제무역에서 중요한 자리를 차지하였다.

고려시대 직물은 불복장품佛腹藏品[50]으로 남아 있으며 이외에도 탑 복장물과 사당, 사찰에 전하는 유물이 일부 남아 있다. 현재 고려의 불복장 직물은 300여 점이 넘게 남아 있는데 불상에서 나온 옷감은 견, 주, 초, 나, 직금, 금, 모시, 삼베 등으로 다양하다. 그중에서도 고려시대의 특징을 꼽으면 단연 금사를 넣어 짠 직물인 직금織金과 나羅라고 할 수 있다.[51] 장곡사 철조약사불 복장 직물에 속하는 직금그림 67에는 운문雲文과 봉황문鳳凰文이 새겨져 있고 나羅, 그림 68에는 석류와 새무늬가 새겨져 있다.

고려 후기에는 중국으로부터 목면木棉의 종자種子와 면직기계綿織機械가 전래되어 겨울철 방한이 어려웠던 서민의 의생활이 보다 윤택해졌다.

2) 염색

고려시대의 염직기술은 고대사회의 염색술을 이어받아 탁월한 정도는 아니라 하더라도 나름의 진전이 있었던 것으로 보인다. 서긍이 《고려도경》에서 "염색도 전일보다 훨씬 진보되었다."라고 쓴 것은 당시 염직기술의 일면을 짐작하게 한다. 당시에는 중앙에 도염서가 있어 잡직서에서 직조된 직물을 염색·가공하였을 것이다.

2부 미주

1) 權瑛淑, 李珠英, 張賢珠(1997), 海印寺 金銅毘蘆遮那佛 腹藏服飾과 高麗後期 衣服의 特性, 성보문화재연구원 학술발표회. 이 의복 요선철릭의 발원문에 기록된 송부개의 인적사항과 답호의 주인인 이승밀의 인적사항으로 미루어볼 때, 1350년을 전후한 1300년대 의복으로 추정된다.

2) 〈시왕도(十王圖)〉는 사후(死後) 시왕에 의해 받게 될 심판의 결과인 육도환생(六道還生) 중 지옥의 고통을 받지 않기 위하여 생전에 선업의 공덕을 많이 쌓아야 한다는 부처님의 가르침을 그 경과 함께 도해(圖解)한 것이다.

3) 1350년(충정왕 2) 작. 일본 신노인(親王院) 소장. 도솔천(兜率天)의 미륵이 하생하여 용화수(龍華樹) 아래에서 성불(成佛)하고 그때까지 구제되지 못한 모든 대중을 성불시킨다는 〈미륵하생경〉의 내용을 그린 일종의 교화용 경변상도(經變相圖)이다.

4) 단희라(2012),《高麗史》輿服志 儀衛服飾 연구, 성균관대학교 대학원 석사학위논문, pp.142-146.

5) 제향 때 향로를 받드는 일을 하던 제관.

6) 은렬공 강민첨(?~1021)은 고려시대의 명장으로 목종 때 문과에 급제한 후 현종 3년(1012)에 안찰사로 동여진을 격퇴, 1018년에는 거란이 10만 대군으로 쳐들어오자 강감찬 장군의 부장으로 출전하여 거란을 대패시켰다. 그 공으로 지중추사병부상서(知中樞事兵部尙書)까지 올랐던 인물이다.

7) 이강칠 외(2003), 역사인물초상화대사전, 현암사, pp.28-29.

8) 설유경(2011), 고려시대 과대(銙帶)에 관한 연구, 이화여자대학교 대학원 석사학위논문, p.8. 문헌에 기록된 서(犀)의 종류는 통서(通犀), 무늬가 있는 화서(花犀)와 반서(班犀), 검은 뿔인 오서(烏犀) 등이 있으며, 통서(通犀)는 통천서(通天犀)라고도 한다.《한서(漢書)》에는 "통서는 중앙이 백색이고 양두(兩頭)가 서로 통한다."라고 기록되어 있다.《후한서(後漢書)》에는 "뿔 속에 특이한 광채가 있고 하얀 결이 실낱처럼 되어 있어 진귀하게 여겨졌다."라고 적고 있다. 위의 내용으로 보아 통서는 상하(上下)가 관통(貫通)되어 있는 형태임을 알 수 있다.

9) 안동대학교 안동문화연구소, 안동시(2001), 태사묘 소장 유물보존 및 복원을 위한 기초연구, p.73.

10) 문화재청 http://www.cha.go.kr/korea/heritage/search/Culresult_Db_View.jsp?mc=NS_04_03_01&VdkVgwKey=12,03360000,24&flag=Y[2012. 2. 3. 검색]

11) 안향은 우리나라 최초의 주자학자로서 문묘(文廟)에 도형(圖形)하고 이를 모사하여 순흥의 소수서원(紹修書院)에 제향(祭享)하며 목판본도 남아 있는데 이는 정신문화연구원 장서각(藏書閣) 소장이다.

12) 이조년은 고려 말의 명신으로 예문관(藝文館) 대제학이 되어 성산군(星山君)에 봉해졌다. 뒤에 공신으로서 벽토(壁土)에 도형(圖形)되었고 충혜왕의 묘정에 배향되었다. 현재 성산사(星山祠)에 부(父) 이장경과 자(子) 이포(李褒)의 초상화와 함께 봉안되어 있다고 한다.

13) 길재는 고려 말과 조선조의 성리학자로 모든 관직을 마다하고 있다가 1388년에 성균관 박사(成均館 博士)가 되어 오로지 교육만 일삼았다. 돌아간 뒤 금산(錦山)의 성곡서원(星谷書院), 선산(善山)의 금오서원(金烏書院), 인동(仁同)의 오산서원(吳山書院)에 제향(祭享)한다.

14) 치마 앞쪽 안자락 내측에 "年十五 宋夫介 長命之願"이라는 글이 묵서로 기록되어 있어 15세의 소년의 옷임을 알 수 있다. 송부개는 고려 후기 화살 만드는 사람임을《고려사절요(高麗史節要)》제32권의 기록을

통해 알 수 있다. 옷의 군데군데 있는 오염과 목둘레 주변이 헤진 점으로 보아 평소 입었던 것으로 본다.

15) 고부자(2002), *밀양 박익묘 벽화 복식 연구, 밀양고법리벽화묘*, 세종출판사, p.219.

16) 權瑛淑, 李珠英, 張賢珠, *op.cit.*, pp.129-141. 이 옷에 대한 명칭은 '백저단수포(白紵短袖袍)', '반비(半臂)', '단수편삼(短袖偏衫)', 답호(褡호)' 등 다양한 명칭으로 통용되고 있으나 고려 후기의 문물제도와 풍습을 알 수 있는 14세기에 쓰여진 것으로 보이는 《노걸대(老乞大)》와 《박통사(朴通事)》에 쓰여진 명칭은 주로 '탑호(搭胡)', 탑호(搭護)', 탑홀(搭忽)' 등이 있고 언해로는 답호를 '더그레'라 불렀다고 한다. 따라서 여기서는 가장 많이 쓰인 명칭인 '답호(搭胡)'로 부르기로 한다.

17) 1973년 12월 충남 서산군 문수사 금동여래좌상에서는 고려시대 유물 630점이 발견되었는데 그중 완전한 상태로 발견된 의상 1점이 이것으로 불상 발원문(發願文)의 발원 연대가 제29대 충목왕(忠穆王) 2년(1346)으로 되어 있어 고려 말엽의 것으로 생각된다.

18) 유송옥(1982), *출토복식(出土服飾)·남복(男服), 韓國의 服飾*, 문화재관리국, pp.255-256.

19) 겉섶 자락 아래쪽에 "承奉郞 奉先庫 副使 李承密 衣"라고 묵서되어 있다.

20) 안동대학교 안동문화연구소, 안동시, *op.cit.*, pp.152-155.

21) 중앙M&B 편(1981), *韓國의 美7-高麗佛畵*, 중앙M&B, p.233. 〈관경서품변상도〉는 같은 내용으로 2점이 있는데 하나는 충선왕 4년(1321)의 그림으로 일본 교토(京都)의 다이온사(大恩寺)에서 소장하고 있다. 또 하나는 이 그림의 경우인데, 이것은 연대가 확실치 않다. 문명대 교수는 다이온사의 것보다 제작 연대가 이른 것으로 보면 어떨까 한다고 하였다.

22) 마치 말에서 떨어졌을 때의 머리모양 같다는 데서 나온 명칭이다.

23) 〈수월관음도(水月觀音圖)〉는 관음보살(觀音菩薩)과 예배를 드리는 선재동자로 구성된 작품이 대부분을 차지하며, 이 작품과 같은 도상의 원류는 돈황지역에서 찾아볼 수 있고, 이런 도상이 중국 내륙에서도 제작되어 고려에까지 파급되었으리라 생각된다. 일본 다이토쿠지(大德寺) 소장품의 제작 시기는 14세기 전반기를 약간 지난 것으로 보인다.

24) 국립중앙박물관 http://www.museum.go.kr/program/relic/relicDetail.jsp?menuID=001005002002&relicID=1970&relicDetailID=7877&currentPage=15&back=relicDirectorySearchList[2012. 2. 3. 검색]

25) 국립민속박물관 편(1995), *한국복식 2천년*, 신유, p.47.

26) 장숙환(2002), *전통장신구*, 대원사, pp.26-27.

27) 국립중앙박물관 http://www.museum.go.kr/program/relic/relicDetail.jsp?menuID=001005002002&relicID=1310&relicDetailID=5237&currentPage=1&back=relicDirectorySearchList[2012. 2. 8. 검색]

28) 당시 원의 풍속을 그린 그림을 보면 현재 우리가 신부복의 수식으로 쓰는 족두리의 형태보다 크기는 하나 그 기본 구조가 같으며, 위가 벌어지고 각이 첨예하고 적우(翟羽)를 꽂고 있다. 원에서는 족두리를 남녀가 다 같이 외출용으로 착용하였다.

29) 자의에는 명주 안깃에 "…氏同生極樂願次腹藏入內紫衣及綃脊衫等等施納"이라고 묵서로 쓰여 있다. 그리고 중의에는 "納宰臣兪弘愼妻李氏", 상의에는 "腹藏入敎是綃脊衫納宰臣兪弘愼妻李氏"라고 묵서로 쓰여 있다.

30) 고부자, *op.cit.*, p.219.

31) 이강칠 외(2003), *역사인물초상화대사전*, 현암사, p.46.

32) 김원용 편(1973), *한국미술전집 4*, 벽화, 동화출판공사, pp.149-150. 이 고분은 1972년에 발굴된 것으로 고분 연대는 12, 3세기가 될 것으로 추측되며 이 인물상은 무(巫), 불(佛), 도(道)를 함께 섞은 고려 특유의 천녀(天女)라고 생각되고 있다.

33) 〈관경십육관변상도(觀經十六觀變相圖)〉는 석가여래가 왕비인 위데휘에게 가르쳐준 아미타부처 및 그 세계를 관상하는 16가지 방법을 표현한 것으로, 화면은 기본적으로 좌우에 13관을 가운데에 나머지 3관을, 즉 구품과 설법 장면 그리고 극락의 정경으로 구성하고 있다. 민간 정토결사에 있어서 서민구제적 입장으로부터 구상된 16관변상도가 14세기 전반기에 고려에서 널리 유통되고 있었다고 한다.

34) 상의에는 "腹藏入敎是綃脊衫納宰臣兪弘愼妻李氏"라고 묵서로 쓰여 있다.

35) 조효순(1995), *한국인의 옷*, 밀알, pp.72-73.

36) 杉本正年(1997), *동양복장사논고*, 문광희 역, 경춘사, p.401.

37) 朴春順(1991), 바지 考: 바지 형태의 지역적 특성과 변천과정에 관하여, 중앙대학교 대학원 박사학위논문, p.120.

38) 恭讓王 三年三月, 中郞將房士良, 上,一禁紗羅綾段之服・金銀珠玉之飾, 以弛奢風, 以嚴貴賤,

39) 국립중앙박물관 http://www.museum.go.kr/program/relic/relicDetail.jsp?menuID=001005002002&relicID=1117&relicDetailID=4465&currentPage=26&back=relicDirectorySearchList

40) 진홍섭 편(1974), *한국미술전집 8, 금속공예*, 동화출판공사, p.117.

41) 국립중앙박물관 http://www.museum.go.kr/program/relic/relicDetail.jsp?menuID=001005002002&relicID=4224&relicDetailID=16893&currentPage=6&back=relicDirectorySearchList[2012. 1. 21. 검색]

42) 어디에 쓰였는지는 정확히 알려지지 않았으나, 최근의 연구에 의하면 적의(翟衣)를 착용할 때 어깨에 걸어 늘어뜨렸던 하피에 다는 단추인 추자였을 가능성이 있다.

43) 국립중앙박물관 http://www.museum.go.kr/program/relic/relicDetail.jsp?menuID=001005002002&relicID=4242&relicDetailID=16965&currentPage=5&back=relicDirectorySearchList[2012. 1. 13. 검색]

44) http://www.emuseum.go.kr/relic.do?action=view_d&mcwebmno=124497[2012. 2. 3. 검색]

45) 국립중앙박물관 http://www.museum.go.kr/program/relic/relicDetail.jsp?menuID=001005002002&relicID=4252&relicDetailID=17005&currentPage=4&back=relicDirectorySearchList[2012. 3. 7. 검색]

46) 국립중앙박물관 http://www.museum.go.kr/program/relic/relicDetail.jsp?menuID=001005002002&relicID=2402&relicDetailID=9605&currentPage=11&back=relicDirectorySearchList[2012. 3. 2. 검색]

47) 최응천, 김연수(2004), *금속공예*, 솔, pp.314-315.

48) 김은애(2003), 고려시대 타출공예품 연구, 홍익대학교 대학원 석사학위논문, pp.65-66.

49) *Ibid.*, pp.64-65.

50) 진공상태로 밀폐된 공간에서 나온 불복장품인 복식과 옷감들은 손상되지 않고 색상도 원형 그대로 남아 있다. 복식 이외의 직물은 대부분 잔편으로 남아 있지만 출토 유물과는 달리 직물의 보존상태가 양호하고 직물의 종류도 다양하여 고려시대 직물문화의 전반적인 양상을 이해하는 데 귀한 자료가 된다.

51) 국사편찬위원회 편(2006), *옷차림과 치장의 변천*, 두산동아, p.85.

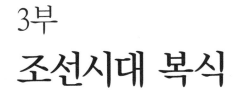

3부
조선시대 복식

1392년에 건국된 조선 태조부터 성종조까지의 국초에는 《경국대전經國大典》, 《국조오례의서례國朝五序例》 같은 법전과 예전禮典을 완성하였으며, 유교적 삶의 본보기이자 지침서로 《삼강행실도三綱行實圖》 등을 간행하였다. 그 후 임진왜란이 일어나 조선의 역사를 이분한다고 해도 좋을 만큼 모든 분야에서 변화와 변혁이 일어나게 되었다. 16세기 말, 조선은 임진왜란과 정유재란 등을 겪은 후 그것을 치유하기 위하여 부단히 노력하며 17세기를 맞이하였다.

광해군 대부터 시행된 대동법大同法은 조선의 상품·화폐 경제를 발전시켰다. 임진왜란 이후 발달한 예학은 장자 중심의 상속제도와 장례 예법 등을 중시하게 하였다. 그 후 병자호란이 발발하였는데 임진왜란보다 그 피해가 더욱 컸다. 이후 명이 멸망하면서 새로이 강성한 청과의 외교를 수립하며 조선은 새로운 변화에 대응해야만 했다.

영조와 정조시대는 조선의 문예부흥기라고 불릴 만큼 안정적이고 수준 높은 문화가 자리 잡았다. 정조 대 이후에는 서양의 문물과 청의 선진문물을 접할 기회가 많아지고 기존 성리학에 대한 반성과 함께 실사구시實事求是, 이용후생利用厚生 등에 의미를 둔 실학이 발전하였다.

고종의 등극으로 대원군의 섭정이 시작되면서 60년간 지속되던 세도정치는 종식되었다. 《대전회통》과 같은 법전이 편찬되고 사치풍조를 바로잡기 위하여 의복을 간소화하고 서원철폐, 세수체제 정비 등이 단행되었다. 그러나 국권 침탈로 주권을 강탈당하여 조선왕조 500년의 역사가 막을 내리게 되었다. 이러한 역사적 배경 아래 조선시대 복식은 관복에서 명의 복식을 따르고자 하였으나, 편복에서는 남녀 모두 우리 고유의 양식을 고수하였고 시대에 따른 변화만이 감지되었다.

조선시대 복식문화자료로는 《조선왕조실록》, 《경국대전》, 《국조오례의서례》, 《삼강행실도》 등의 서적이 있으며 여기에는 의례에 따른 복식 규정이 상세하게 나와 있다. 17세기 자료인 사서, 개인문집이나 기록물 또는 백과사전류, 18세기 관찬官撰 자료 중 《만기요람萬機要覽》, 그리고 궁중의 행사를 기록한 《진연의궤進宴儀軌》나 《진작의궤進爵儀軌》, 왕비나 세자빈 간택과 관련된 각종 《가례도감의궤嘉禮都監儀軌》, 수많은 궁중 발기件記는 궁중 복식에 대한 내용을 담고 있다.

한편 18세기 말에서 19세기 초의 반가 살림을 기록한 《규합총서閨閤叢書》, 《거가잡복고居家雜服考》 등에서는 다양하고 구체적인 복식문화를 엿볼 수 있다. 조선시대의 문화 전반을 통시적으로 다룬 《연려실기술練藜室記述》과 《오주연문장전산고五洲衍文長箋散稿》 역시 복식에 대한 여러 가지 정보를 제공한다. 이외에도 〈춘향전〉 같은 판소리 사설자료나 구전소설 등 복식자료와 초상화 영정, 전세유물專世遺物, 많은 출토 복식이 복식사 연구에서 귀중한 자료가 되고 있다.[1]

조선시대는 신분제도가 엄격했고 상하·존비·귀천의 등위를 가르기 위하여 복식에 제한을 두었으므로, 당시 복식을 알아보기 위하여 다음과 같이 조선시대의 신분제도를 살펴보도록 한다.

- 귀족층: 왕족종친·왕친 및 왕대비·왕비·왕세자빈의 동성친同姓親, 외척과 이족친異族親, 왕녀의 배우자의빈 또는 부마와 근친, 그리고 공신功臣 등이 있었다.
- 양반: 사士·농農·공工·상商의 수위에 꼽히는 사족士族들로 유학을 업으로 삼았으며 아무 제한 없이 관료로 승진할 수 있었다.
- 중인中人: 중앙관부에서 의관醫官·역관譯官·율관律官·화원畵員 등 기술·사무의 실무를 맡았으며 세습이 되는 특수계급이었다. 중인과 양반집의 서얼庶孽을 합하여 중서中庶라고도 했는데, 이들은 관료가 될 수는 있었으나 계급의 제한이 있었다. 이 밖의 중인계급으로는 관료계급과 평민 계급의 중간에 개재하여 집권기구의 말단을 담당하는 이서吏胥와 각 군영과 지방 관아의 군무에 종사하던 낮은 계급의 군교軍校, 장교 등이 있었다.
- 백성: 양인良人과 천인賤人의 신분상 구별이 있었다. 양인은 농·공·상에 종사하는 계급으로 그 중 농사를 본업으로 하는 계급을 으뜸으로 삼았으며, 천인은 천역에 종사하는 최하급의 특수 층으로 압도적으로 많은 계급은 공사천公私賤이었다. 이외에도 백정白丁, 무당, 재인才人, 기생 등이 있었으며 불교의 쇠퇴와 함께 승려 역시 천시되었다.

조선시대의 궁중 예복은 왕복, 왕세자복, 백관복, 왕비복, 명의 사여관복을 통하여 이루어진 중국제 예복을 바탕으로 시대에 따라 국제를 가미하여 변형되었다. 편복이나 서민복은 국제인 포와 바지, 저고리와 치마 등의 이중구조 속에서 전승되었다.

10장

조선시대 남자 복식

1 왕복

조선시대 왕복으로는 대례·제복에 속하는 면류관과 곤복, 조복에 속하는 원유관·
강사포, 상복에 속하는 익선관·곤룡포가 있었다. 국난을 당했을 때는 전립戰笠에
융복戎服을 착용하였으며, 평상시에는 편복便服을 입었다.

1) 대례복·제복

왕의 대례복大禮服과 제복祭服으로 사용된 복장은 면복冕服으로, 종
묘·사직 등에 참배할 때나 설날, 동지 또는 혼례식이 있을 때 착용
하였다.

조선시대 초·중기에는 사여된 면복을 입었다. 영조 23년에는 상방
정례尙方定例의 《면복도冕服圖》에 일정한 제도를 정하여 국속 면복을
착용하였는데, 그 예로는 구장복그림 1이 있었다. 국말國末에는 고종황
제와 순종황제가 면복을 착용하였으며 예로는 십이류면十二旒冕과 십
이장복十二章服이 있었다.

1
구장복

면류관 면류관冕旒冠에는 구류면九旒冕과 십이류면十二旒冕이 있었다.
구류면그림 2은 구장복에 착용한 왕의 면류관이었다. 십이류면은 국
말 고종이 황위에 올라 착용하였던 것으로, 십이장복에 착용한 것
은 겉이 검은색, 안이 붉은색이었고 앞뒤로 7가지 색의 옥을 꿴 십
이류가 있었다.

곤복 곤복袞服에는 구장복과 십이장복이 있었다. 구장복과 십이장
복은 의, 상, 중단, 폐슬, 혁대, 패옥, 대대, 수, 말·석, 규로 구성되었
다표 1, 2.

2
구류면
《국조오례의서례》 소재

표 1 **구장복의 구성**

명칭	형태	비고
의그림 3	검은색 5장문 • 용: 양 어깨 위 • 산: 등 뒤 • 화 3개, 화충 3개, 종이 3장: 소매 뒤쪽	규를 들면 손을 앞으로 모아서 소매 뒤쪽만 보임
상그림 4	붉은색 4장문. 전 3폭·후 4폭으로 허리에는 무수한 주름. 앞판에 조·분미·보·불의 4장문	-
중단그림 5	백색. 청색 선으로 깃·도련·수구를 두름. 깃에는 불문 11개를 그림	-
폐슬그림 6	붉은색으로 조·분미·보·불의 4장문을 차례로 아래로 수놓음	-
혁대	면복의 구조상 폐슬과 옥패 등을 걸기 위해 혁대를 갖추게 된 것으로 봄	《국조오례의서례》〈제복도설〉에도 혁대가 없음
패옥그림 7	여러 줄의 옥을 연결하여 4채로 짠 천 위로 늘어뜨림	원래 패옥을 감싸는 패옥주머니가 있는데 유물에는 없음. 걸으면 양옆에서 옥이 부딪치는 소리가 나서 잡귀를 물리치는 역할을 담당함
대대그림 8	비색緋色과 백색을 합쳐 꿰맨 것으로 청색 끈을 사용함	-
수그림 9	후수後綬라고도 부르며, 실을 짜서 만들며 금환金環을 담	-
말·석그림 10	붉은색. 석은 신목에 끈이 붙어 있음	-
규그림 11	청옥규	-

표 2 **십이장복의 구성**

명칭	형태
의그림 12	검은색 6장문 • 일日: 오른쪽 어깨 • 월月: 왼쪽 어깨 • 성신과 산: 뒷판에 용과 • 화충: 양소매에 직성織成
상	붉은색. 화·종이·조·분미·보·불의 6장문을 차례로 수놓음
중단	백색. 청색 선으로 깃·도련·수구를 두름. 깃에는 불문 12개를 직성
폐슬그림 13	붉은색으로 위에 용 1마리, 아래에 화 3개를 수놓음
혁대	구장복과 동일
패옥	구장복과 동일. 옥의 수와 6채로 된 것이 구별됨
대대	구장복과 동일 흰색 끈을 사용
수	붉은색 바탕에 6채로 짠 것에 용문을 가진 3개의 옥환玉環을 닮
말·석	붉은색. 석은 구장복과 달리 신목이 없으며 신 위에 검은 끈을 맺게 되어 있음
규	백옥규. 위를 뾰족하게 하고 산형山形 4개를 조각함

3
의
국립중앙박물관 소장

4
상
《국조오례의서례》 소재

5
중단
《경모궁의궤》 소재

6
폐슬
《국조오례의서례》 소재

7
패옥
세종대학교박물관 소장

8
대대
《국조오례의서례》 소재

9
수
《사직서의 궤》 소재

10
말·석
《국조오례의서례》 소재

11
규
《국조오례의서례》 소재

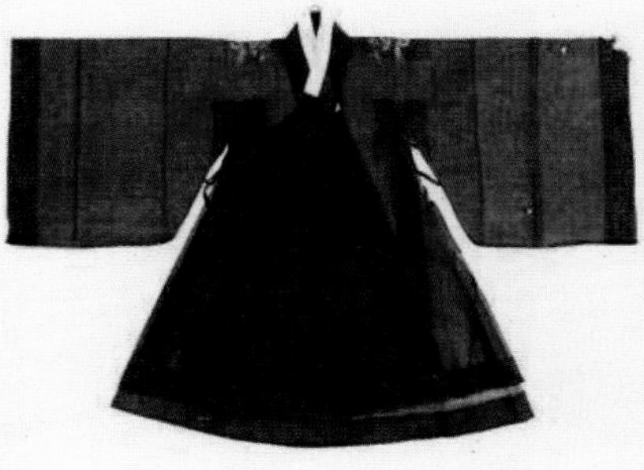

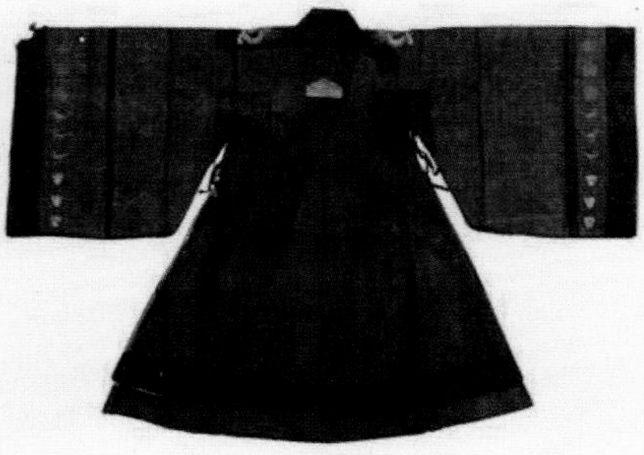

앞판 뒷판

3

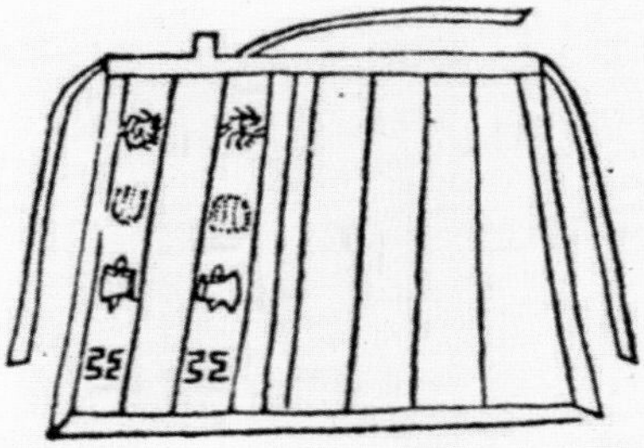

4

5

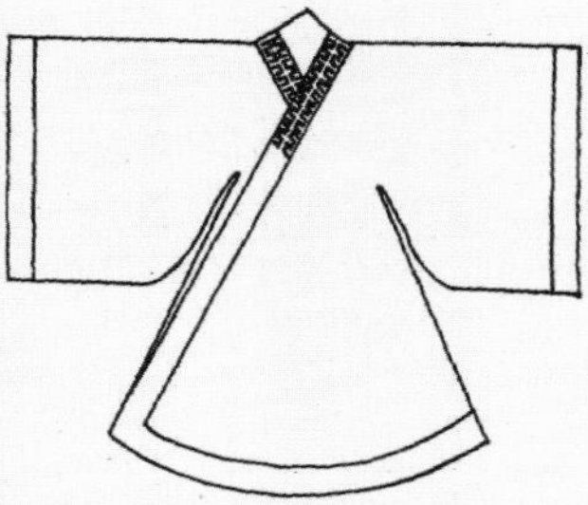

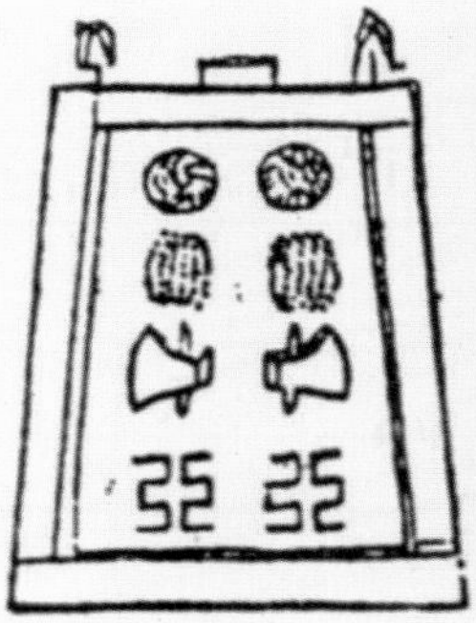

6

7

8

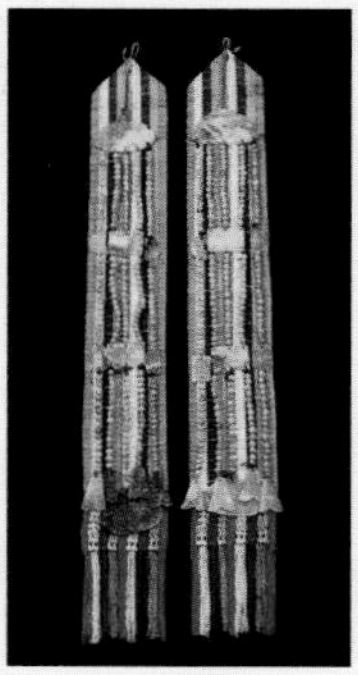

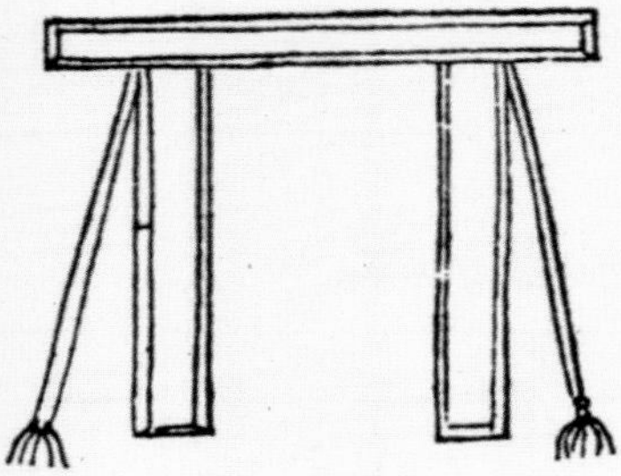

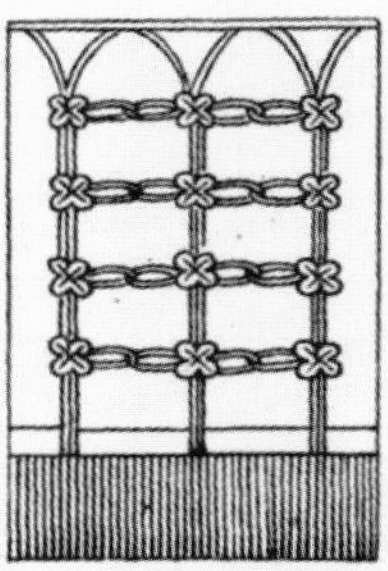

9

10

11

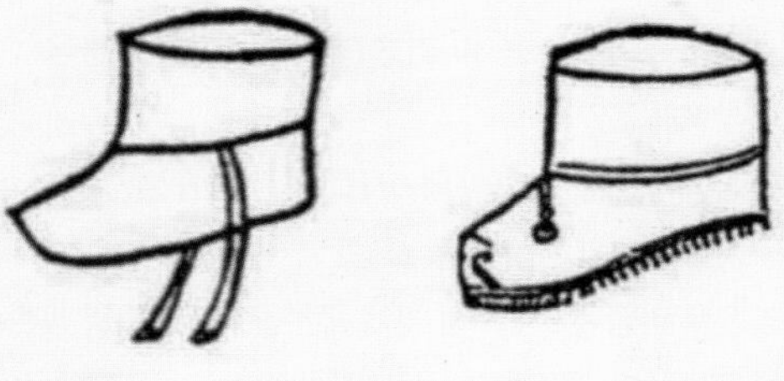

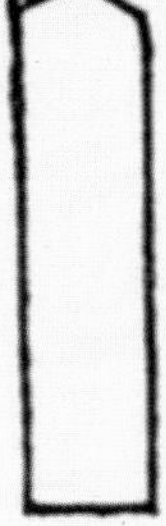

방심곡령
조선시대의 방심은 곡령 하부에 달려 있어 가슴까지 내려왔고 대신에 곡령에 달린 끈이 없는 형태였다. 당시에는 제사를 지낼 때 면복과 신하의 제복에만 방심곡령方心曲領을 더하였다그림 14.

12

13

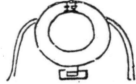

14

2) 조복

조복으로 사용된 원유관과 강사포는 초하루, 보름, 조칙을 반포하거나 백성을 접견할 때 착용하였다. 국말에 원유관은 중국 천자가 착용하던 통천관通天冠으로 바뀌었다.

(1) 원유관·강사포

원유관은 검은색 라羅로 만들어 9량九梁이었으며, 금비녀를 꽂았고, 오채옥으로 전후 9옥씩 장식하였다. 강사포는 곤복과 제도가 동일하였으나, 곤복에는 장문이 있었고 강사포에는 이것이 없었다는 점이 달랐다.

(2) 통천관·강사포

국말 고종황제가 착용한 통천관그림 15[2)은 12량梁에 양梁마다 5색 구슬을 12주씩 꿰어 장식한 것이었다. 당시 강사포그림 15에는 중단 깃에 불문佛文 13개를 금박하였다. 고종의 어진御眞을 보면 흰 동정을 달고 있는데 이는 국속을 따른 것이었다.

15
통천관·강사포
《국조오례의서례》소재
국립고궁박물관 소장

16
익선관·곤룡포
영조 어진
국립고궁박물관 소장

15

16

3) 상복

상복은 시무복으로 익선관翼善冠과 보補를 부착한 곤룡포袞龍袍, 그림 16로 구성되었다.

표 3 **조선시대 왕의 상복**

명칭		형태	
익선관그림 17		얇은 라羅로 싸고 양대각兩大脚 위에 양소각兩小脚을 첨부하여 향상시킴	
곤룡포	왕 곤룡포	대홍색의 단緞	포의 전후와 좌우 어깨에 오조룡보五爪龍補를 첨부함
		여름에는 사紗	
	국말 황제 곤룡포그림 18	황색	
보補	왕	오조룡	용의 발톱 수에 차이를 두어 왕복, 세자복, 세손복으로 구별함
	왕세자	사조룡	
	왕세손	삼조룡	
	국말 황제	황색 바탕에 오조룡보 그림 19	보의 둘레를 호형弧形으로 한 것이 황후용 오조룡보그림 148의 둘레를 원형으로 한 것과 구별함
	국말 황태자	자주색 바탕에 오조룡보	
옥대		가공된 옥을 사용하고 대홍색 단으로 싸고 금색으로 그림	
화		흑색 털가죽을 사용하나 여름에는 흑칠피黑漆皮를 사용함	

17

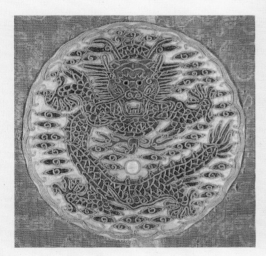

19

18

17	18	19
익선관	**익선관·곤룡포**	**오조룡보**
세종대학교 소장	고종 어진	세종대학교 소장
	전라북도 소장	

4) 군복

왕도 국난이 있을 때는 군복軍服을 착용하였다. 왕의 군복은 〈철종 어진〉그림 20³⁾에서 그 착용 모습을 확인할 수 있다. 왕은 머리 위에 옥로玉鷺 입식과 정면을 옥판으로 장식하고 공작 꼬리털을 길게 늘어뜨린 죽전립竹戰笠을 착용하였다. 옷은 갈색 길에 홍색 소매를 단 협수일반 협수에 비해 왕의 것이라 소매통이 매우 넓은 것를 입고 위에 검은색 전복戰服을 입었으며, 허리 위에 수놓은 광대廣帶를 매고 남색 전대戰帶를 늘어뜨렸다. 또한 손에는 등채를 들었다. 곤룡포와 마찬가지로 보補를 부착한 것이 일반 군복과 다른 점이었다.

5) 평상복

평상복平常服은 사대부의 것과 큰 차이가 없었다. 두식은 망건網巾에 관을 모방한 '상투관'을 쓰고, 저고리와 바지에 철릭과 답호答護 등을 착용하였으며 국말에 들어서는 주의周衣를 착용하였다. 이에 대한 자세한 설명은 이후 백관복과 편복을 다룰 때 하기로 한다.

2 왕세자복

왕세자복王世子服은 제복이라 할 수 있는 면복과, 조신과 마찬가지로 조복·공복·상복이 있었으며, 면복·조복에 대해 명의 청사관복이 이루어졌다. 고종이 황위에 오르면서 세자도 황태자에 책봉되었으므로, 관복 역시 명의 황태자복을 그대로 따르게 되었다.

1) 면복

면류관은 팔류면八旒冕이었고 곤복은 다음과 같다.

- 의: 제도는 구장복과 같은데, 다만 화·화충·종이 삼장문을 가지고 화 1개는 어깨에, 화 2개와 화충·종이 각 3개를 양 소매에 그렸다.
- 중단: 제도는 구장복과 같은데, 다만 깃에 불문 9개를 그렸다.

이 밖에 상·폐슬·패옥·대대·수·말·석·규는 구장복과 동제였다. 국말 고종이 황제위에 오르자 명 황태자의 곤복인 구장복으로 바뀌어 국왕의 구장복을 그대로 착용하였다.

2) 조복

성종 대 왕세자의 원유관은 7량을 정식으로 삼았으며, 영조 대에는 왕세자는 8량, 왕세손은 7량으로 하였다.[4] 국말 전傳 의왕 원유관그림 21[5]은 겉은 자색 라로, 안은 홍색 명주로 배접되어 있는 둥근 원통형으로 칠량관七梁冠이며, 5채의 구슬이 사이에 장식되어 있고 전후 중앙에 금장식이 부착되었으며 홍색 끈이 달려 있었다.[6] 이외에는 국왕의 강사포와 동제였다. 국말에 고종이 황제가 된 후에는 황태자가 국왕의 원유관9량과 강사포를 착용하게 되었다.

21
원유관
한국순교복자수녀회 소장

3) 공복

왕세자의 공복은 복두幞頭, 홍포紅袍, 서대犀帶, 상홀象笏, 흑화黑靴로 구성되었다. 이러한 공복제도는 조선시대 말까지 변함이 없었는데, 이는 조신의 1품 공복과도 같았다. 그러나 이 제도는 제대로 시행되지 않은 것으로 생각되며, 오히려 다음에 언급하고자 하는 상복의 익선관과 사조룡포가 이를 대신하였던 것으로 보인다.

공정책(복원품)
성신여자대학교박물관 소장

4) 상복

상복으로는 익선관과 사조원용보를 단 곤룡포를 착용하였다. 국말에는 익선관 대신에 위쪽이 둥글고 둘로 분리된 상부에 옆으로 비녀를 꽂아 움직이지 않게 만든 공정책空頂幘, 그림 22을 착용하였다.

5) 평상복

조선시대 국왕의 평상복이 사인복과 별로 다르지 않았듯이 왕세자복 역시 이 같은 범주를 벗어나지 않았다.

23
금관 조복
이하응 초상화
국립중앙박물관 소장

3 백관복

조선시대 백관복百官服으로 조복, 제복, 공복, 상복, 시복時服, 융복戎服, 군복軍服, 具軍服 등이 있었다.

1) 조복

조복그림 23은 경축일, 설날, 동지, 조칙을 반포할 때나 임금에게 글을 올릴 때 착용했던 것으로 양관그림 24과 복으로 구성되었다.

(1) 양관

양관梁冠, 제관은 관 상부 전면부터 정부頂部까지 나 있는 종선縱線을 양이라 한 데서 비롯된 이름이며, 그 수에 따라 품위의 상하를 구별하였다. 전체가 흑색이고 둘레의 당초문唐草文 부분과

관을 가로지르는 비녀 부분이 도금되어 있어 '금관조복'의 '금관'이라는 명칭이 나오게 되었다. 1품은 오량관, 2품은 사량관, 3품은 삼량관, 4·5·6품은 이량관, 7·8·9품은 일량관을 착용하였다.

(2) 복

면복의 구성과 기본 형태는 같으나 의, 상, 중단, 폐슬에 장문章文이 없다. 구성 명칭도 면복의 석은 혜鞋로, 규는 홀로 부른다.

표 4 **조선시대 백관 조복**

명칭	형태		비고
의	붉은색 초綃, 얇은 비단. 깃, 도련, 수구에 청색 테를 두름		각 품이 동일
상그림 25	붉은색 초. 전 3폭·후 4폭 청색 테		각 품이 동일
중단	흰색 초. 깃·도련·수구에 청색 테		각 품이 동일
폐슬	붉은색 초. 같은 색 테. 후에 폐슬은 생략되고 '눈물받이'라는 사각형의 붉은 천을 가슴에 붙이는 것으로 대체됨		각 품이 동일
대대	겉은 백, 안은 적색		각 품이 동일
혁대	서대그림 26	1품	품계에 따라 장식에 구별. 그런데 혁대에서만큼은 이등체강원칙을 벗어나 있었기 때문에 명사明使가 조선에 있는 동안은 문관 서대를 금하는 배려를 하게 됨
	무늬가 있는 금대	정2품	
	무늬가 없는 금대	종2품	
	무늬가 있는 은대	정3품	
	무늬가 없는 은대	종3~4품	
	흑각대黑角帶	5~9품	
패옥 그림 27	인공청옥	1~3품	-
	인공백옥	4~9품	
후수 그림 28	홍색 비단에 학무늬를 주 무늬로 수를 놓고, 위쪽에 환環을 달고 아래는 망으로 매듭을 짜서 장식		품계에 따라 색실의 수와 문양, 고리環의 재료가 다르다고 하나 명확하지 않음
말	백포		각 품이 동일
혜	흑피혜黑皮鞋, 국말에는 목화		각 품이 동일
홀	상홀	1~4품	-
	목홀	5~9품	

25   26

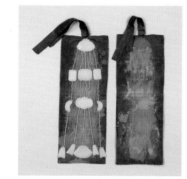

27   28

2) 제복

문무관의 제복祭服, 그림 29은 왕이 종묘사직에 제사를 지낼 때나 제관으로 참여할 때 착용하였다.

(1) 양관

관품 품계에 따른 양관제관, 그림 30의 양수 구별은 조복과 같았다. 다만 경건敬虔의 의미로 당초문의 앞면과 비녀 구멍의 둘레만 도금하고 나머지가 흑색이었다는 것이 다른 점이었다.

(2) 복

조복이 화려한 것이었다면 제복은 그보다 소박해야만 했다.

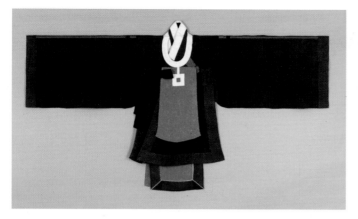

29

30

29
제복
국립민속박물관 소장

30
제관
국립민속박물관 소장

표 5 **조선시대 백관 제복**

명칭	형태	비고
의衣	청색의	조복의 적색의와 구별, 국말에는 흑단령으로 대체
의와 중단의 깃, 도련, 수구와 상裳의 둘레	흑색	조복의 청색과 구별
방심곡령	-	조복은 없음
대대, 혁대, 패옥, 수, 말, 홀	-	조복과 동일
혜	흑피혜	조복과 동일. 국말에는 조복이 목화였던 것에 비해 그대로 흑피혜를 착용

3) 공복

31
공복
〈왕세자 출궁도〉

신하가 임금에게 말씀을 올릴 때나 사은謝恩 또는 사퇴辭退하는 관계로 배알할 때 착용하였다. 공복公服을 구성하고 있었던 것은 복두僕頭에 포·대·홀·화였으며, 포의 색과 대의 장식과 홀의 재료로 품계를 구별하였다.

공복제도는 조선 후기에 그 제도 자체가 해이해져서 관모인 복두를 포함한 제도가 어느 때부터인가 자취를 감추었다는 것이 일반적인 견해이다. 그런데 1817년 3월에 거행된 문조세자의 입학례 행사와 관련된 〈왕세자 출궁도〉를 보면 박사博士[7]가 복두와 홍포, 야자대의 공복그림 31을 착용하고 있는 모습이 있어,

이 제도가 임진왜란 이후 완전히 회복되지는 못했지만 특별한 행사에서는 공복을 착용했다는 것을 알 수 있다.[8]

표 6 **조선시대 백관 공복**

명칭		형태		비고
복두		-		-
포	초·중기	홍포	1~3품	단령이며 소매가 넓고 길이가 뒤꿈치에 닿을 정도로 길었음
		청포	종3~6품	
		녹포	7~9품	
	후기	담홍포淡紅袍	3품 이상	
		홍포	당하 3품 이하	
	정조대	담홍포	3품 이상	
		청록포	당하 3품 이하	
	국말	흑단령		-
대		서대	1품	야자대 착용 예도 있음
		여지금대茹枝金帶	2품, 정3품	
		흑각대	종3~5품	
홀		-		조, 제복과 같음
화		흑피화, 뒤에 목화로 대신함		-

4) 상복·시복

조선 초기에 나타난 상복常服과 시복時服은 의례용 단령인 '시복'과 집무용 단령인 '상복'으로 구분되었다. 중종 대에는 의례용 단령인 흑단령을 '시복'으로, 집무용 단령인 홍단령을 '상복'으로 구분하여 사용하였다. 그런데 광해군 초1610 《오례의》 기록에 의하면 흑단령을 '상복'으로 규정하고, 홍단령을 '시복'으로 규정하였는데 이와 같은 규정이 조선 후기 내내 사용되었다.

단종 2년에 제정된 당상관[9]의 흉배제도는 모든 단령에 다는 것으로 출발하였으나 의례용 단령인 흑단령에만 사용하는 경향이 나타나기 시작하였다. 의례용 단령에는 네모난 흉배를 가슴과 등 2곳에 가식하였으며, 관품에 따라 문양을 구별하였다.[10]

(1) 사모

사모그림 32는 시대에 따라 여러 번 변화했는데, 중기의 것을 보면 모체가 대단히 높아지고 양각의 폭이 넓어지면서 평직이 되었다. 말기에는 모체가 다시 낮아지면서 양각의 폭이 여전히 넓었으나 길이가 짧아지고 앞으로 굽어 있게 되었다.

32
사모
국립민속박물관 소장

(2) 복·대·화

조선시대 상복·시복은 포와 흉배, 대, 화로 구성되었다표 7.

표 7 **조선시대 백관의 상복·시복 중 복, 대, 화**

명칭	시기	형태와 색	비고
포	초기	잡색 단령	집무용 단령
	세종 대	압두록鴨頭綠, 홍색, 초록색 단령	-
	성종 대	토홍색 단령	-
	중종 대	• 시복 흑단령 • 상복 홍단령	의례용 단령인 흑단령을 '시복'으로 집무용 단령인 홍단령을 '상복'으로 구분
	광해군 이후	• 시복 홍단령그림 33 • 상복 흑단령그림 34	흑단령은 '상복', 홍단령은 '시복'으로 명칭이 변경, 용도는 그대로 지속 • 시복 홍단령: 흉배 없이 평상시 집무복으로 착용 • 상복 흑단령: 흉배를 가식하여 의례적인 경우 착용
	국말	주의로 변경	-
흉배	단종 대	대군은 기린麒麟, 왕자군은 백택白澤, 문관 1품은 공작孔雀, 그림 35, 2품 운학雲鶴, 대사헌 해치獬豸, 그림 36, 당상 3품 백한白鷳, 황새, 무관 1·2품 호표虎豹, 당상 3품 웅비熊羆 등으로 문양을 구별함[10]
	연산군 대	돼지, 사슴, 거위, 기러기
	영조 대	문관 당상은 운학雲鶴, 당하는 백한
	고종 대	• 문관 당상관은 쌍학雙鶴, 그림 37, 당하관은 단학單鶴 • 무관 당상관은 쌍호雙虎, 그림 38, 당하관은 단호單虎 • 흥선대원군은 기린 흉배麒麟胸背, 그림 39를 구흉배龜胸背로 바꾸어 사용
대	-	조복의 대와 동일
화	-	징을 박은 화. 국말에 와서는 목화木靴로 대신함

33
시복 홍단령
채제공 초상화
수원화성박물관 소장

34
상복 흑단령
채제공 초상화
개인 소장

33

34

35
공작 흉배
인천광역시립박물관 소장

36
해치 흉배
서울역사박물관 소장

37
쌍학 흉배
숙명여자대학교박물관 소장

38
쌍호 흉배
국립민속박물관 소장

39
기린 흉배
국립중앙박물관 소장

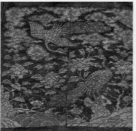

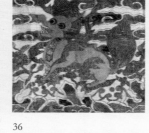

35

36

37

38

39

5) 융복

융복戎服, 그림 40은 문·무관 모두 몸을 민첩하게 움직여야 할 때 착용했던 복장으로 왕의 행차를 수행할 때, 외국에 사신으로 파견될 때, 국란을 당했을 때 착용하였다.

융복을 구성하는 것은 입笠, 철릭帖裏, 天翼, 목화木靴로 품계를 입과 철릭의 색으로 구별하였다. 이외에도 환도環刀, 동개筒箇, 등채藤策 등을 착용하였다.

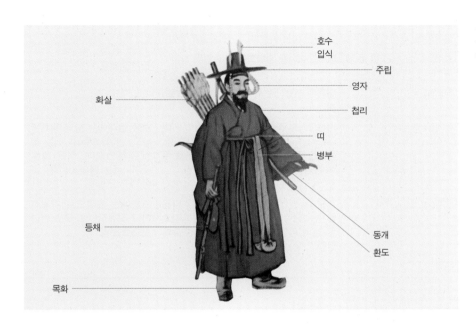

40
융복
《국학도감》 소재

(1) 입

조선시대 백관 융복 중 입에 관해 살펴보면 다음과 같다표 8.

표 8 **조선시대 백관 융복 중 입**

명칭		형태	비고
자립紫笠에 패영貝纓		-	당상관 착용
흑립黑笠에 정영晶纓		-	당하관 착용
입식笠飾	호수 입식 (그림 41)	입의 전후 좌우에 닮	보리이삭이나 호수虎鬚를 꽂기도 했으나 후에 주로 가는 대나무를 끈으로 묶은 것을 사용[11]
	옥로玉鷺, 옥해오라기장식	입의 정자에 닮	-

(2) 복

조선시대 백관 융복 중에서 복에 관해 살펴보면 다음과 같다표 9.

표 9 **조선시대 백관 융복 중 복**

명칭	형태	비고
철릭帖裏, 天翼	남색藍色	당상관 착용
	청현색靑玄色	당하관 착용
	홍색	왕의 교외 행차에 동반 시
광다회그림 42	실로 짠 넓은 띠를 띠고, 끈을 길게 늘임	-
병부兵符, 그림 43가 든 주머니[12]	병부주머니를 광다회에 걸고 길게 늘임	무관만 착용
환도環刀	어깨에 메듯이 왼쪽 등 뒤로부터 앞으로 참	-
동개筒箇, 그림 44	버선모양의 궁대弓袋, 활집와 대·소의 시복矢箙, 화살주머니을 연결한 것을 동개라고 함. 동개는 검은 가죽으로 만들고 그 위를 두석 장식과 입사入絲 장식[13]으로 꾸밈	보통 궁대에는 활과 등채를 넣고, 큰 화살주머니에는 화살을 넣었으며, 작은 화살 주머니에는 통아桶兒[14]를 넣음[15]
등채藤策, 그림 45[16]	색단色緞 끈이 달려 있는 채찍막대 양끝을 금속으로 싸고, 손잡이 부분을 헝겊으로 둘러 감았으며, 미대와 장식 수술이 달림[17]	처음에는 채찍으로 사용하다가 의례적인 도구로 변한 것으로 보임
목화	-	-

41
주립
국립민속박물관 소장

42
광다회
국립민속박물관 소장

43
병부
국립민속박물관 소장

41

42

43

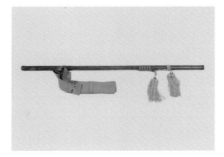

44
동개
국립민속박물관 소장

45
등채
전쟁기념관 소장

44

45

6) 군복

군복軍服, 具軍服은 '구군복'이라고도 불렀는데, 주로 갑주甲冑, 갑옷과 투구의 받침옷 또는 장수 등이 공복 밑에 착용하였던 것으로 보인다. 당시 군졸은 이를 항시 착용했으며 왕의 먼 거리 행차를 호위하는 모든 신하가 이것을 갖추어 입었다.

　군복의 구성그림 46은 전립戰笠, 협수狹袖, 동달이, 전복戰服 등으로 되어 있었고 이외에는 융복의 구성과 동일하였다. 전쟁 시에는 군복 위에 갑주를 착용하였다.

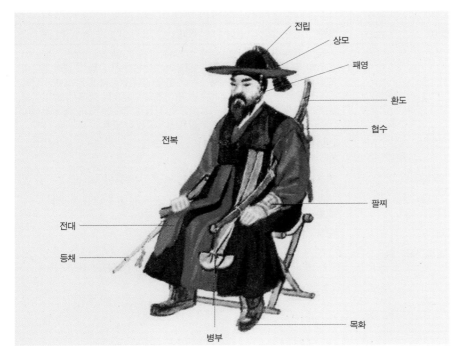

46
구군복
《국학도감》 소재

(1) 전립

조선시대 백관 군복 중 전립그림 47에 관해 살펴보면 다음과 같다.

표 10 **조선시대 백관 군복 중 전립**

명칭		형태	비고
전립	-	펠트직으로 만들어 전립氈笠이라고도 함. 낮은 계급 사람들이 착용한 간단하게 만든 것은 '벙거지'라고도 불림	겨울에는 방한용 이엄耳掩을 쓰고 그 위에 전립을 씀
	패영 貝纓	입에 다는 끈	무관은 턱 밑에 짧게 늘임
	상모 象毛	정자頂子에 달린 '술'과 같은 것으로 주로 붉은색을 사용함	-
	공작우 孔雀羽	공작의 꽁지깃과 남빛의 새털을 한데 묶어 펼쳐서 둥글넓적하게 만듦	공작깃을 앞으로 늘어뜨리거나 양편에 꽂아 사용함

(2) 복

조선시대 백관 군복 중 복에 관해 살펴보면 다음과 같다.

표 11 **조선시대 백관 군복 중 복**

명칭	형태	비고
협수	지금의 두루마기와 비슷하며 뒷길과 무 양옆이 트인 것과 그렇지 않은 것이 있음. 수구袖口에 팔찌를 매고 있었는데 이는 필요한 때만 착용함	소매부분이 길과 달라서 '동달이'라는 이름도 이에 연유한 것 같음.[18] 원래 동달이는 주홍색 길에 붉은색 좁은 소매가 달리는 것이었으나 풍속화 등에서 보이는 군복으로 사용된 협수는 길과 소매의 색이 같은 경우도 많이 있음
전복	소매가 없고 양옆과 뒤가 트인 세 자락의 옷	-
광대廣帶	전복에 매는 넓은 대	높은 계급의 사람들만 착용함
전대戰帶, 그림 48[19]	전복의 앞에서 매어 길게 늘어뜨렸으며, 병부를 차기도 함	계급이 낮은 군인은 전대만 착용함
화	목화	-
환도, 동개, 등채	-	-

(3) 갑주

갑주甲胄란 갑옷과 투구를 일컫는 말로, 조선시대에는 전투에 임하는 병사 중에서 많은 인원이 갑옷을 착용했던 것으로 보인다. 조선 후기 당시 중앙군의 대부분이 찰갑이나 목면갑을 착용했다는 사실과 보병갑주, 마병갑주 등의 기록이 있는 것으로 보아 군종별로 갑옷의 형태가 달랐다는 것을 알 수 있다.

조선 초기에는 고려시대의 두루마기형 철제 찰갑札甲이 큰 변화 없이 사용되었다. 이 두루마기형 갑옷은 전체가 1벌로 구성되어 있었고, 앞쪽은 열려 있어서 이를 가죽끈으로 묶었다. 두루마기형 갑옷은 궁시를 주 무기로 삼았던 조선의 군사에게 매우 적합한 형태의 갑옷이었다.

표 12 **조선시대 백관 군복 중 갑주**

명칭		형태	비고
갑옷	갑옷의 종류	두정갑頭釘甲, 피갑皮甲, 쇄자갑鎖子甲, 경번갑鏡幡甲, 지갑紙甲, 면갑綿甲, 두석린갑豆錫鱗甲	단緞과 철鐵, 두석豆錫, 무명, 전氈, 종이를 사용함
	두석린갑 그림 49	두석놋쇠의 미늘을 연결하여 만든 갑옷으로 합임식의 포형袍形이고 양옆의 배래기가 완전히 트였으며, 후면에는 허리 부분 이하가 트였는데, 트임 부분에는 모두 털을 둘렀다. 두석린은 소매의 상박 부분과 복부까지만 첨부하였고 나머지 부분에는 두정을 박았음[20]	
투구그림 50		머리가 들어가는 부분의 발鉢과 목과 등의 윗부분을 보호하는 목가리개錏, 발 위의 장식 부분인 정개부頂蓋部 등 세 부분으로 구성함	모양과 색깔에 따라서 지위와 계급이 결정됨

48
전대
해군사관학교 소장

49
갑옷
고려대학교박물관 소장

50
투구
고려대학교박물관 소장

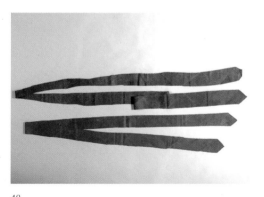

48

49

50

7) 이서복

이서吏胥는 관료계급과 평민계급 중간에 개재하여 집권기구의 말단을 담당했던 관리였다. 중앙관청 소속 하급 관리로는 녹사綠事와 서리書吏가 있었고, 지방관청에 딸린 관리로는 이吏와 호戶, 예禮, 병兵, 형刑, 공방工房, 아전衙前 등이 있었다. 이외에도 각 지방 군현 촌락에 설치된 기관에서 일하는 향리鄕吏가 있었다.

(1) 녹사 · 서리복

녹사복그림 51과 서리복그림 52은 당시 녹사綠事와 서리書吏가 입었던 복장을 일컫는다. 녹사는 의정부議政府, 육조六曹 등 중요 관아에만 있었다. 《경국대전》에는 녹사복이 유각평정건, 단령, 조아條兒로 이루어진다고 되었으며, 《속대전》에는 오사모烏紗帽에 홍단령을 입되 대소 조정의식에는 검푸른색을 입도록 하였다고 되어 있다. 이후 모든 관직자들이 홍색을 숭상하여 홍단령을 착용한 것으로 보인다.

서리는 각 사司에 모두 있었는데 무각평정건, 단령, 조아를 착용했다. 그중 특히 사헌부의 서리는 직책상 특별대우를 받은 것으로 보인다. 사헌부 서리는 제사 감독이나 조정에 나아가 왕에게 하례를 할 때 공복으로 복두, 포, 흑각대, 목홀, 흑피화를 착용하였다.

51
녹사복

52
서리복

51

52

3부 조선시대 복식

(2) 향리복

향리는 본래 지방 호족으로 조선시대에 들어서 이들 신분에 따른 복식의 제한이 철저하였다. 공복으로는 복두를 쓰고 녹포에 흑각대, 목홀, 흑피혜를 착용하였고, 상복으로는 흑죽방립을 쓰고 직령을 입고 허리에 조아를 매고 가죽신을 착용하였다.

8) 나장복·별감복

나장복과 별감복은 특수직인 나장羅將, 병조에 속한 하급 관리과 별감임금이나 세자가 행차할 때 호위하는 일을 함이 입었던 복식이다. 풍속화에 등장하는 나장복그림 53을 보면 조건에 철릭을 입고 그 위에 청반비의靑半臂衣를 착용하고 있다. 별감은 왕의 교외 가동 시 황초립黃草笠에 홍색 철릭그림 54을 착용하였다.

53
나장복
《혜원 전신첩》 소재
간송미술관 소장

54
별감복
《혜원 전신첩》 소재
간송미술관 소장

53

54

4 편복·서민복

1) 머리장식·관모

(1) 머리장식
조선시대 남자들의 머리를 장식하던 것으로는 관자와 풍잠이 달린 망건, 덮개인 탕건, 상투관 등이 있었다.

망건 망건그림 55은 상투를 틀 때 머리카락이 흘러내려오지 않도록 이마에 두르는 것으로 주로 말총으로 만들었다.

관자 관자그림 56는 당줄을 걸어 넘기는 역할을 하는 것으로 관품官品에 따라 재료나 새김장식을 다르게 하여 신분을 표시하기도 하였다. 1~3품 당상관은 금과 옥을 사용하였으며, 3품 이하 서민에 이르기까지는 뼈, 뿔, 대모玳瑁, 호박琥珀, 마노瑪瑙 등을 사용하였다. 새김장식에 사용한 무늬는 주로 매화, 대나무, 연꽃 등이었다.

풍잠 풍잠그림 57은 망건 앞에 다는 장식품으로 갓을 고정하는 역할을 하였다. 귀천을 가려서 상류층에서는 대모, 호박, 마노 등을 사용하였고 일반에서는 뼈나 뿔 등을 사용하였는데 관자와 같이 이것으로 관품을 표시했던 것은 아니었다.

동곳 동곳은 상투를 고정시키는 역할을 하는 것으로 기혼 남자의 수식물 중 하나였으며, 풍잠과 마찬가지로 품계를 가르는 역할은 하지 않았다. 상류계급에서는 이를 금, 은, 밀화, 호박, 마노, 비취, 산호, 옥 등으로 만들어 꽂아서 상투를 장식하였다.

탕건 탕건宕巾, 그림 58은 망건의 덮개이자 입모의 받침으로 착용했지만, 본래 독립된 하나의 관모였을 것으로 추측된다. 건 또는 두건이라는 형식이 점차 복두나 사모 등의 영향을 받아 앞쪽이 낮고 뒤쪽은 높아져 턱이 졌을 것이다.

55

56

57

58

59

상투관 상투관그림 59은 주로 상류층에서 사용한 것으로 양관이나 원유관을 축소시킨 모양이었다. 뿔, 나무, 종이, 가죽에 흑칠을 하여 만들며 머리를 정돈하거나 머리장식으로 사용하였다. 먼저 망건을 쓴 다음 상투관을 쓰며 비녀를 꽂아 상투를 고정시켰다.

(2) 패랭이

패랭이그림 60는 평량자平凉子라고도 불렀다. 가늘게 쪼갠 댓개비로 만든 것으로, 민듯한 방립의 허리를 잘룩하게 꺾어 '대우'라는 머리가 들어가는 윗부분과 챙의 구별이 생긴 것으로 흑립갓으로 이행하는 중간기에 속한다. 본래 방립과 마찬가지로 일반에서 통용되던 것이었으나, 다른 고급 관모의 출현과 함께 점차 용도가 국한되었다.

패랭이는 그 편리함 때문에 상인喪人이 먼 거리를 여행할 때 방립 대용으로 착용

55
망건
제주시 소장

56
관자
국립민속박물관 소장

57
풍잠
경기도박물관 소장

58
탕건
국립민속박물관 소장

59
상투관
성신여자대학교 소장

60

61

하기도 하였다. 또한 흑칠을 하여 역졸驛卒의 제모制帽로도 사용하였다. 보부상은 끈을 꿰어 단 꼭대기에 주먹 만한 면화송이를 달아 위급할 때 지혈제로 사용하였다. 천업인은 패랭이를 쓰기는 하였지만 노상에서 양반을 만났을 때는 이것을 벗고 노좌에 엎드리는 것이 습속이었다.

(3) 초립

초립草笠, 그림 61은 그 형태와 재료가 패랭이와 비슷하지만 대우와 챙이 더욱 분명해진 것으로, 패랭이의 챙이 아래로 약간 우긋한 것에 반해 초립은 도리어 위로 뻐드러져 올라가 있다. 양반은 고운 것, 상인은 굵은 것을 써서 신분을 구별하였다. 초립은 흑립이 나타나면서 패랭이와 함께 상민의 쓰개로 사용되었다. 옛말에 초립동草笠童이란 단어가 있는데, 이것은 반인계급에서 새로 관례冠禮한 소년이 흑립을 쓸 때까지 이 초립을 쓴다는 데서 나온 말이다.

(4) 흑립

흑립黑笠, 그림 62은 패랭이와 초립 등의 단계를 거쳐 마지막에 정립된 조선시대 입제의 정제이다. 따라서 '갓'이라고 하면 바로 이 흑립을 지칭한다. 흑립은 귀천이나 상하에 따라 재료의 차별을 두어 입의 등급을 표시하였다.

흑립의 종류 흑립을 재료와 색에 따라 구분하면 마미립, 죽사립, 포립, 저모립, 백립

62

63

으로 나눌 수 있다.

62
흑립, 입영
경기도박물관 소장

63
백립
국립민속박물관 소장

- 마미립: 마미립馬尾笠은 말총으로 만들었으며, 원래 당상관 이상이 착용하였
  으나 후에 구분이 없어졌다.
- 죽사립: 죽사립竹絲笠은 대竹를 머리카락보다 가늘게 쪼개서 만들었으며, 왕과
  고관급이 착용하였다.
- 포립: 포립布笠은 죽사립 위에 라羅, 주紬를 입힌 것이다.
- 저모립: 저모립猪毛笠은 돈모豚毛로 만들었다.
- 백립: 백립白笠, 그림 63은 죽사竹絲로 만들었는데 위에 베를 입힌 백립은 국상
  중國喪中의 제모制帽로 착용하였다.

흑립의 변천 흑립은 조선시대 중엽에 가서야 대체적인 양식이 갖추어졌는데 시대의
변천에 따라 대우의 높고 낮음, 챙의 넓고 좁음에 변화가 있었다. 처음에는 대우가
둥근 형태였으나 점차 원통형에 가까워졌고 높이가 높고 낮음을 반복하였다. 챙은
넓었다가 좁았다가 하였으나 후기에 들어서는 지름이 70~80cm 정도로 넓어지기
도 하였다. 원래 반인班人계급만 쓸 수 있었으나 후에 챙 넓이를 제한함으로써 중인
계급까지 착용하였던 것으로 보인다.

고종조에는 챙이 좁은 소립小笠으로 개량하였으며, 1896년 단발령과 함께 망건의
사용을 폐지할 때 백정까지 쓰는 것을 허용함으로써, 상하·귀천 상관없이 모두가

64   65

착용하게 되었다. 그러나 갑신정변 이후 현대식 중절모자가 등장하면서 외세에 밀려 점차 자취를 감추게 되었다.[21]

- 입식·입영: 입식笠飾과 입영笠纓은 비교적 단조로운 입자를 수식하기 위한 것으로, 소요된 재료로 귀천과 상하를 가르기도 했다. 입식그림 64은 입 정상의 수식으로 계급에 따라 금, 은, 옥 등을 사용하였다.

  입영그림 62은 갓끈으로서 착용 시 필요한 것이기도 하지만 사치의 수단이기도 했다. 1~3품까지는 금옥을 사용하게 되어 있었고 이외에도 대모영玳瑁纓, 산호영珊瑚纓, 죽영竹纓 등 여러 가지가 있었다.

- 갈모: 갈모그림 65는 원래 갓모笠帽, 우모雨帽 등으로 불리었는데, 비가 올 때 갓 위에 덮어 쓰던 우비雨備의 하나로 펼치면 위가 뾰족하여 고깔모양이 되고 접으면 쥘부채모양이 된다. 대오리로 만든 살 위에 기름을 먹인 갈모지를 붙여 만든다.

(5) 삿갓·방립

삿갓과 방립方笠, 그림 66은 모帽와 챙의 구별이 없이 만들어진 것이다. 삿갓은 햇볕을

가리기 위한 것과 우천 시 쓰는 것이 있었다. 원래 삿
갓은 갈대를 쪼개서 말린 '삿'을 원료로 하여 일정한
넓이로 다듬어 꼭지부터 뾰족하게 엮기 시작해서 끝
으로 갈수록 점점 넓게 원추형圓錐形으로 벌어지게 엮
어, 얼굴을 가릴 만한 정도에 이르러 마지막 가장자리
를 육각으로 도련하고, 안에 미사리머리 넣는 골를 넣어
머리에 고정시키도록 한 것이다.

　　방립은 대를 가늘게 쪼갠 댓개비를 거죽으로 하고
왕골속을 안에 받쳐 대개 삿갓같이 만들고, 챙의 가장자리를 사화판형四花瓣形으로
하여 삿갓보다 얌전하게 제작한 것이다. 방립의 착용 범위는 시대에 따라 다른데 원
래는 일반인의 쓰개로 쓰였다가 훗날 상인喪人의 쓰개가 되었다.

(6) 이엄

이엄耳掩은 방한용 모자로 문무 관복에 10월 초부터 정월 말일까지 사모紗帽에 이엄
을 쓰곤 하였다. 당상관은 초貂, 담비털, 당하관은 서鼠, 쥐털를 사용하였다.

휘항　휘항揮項, 그림 67은 목덜미까지 덮어 보호하는 방한모이다. 겉은 검은 공단으로
하고 서피鼠皮나 초피貂皮로 안을 넣었다. 정수리 부분은 뚫려 있고, 어깨까지 덮을
수 있는 크기로 얼굴만 내놓게 되어 있었으며, 앞쪽에 끈을 달아 앞가
슴에서 여미게 되어 있다. 주로 상류층 노인이 애용하였다.

만선두리　만선두리滿縇頭里는 무신의 공복에 착용하였는데, 모휘항毛
揮項의 둘레를 담비털로 둘러 선縇, 緣을 하였기 때문에 그러한 명칭
이 붙었다.

남바위　남바위는 귀와 머리 부분은 가리되 위쪽이 트여 있었다. 겉감
은 비단으로 남자는 주로 검은색을 사용하였고, 안은 비단이나 목면
을 사용하였다. 가장자리에는 털로 선을 대고 뒤로 완전히 넘어가게

68
풍차
강원대학교 소장

길게 만들어서 뒷덜미를 덮게 하였다.

풍차 풍차風遮, 그림 68는 남바위와 형태가 거의 같았으나 귀를 덮는 볼끼가 따로 붙어 있었다.

(7) 관제

조선시대에는 관이나 유건, 복건을 착용하였다.

관 사대부들은 평상시 방관方冠, 정자관程子冠, 동파관東坡冠 등을 착용하였는데 주로 말총으로 만들었으며, 모두 위가 터지게 되어 있었다.

69
방관
이상수 초상화

70
정자관
황현 초상화
개인 소장

71
동파관
서직수 초상화
국립중앙박물관 소장

- 방관: 방관그림 69은 사각이 진 관으로 사방이 편평하였다.
- 정자관: 정자관그림 70은 중국의 정자에서 비롯되었다고 하며 산자형山字形을 2단 또는 3단으로 만들어 착용하였다.
- 동파관: 동파관그림 71은 송의 문인 소식蘇軾이 만들어 썼다 하여 그의 아호인 동파東坡를 쫓아 불린 것이다. 모서리를 앞 중심에 두고 사각이 진 관의 좌우에 위로 약간 펴져 나간 관식을 붙인 이중관二重冠이었다.

69

70

71

72   73

유건·복건 유건儒巾, 그림 72과 복건福巾, 그림 73은 유생儒生인 생원生員과 학생學生, 사인士人이 착용하였다. 유건은 흑색의 베·모시·무명 등으로 만들었는데 두건의 형태와 비슷하였으며, 양측으로 귀가 나 있고 끈을 달아 갓끈처럼 매기도 하였다. 유생은 유건을 관중館中에서 썼으며, 거리에서는 착립을 했던 것으로 추측된다.

복건은 검은 헝겊으로 위는 둥글고 뾰족하게 하고 뒤에는 넓고 긴 자락을 늘어지게 대었으며 양옆에 끈이 있어 뒤로 잡아매게 한 것으로, 그 모습이 괴상하여 극소수의 유학자 외에는 착용하는 이가 없었는데, 미혼 남자들은 이를 통상예복通常禮服에 착용하였다. 오늘날 어린이가 입는 복건이 바로 이것이다.

2) 의복

조선시대를 전기와 후기로 나눈다고 할 때 전기에 해당되는 16세기까지의 남자용 겉옷으로는 단령과 직령, 답호, 철릭, 액주름포 등이 대표적이다. 이외에도 심의深衣, 도포道袍 등이 있었다. 임진왜란 후 확인되는 복식의 명칭은 단령을 비롯한 직령, 철릭, 창의, 도포, 중치막, 소창의, 전복답호, 그리고 저고리와 바지 등이다.

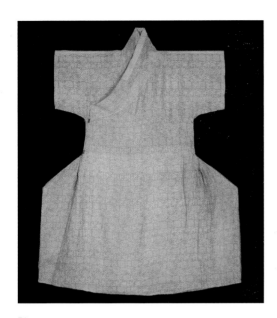

74
답호
국립민속박물관 소장

조선시대 전기에도 존재하였던 단령이나 직령, 도포, 중치막 등 복식류는 17세기 들어서 형태에 세부적인 변화가 생겼다. 임진왜란 후 점차 사라졌던 복식류는 직령포형의 답호와 액주름포 같은 옷이었다. 그러나 창의나 소창의처럼 새로이 확인되는 복식류도 있었다.

(1) 포의류

조선시대 남자 편복포로 착용된 포의류에는 답호, 액주름포腋注音袍, 철릭, 직령, 도포, 창의, 심의 등이 있었다.

답호　답호그림 74는 소매가 짧거나 없는 남자 의복으로, 조선 초기부터 반비半臂, 전복戰服과 혼용되어 사용되기도 하였다. 조선시대에 왕과 귀족계층에서 즐겨 사용하였으나 중기 이후 일반 선비들에게까지 사용이 확대되었고, 국말에는 관료들이 주의 위에 답호를 입어 통상예복으로 삼기도 했다.

답호는 조선시대 포 중에서 가장 많은 변화를 거친 의복 중 하나이다. 전기에는 반소매에 양옆의 무가 넓고 트였으며 직령이었으나 중·후기를 거치면서 소매가 없어지다가, 후기에는 깃과 소매가 없어져서 모양이 변하여 '전복'이라고 하였다. 색은 아청 초록, 다갈 등이 나타났으나 초록색이 주를 이루었다.[22]

액주름포　액주름포그림 75는 양쪽 겨드랑이 밑에 주름이 잡혀 있는 곧은 깃의 직령교임식 포이다. 액腋, 겨드랑이과 주름注音을 합하여 겨드랑이 주름이 되는 것으로 양 겨드랑이 밑에 주름이 잡혀 있는 옷이라는 의미이다. 길과 섶이 의와 상으로 분리되지 않고 옆에 달린 무만 따로 주름잡아 겨드랑이 밑에서 연결하였다. 소매 형태나 트임 유무와 길이, 고름의 색상과 크기도 다채롭다.

솜을 두거나 누비로 구성한 사례가 많으나 계절에 따라 홑, 겹, 솜, 누비의 구성방법을 달리하여 착용했던 평상복임을 알 수 있으며 소매 길이와 총 길이가 다른 포들에 비해 짧고, 형태와 구성이 일정하지 않으며 다양한 양식이 나타나는 점 등으

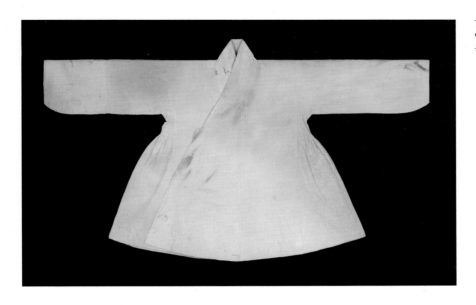

로 보아 방한 등 실용적인 목적으로 속에 입었을 것으로 추측된다.

철릭　철릭그림 76, 77은 허리에 주름을 잡아 상의하상식으로 연결한 직령교임식이 포이다그림 77, 78. 색에 규제가 있었다고 하나 조선 후기에는 잡색이 나타나며 일정하지 않았다. 기본형에는 변함이 없으나 시대에 따라 상·하의 길이나 깃, 소매, 옷고름, 주름 등이 변하였다.

　소매는 통으로 된 것과 한쪽 또는 양쪽 소매에 단추로 떼었다 붙였다 할 수 있게 한 것이 있다. 의衣와 상裳의 비율은 조선 전기에는 1 : 1이었고 후기에는 1 : 3으로 의가 짧아지고 상이 길어졌다. 깃은 이중깃에서 일반 둥근깃으로 변하였다. 소매는

76

77

78   79

착수에서 광수로 변하였고, 고름은 2개의 짧고 좁은 것에서 1개의 길고 넓은 고름으로 변하였다. 주름나비는 잔주름에서 넓게 변하였다.[23]

광다회廣多繪는 품위品位에 따라 색을 달리하여 신분이나 품계를 구별하는 역할을 하기도 하였다. 품위가 높을수록 홍색紅色을 사용하고 낮은 직급에서는 청색靑色을 사용하였다고 하지만 정확한 구분이 있었던 것은 아니다.

직령 직령直領, 그림 78은 깃이 곧은 옷으로 곧은 깃이 달린 포류를 지칭한다. '직령포', '직령의'라고도 불리며, 단령의 받침옷을 겸하기도 한다. 많은 계층에서 착용하였으나 후에는 하급관리의 제복으로 악공이나 차비인差備人, 특별한 사무를 맡기기 위하여 임시로 임명하는 사람들의 상복으로 이용되었다. 형태는 깃을 제외하고는 단령과 같았다.

조선시대 초기에는 좁은 소매에 옷깃은 목판깃이었고 좁은 사각형의 무가 달려 있었다. 중기에는 소매가 넓고 옷깃은 칼깃이며 무가 넓고 무의 위쪽을 뾰족하게 접어서 뒤로 젖혀 입었다. 후기에 들어서 소매는 두리소매가 되었으며 깃 궁둥이가 완만해졌고 무를 완전히 뒤로 젖혀서 길에 무의 위쪽을 실로 동여매어 고정시켰다.[24]

도포 도포道袍, 그림 79, 80는 조선시대 전기인 명종 22년1564에 이미 착용되었다. 17세기에는 도포의 착용이 전 시대보다 더 보편화되었을 것이다. 조선시대 후기에는 천민은 입지 못하였고 왕과 사대부의 편복이 되었다. 고종의 갑신의제 개혁1884 때 소매가 넓은 다른 옷과 함께 폐지되었지만, 오늘날 제사를 지낼 때 제복으로 입기도 한다.

도포는 곧은 깃에 무를 달았으나, 소매가 넓고, 뒷길은 허리부터 아래까지 뒷중심을 트고, 그 위에 뒷자락[25]을 1겹 더 달아 말을 탈 때나 앉을 때 품위를 유지할 수 있게 하였다. 홑도포가 일반적이었지만 겹도포도 흔하게 사용되었으며 색상도 다양하였다.

80
도포 뒷면
경기도박물관 소장

세조대細條帶, 그림 81는 술이 달린 실띠, 즉 도포에 매는 띠로서 당상관은 붉은색 또는 자색, 당하관은 청색 또는 녹색, 서민은 흑색, 상제喪制는 백색 세조대를 띠었다.

81
세조대
국립민속박물관 소장

영조1694~1776가 입던 도포그림 79[26]는 넓은 두리 소매에 네모나게 각이 진 당코깃이다. 일반인의 도포가 곧은깃직령깃인 데 반하여 반목판깃이면서 당코깃의 형태를 띠어 광해군의 직령에 있는 당코깃과 함께 당시 남자복에 사용되지 않았던 깃을 사용했다는 점에서 독특한 궁중양식의 하나가 아닐까 한다.[27]

창의 창의氅衣는 직령의 깃에 옆선이나 뒷중심에 트임이 있는 포류를 말하며 종류에는 소창의, 중치막, 대창의, 학창의가 있었다.

● **소창의:** 소창의그림 82는 깃은 직령이며 무가 없이 옆이 트여 있어 3폭으로 갈라져 있고 소매통이 좁다. 신분이 낮은 계층이 입었으며 사대부들은 다른 포를 입을 때 받침옷으로 착용한다. 삼국시대 이래 우리나라에서 계속 국속

82
소창의
경기도박물관 소장

83   84   85

83
중치막
고려대학교 소장

84
대창의
국립민속박물관 소장

85
학창의
국립민속박물관 소장

의 편복포의 표의로 착용되어지던 '유'에서 길이가 길어진 '장유'가 '소창의'의 형태로 남아 있는 것으로 보인다.

- 중치막: 중치막_{그림 83}[28]은 깃은 직령이고, 무가 없고 양 겨드랑이 밑으로 트여 있으며, 세 자락으로 되어 있는 옷으로 소매통이 넓고 세조대를 매었다. 사대부가에서는 관복을 입을 때 안에 받쳐 입었고, 일반인들은 외출복으로 사용하였다.

- 대창의: 대창의_{그림 84}는 깃은 직령이고 옆에 무가 있으며 뒤가 트인 포이다. 4자락으로 되어 있으며 넓은 소매에 세조대를 맨다. 앞에서 보면 도포와 같아 도포 대용으로 착용하기도 하였다.

- 학창의: 학창의_{그림 85}는 대창의에 검은 천으로 가장자리를 돌아가며 선을 두른 것으로 마치 심의와 같으나 그 제도에 차이가 있었다. 세조대나 광대廣帶로 묶어서 여몄으며, 흔히 복건을 쓰기도 하였고 정자관, 동파관 등도 착용하였다. 주로 덕망이 높은 도사나 학자가 입었다.

심의·난삼 심의深衣, 그림 73, 86는 사대부의 연거복으로 유학자들의 숭상이 대단하였다. 이것은 의衣와 상裳이 연결되어 있는 상하연속의上下連續衣이다. 유교사회였던 조선시대에는 심의에 대한 숭상이 대단하여 이것이 유학에서 큰 문제가 되기도 했다. 심의는 백색의 홑겹 포袍로 흰색이며 깃 모양은 네모난 것, 둥근 것, 맞 여민 것 등이 있다. 소매는 둥글고 깃, 소맷부리, 옷단 가장자리에 검은 선이 둘러져 있다. 각 부분에는 철학적 의미가 내포되어 있었는데 의와 상을 따로 마름질하는 것은 각각 하늘乾, 건과 땅坤, 곤을 상징하였다. 또한 상을 12폭으로 마름질한 것은 1년 사계절

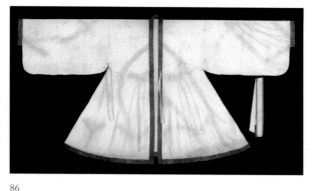

86   87

열두 달을 상징한 것이며, 선을 두른 것은 부모에 대한 효도와 공경을 뜻하였다.[29]

난삼襴衫, 그림 87은 《삼재도회》 도설에 등장하는데 이것은 심의제도에서 나왔으며 앵삼과 사규삼이 있었다. 앵삼鶯衫, 그림 88은 과거에 급제하면 진사가 입었던 것으로 옥색 앵삼도 난삼의 일종이었다. 어린이들이 상복常服으로 착용하는 사규삼四揆衫, 그림 89도 난삼의 일종이라고 볼 수 있다. 사규삼이라는 명칭은 옷자락이 4폭으로 갈라져 있다는 데서 나왔다. 《사례편람四禮便覽》〈관례조冠禮條〉를 보면 "남색의 견絹 또는 주紬로 만든다. 옷깃은 여미게 되어 있고 소매는 둥글며 갓을 트고 뒤를 쪼개었다. 금錦으로써 깃 및 소매끝과, 옷자락 양 갓과 밑에 연緣을 둘렀다."라는 내용이 나온다. 연에는 주로 길상어문과 편복문蝙蝠文을 금박하였다.

90

91

주의 주의周衣, 그림 90는 두루마기의 한자어로 소매가 좁고 옆에 트임이 없이 두루 막힌 옷이다. 두루마기란 명칭은 골고루 터진 곳 없이 막혔다는 뜻에서 나온 것으로 추측된다. 국말 의복 간소화에 따라 도포, 직령, 창의 등 소매가 넓은 것을 없애고 소창의에 무를 달고 양쪽 겨드랑이 밑 터진 곳을 막으면 주의가 된다. 문무백관은 이것을 통상예복으로, 선비나 사인士人들은 사복私服으로 착용하면서 일반인들도 널리 입게 되었다.

어린이들의 오방장五方將 두루마기그림 91에는 연두색 길, 색동 소매, 자주색 무, 황색 섶, 남색 깃과 고름을 달았는데 5가지 색을 모아 만들었다고 해서 오방장이라고 하였다. 여아女兒는 겉섶의 색을 분홍색, 깃과 고름을 자주색이나 홍색으로 하였다.

(2) 상의류
조선시대 남자 상의류는 저고리, 배자 등을 들 수 있다.

남자 저고리 조선시대 전기의 남자 저고리는 목판깃이나 칼깃 형태를 유지하였으며 홑겹인 적삼과 주로 비단으로 만드는 겹저고리나 솜저고리류 등이 있었다. 형태로는 겨드랑이 부분에 당이나 무를 대는 경우와 옆트임이 있는 경우도 있었다.

장기정씨1565~1614 묘에서 출토된 남자 저고리그림 92 2점은 모두 칼깃이며 옆트임이 있고 깃과 끝동은 이색천으로 만들어졌다. 출토된 여자 저고리는 모두 목판깃이며

같은 17세기까지 여자 저고리깃이 목판깃이나 목판당코깃이었던 점에 미루어볼 때 남자 저고리에서 먼저 칼깃의 형태가 발생한 것으로 추측된다.[30]

조선시대 후기에 들어서는 목판당코깃 형태도 나타나며 점차 현재와 같은 동그래깃으로 바뀌었으나 다른 구조는 거의 변화 없이 유사한 형태를 보인다.

배자 배자그림 93는 소매가 없는 상의上衣 즉, 소매와 섶, 고름이 없고 깃은 좌우 모양이 같으며 겹쳐져 여미는 것이 아니라 마주 닿게 입는 옷이었다. 보통 겨드랑이 아래에서 긴 끈을 달아 여미거나 매듭단추 등으로 여밈을 하였다. 대부분 어깨가 연결되어 있으나 겨드랑이 아래는 트인 것이 많은데 겨드랑이 아래를 옷고름을 낄 수 있는 고리로 연결하거나, 겨드랑이에는 연결이 되어 있지만 그 아래가 트인 것이 많았다.

동래정씨 일가1574~1669 유물에 나타난 깃은 방형에 이중깃이며 옷감과 다른 색으로 하였다. 소매가 없고 옆은 완전히 트였다. 같은 분묘에서 출토된 또 다른 유물은 앞판은 따로 없고 뒷판에서 앞으로 끈으로 연결되어 어깨에서 내려온 끈을 겨드랑이 아래의 짧고 좁게 달린 고리에 꿰게 되어 있었다. 이것은 저고리 위에 간단하게 걸쳐 입었던 등거리이다.[31]

(3) 하의류

조선시대 남자 하의류로는 다양한 바지와 버선이 있었다.

바지 바지그림 94는 《세조실록》 15년1459에 파치把赤[32]라 기록된 것이 최초로 계절에 따라 홑바지, 겹바지, 솜바지, 누비바지를 입었다. 구성방법에 따라 분류하면 개당고開襠袴형과 합당고合襠袴형, 사폭형 바지, 세가닥 바지로 나눌 수 있다. 개당고형은 바지 밑부분이 터진 것이고, 합당고형은 밑이 막혀 있고 허리 옆을 약간 터서 입는 것으로 조선시대 초에는 남녀가 공통으로 착용하였다가, 임진왜란 이후에는 여자용 바지가 되었다.

임란왜란 후 남자는 중앙에 사폭, 옆에 마루폭을 댄 사폭형 바지를 착용하였다. 세가닥 바지는 바짓가랑이 한쪽이 이중으로 된 구조의 보온성이 좋고 용변을 보기에 효과적인 구조였다. 행전行纏은 바짓가랑이를 좁혀 보행과 행동을 간편하게 하기 위해 옷감을 마치 소매통처럼 만들고 끈 2개를 달아 정강이에 끼고 위쪽에 있는 끈으로 무릎 아래를 둘러매게 치는 것이 보통이었다. 이것은 양반층에서는 예복을 갖출 때나 외출할 때 착용하였고, 서민층에서도 활동복으로 착용하였다. 겨울에는 흰 무명, 여름에는 모시, 상제는 베, 승려는 먹물을 들인 행전을 찼다. 천인들은 행전을 치지 못하고 대신 끈으로 바지 중간을 동여매었다.

94
바지
개인 소장

버선 버선은 발을 보호하고 모양을 맵시 있게 하기 위해 옥양목, 무명 등으로 만들어 발에 꿰어 신는 것이다. 《훈몽자회》에 '보선말'이라는 명칭이 등장하는 것으로 보아 그 이전부터 이것을 '보선'이라 불렀음을 짐작할 수 있다. 버선은 형태에 따라 곧은 버선과 누인 버선으로 나누어졌으며, 그 밖에도 어린이용의 타래버선, 꽃버선 등이 있었다. 또한 만드는 방법에 따라 홑버선, 겹버선, 솜버선, 누비버선 등으로 구분할 수 있다.

3) 화·혜·이

조선시대 신은 신목이 있는 화靴와 가죽제로 된 단화인 혜鞋, 그 외 이履로 나눌 수 있다. 여러 종류의 신 중에서 특히 가죽제로 된 화와 혜가 선호됨에 따라 일반에서 가죽제를 신는 것을 금하는 금령을 내리기도 하였으나, 일반의 가죽신 착용은 여전하였다. 신은 무엇으로 만드느냐에 따라 귀천의 구별을 하여 신분이 높으면 사슴가죽, 신분이 낮으면 소가죽을 사용하였다.

(1) 목화·수화자

목화木靴, 그림 95는 왕 이하 문무 관리들이 관복에 신던 것으로 신목이 길고 반장화같이 생겼다. 겉은 주로 녹피鹿皮나 검은색 공단, 융 등으로 만들었고 안감은 융, 베와 같은 직물을 많이 사용하였으며 바닥은 나무나 가죽으로 만들었다. 겉에 붉은색이나 청색으로 장식선을 대기도 하였다. 목화는 형태나 장식에 일정한 규정이 없어 시대에 따라 약간씩 변화하였다. 조선 초·중기에는 신목이 무릎 밑까지 길고 바닥이 신코 쪽으로 둥글게 말려 올라갔으나 말기로 가면서 신목이 낮아지고 바닥이 평평하게 변하였다.

95
목화

수화자水靴子는 무관이 신었던 목이 긴 신발로 물이 스며들지 않도록 바닥에 기름을 먹인 면이나 가죽 또는 종이를 깔아 만든 것으로 형태가 목화와 비슷하였다. 비가 올 때나 전쟁터, 진영陣營에 나갈 때 융복이나 갑옷과 함께 신었다.

96

97

(2) 태사혜

태사혜太史鞋, 그림 96는 남자용 마른신의 일종으로 사대부나 양반계급의 나이 든 사람이 평상복을 입을 때 신었다. 국말에는 왕도 평상복에 착용하였는데 신울은 헝겊이나 가죽으로 하고 코와 뒤축에 흰 선문線紋을 새겨넣었다.

(3) 발막신

발막신그림 97은 마른신의 하나로 주로 상류계급의 노인들이 신어서 '발막'이라고도 하였다. 재료로는 사슴가죽, 양가죽 등이 많이 쓰였다. 뒤축과 코에 꿰맨 솔기가 없고 코끝이 뾰족하지 않고 넙적하며 표면에는 경분輕粉[33]을 칠하였다.

(4) 진신

진신징신, 油鞋, 그림 98은 들기름에 절여 만든 것으로 진땅에 신었다. 신창에 징을 총총히 박아서 '징신'이라고도 하였다.

(5) 초리

초리草履는 짚 또는 삼으로 삼은 신으로 짚신과 미투리가 있었다. 짚신그림 99에는 짚을 엮어 만든 짚신, 왕골 또는 부들을 가늘게 꼬아 촘촘히 삼은 왕골짚신, 부들짚신이 있다.

98

99

미투리는 삼麻으로 삼은 신으로, 짚신에 비하여 고급품이며 신바
닥이나 총이 조밀하고 결이 매우 고왔다. 미투리의 종류에는 삼신,
절치, 탑골치, 무리바닥, 지총미투리그림 100 등이 있다.

100

표 13 **미투리의 종류**

구분	내용
삼신	생삼으로 거칠게 삼은 것이다.
탑골치	동대문 밖 탑골에서 삼은 데서 나온 이름으로 매우 튼튼하게 잘 삼은 것이다.
무리바닥	쌀무리를 바닥에 먹인 것이다.
지총미투리 그림 100	지제紙製의 하나로 종이를 고아서 총을 만든 것으로, 금제禁制가 나올 정도로 많이 사용되었다. 아랫사람들의 신이어서 점잖은 층에서는 신지 않았다.

98
진신
국립민속박물관 소장

99
짚신
국립춘천박물관 소장

100
지총미투리
국립민속박물관 소장

(6) 평극·나막신

나무로 만들었던 신은 평극平屐과 오늘날에도 볼 수 있는 운두가 있는 나막신나무신
의 와언, 訛言이 있었다. 평극은 일본의 게다와 같은 모양으로 도마와 같고, 앞 발가락
이 닿는 곳에 끈으로 갈고리를 만들었다. 평극에 신는 버선도 일본의 '다비'와 비
슷한 것으로 엄지발가락을 따로 만들었다. 평극은 언제부터인가 자취를 감추었고
근래 흔히 볼 수 있는 나막신으로 변하였다.[34]

나막신그림 101은 평극과 달리 운두가 있게 나무를 파서 만들었으며 밑에 앞뒤로
높은 굽을 달아 남녀 구별 없이 착용하였다. 나무가 말라 터지지 않도록 밀蠟을 녹

여 겉에 칠하여 사용하였다. 조선 시대 후기에 등장한 나막신은 우리나라에 표류했던 하멜 일행이 전라도지방에서 생계를 위해 생산·판매한 네덜란드식 나막신이 그 원류이다.

101

4) 서민복·승복

(1) 일반 서민복

일반 서민복그림 102으로는 관모와 의복이 있었다. 서민들은 머리에 탕건과 비슷하지만 턱이 없이 민듯하게 만든 감투坎頭를 썼는데, 원래는 죽竹감투였다고 생각되나 나중에는 말총이나 가죽, 헝겊 등으로 만들어 쓰기도 하였다. 또한 전술한 패랭이나 초립 등을 쓰기도 하였다.

102
서민복·감투
김홍도, 〈담배썰기〉
국립중앙박물관 소장

서민복의 기본을 이루는 것은 저고리와 바지였다. 남자들의 저고리는 여자 복식과 함께 단소화되는 경향을 보였으나 국말에 이르러서는 어느 정도 다시 길어지고 커지는 경향이 나타났다. 일반 서민들의 바지는 주로 삼국시대 궁고窮袴의 형태를 변형한 사폭을 댄 형태가 주를 이루었으나, 발목 부위를 잡아매는 것이 원칙이었다. 이렇게 하기 위해서는 대님이 필요했는데, 근래 어린이용 바지에서 볼 수 있는 대님이 붙박이로 달려 있었던 것으로 추측되나 언제부터인가 따로 치게 되었다. 때로는 행전行纏도 치고 있었다.

서민들은 저고리와 바지를 입고 버선과 초리草履를 신었으며 여름철에는 적삼이나 고이 등도 착용하였다. 때로는 위에 직령이나 철릭을 착용하기도 하였다.

(2) 승복

승복僧服은 승관僧冠과 의복으로 구성되었다. 승관에는 원정관圓頂冠, 굴갓屈쏫, 송낙松蘿, 고깔曲葛 등이 있었다. 원정관은 감투형 관으로 오늘날 승려들이 착용한다. 굴갓

103   104

은 대우 위를 둥글게 만든 흑죽립黑竹笠형 관으로 불립佛笠이 변음하여 굴립이 되었으며, 승려들이 공복公服으로 이를 썼다. 송낙과 고깔그림 103은 상고시대 변형모 형태의 고속古俗을 지니고 있었다. 이 같은 형태를 소나무 겨우살이로 결어 송낙이 되었고, 저마포제苧麻布製로 하여 '고깔'이 된 것이다.

승복그림 104인 가사袈裟, 괘자掛子, 장삼長衫, 승혜僧鞋 등은 고려시대부터 조선시대 국말까지 별다른 변화가 없었다. 가사는 승복의 제식이 되며, 괘자나 장삼은 그 형태가 일반의 것과 통하였다. 안에 입는 유·고는 국속 그대로였다. 여기에 평복으로 '동방'이라는 상의가 있었는데, 이것은 아래가 둔부臀部까지 내려오는 것으로 오늘날 승복에서 볼 수 있으며, 이를 통해 우리 고대 복식의 모습을 어느 정도 찾아볼 수 있다. 평소 승려들은 잿빛으로 물들인 옷을 입고 송낙을 병용하였는데 옷이 찢어지면 깁고 또 기워서 누더기처럼 되고는 하였다. 이는 납의衲衣라 하여 승복의 대명사가 되었다.

11장

조선시대 여자 복식

1 두식

두식頭飾이란 머리모양뿐만 아니라 머리를 아름답게 꾸미고 돋보이게 하기 위한 수식首飾, 의식 때나 외출할 때 쓰던 쓰개冠帽를 모두 일컫는 말이다.

1) 머리모양

조선시대 기혼 여자들은 얹은머리와 쪽찐머리를 하고, 처녀들은 땋은머리를 하였다. 기타 머리모양은 여기에 약간 변형을 가한 것으로 수식에 차이가 있었다.

이 밖에도 예장용으로 사용되던 어여머리, 큰머리, 대수大首, 첩지머리, 새앙머리 등이 있었으며 어린이용 종종머리가 있었다.

얹은머리, 쪽찐머리 얹은머리그림 105는 두발을 땋아 머리 위로 둥글게 얹는 형태로 고대사회부터 존재하였으나 조선 중기에 이르러서는 가체가 성행하였다. 가체는 1계階의 값이 중인中人 10가구의 재산을 넘었고, 성종조에는 고계高계의 높이가 1척一尺, 약 30cm이나 되었다. 이러한 가체·고계 풍습은 임진왜란, 병자호란 이후 폐단이 고질화되어 영조 대에 이르러서는 가체금지령이 내려져 족두리로 대신하게 하였으나 실효를 보지는 못하였다.

정조 대에 이르러서는 "상민이나 천인의 여인으로 거리에서 얼굴을 내놓고 다니는 자와 공사천公私賤은 본발로써 머리 얹은 것을 허용하되, 다래를 드리거나 더얹는 것을 금한다."와 같은 조목條目이 발표되었다. 이후 이 조목은 일반 여염집 여인들이 얹은머리를 기피하게 하는 효과를 불러일으켜서 쪽찐머리를 정착시키는 효과를 가져왔다. 쪽찐머리그림 106는 초기에 쪽이 뒤통수에

105
얹은머리
신윤복, 〈미인도〉
간송미술관 소장

106 107 108

달려 있었으나 점차 내려와서 말엽에는 쪽이 저고리 위에 있게 되었으며, 개화기에는 다시 뇌후로 올라가서 오늘날에 이르게 되었다.

땋은머리 땋은머리그림 107는 혼인 전 처녀들이 했던 머리모양으로, 양쪽 귀 위의 귀밑머리를 땋아 뒤에서 모으고 다시 함께 땋아 늘이고 끝에 댕기唐只를 드렸는데, 머리채가 긴 것을 자랑으로 삼아 여기에도 가체를 하였다. 반가의 규수들은 귀밑머리로 귀를 가렸지만 일반 처녀들은 가리지 않았다.

대수 대수大首, 그림 108는 궁중에서 대례大禮를 행할 때 갖추는 가체의 하나로, 주로 왕비의 대례복 차림에 행한 것이었다. 국말에는 적의를 입을 때 적관翟冠 대신에 착용하였다. 머리를 어깨 높이까지 곱게 빗어 내리고 양 끝에 봉鳳이 조각된 비녀를 꽂았으며, 뒷머리 가운데 머리를 두 갈래로 땋아 자주색 댕기를 늘이고 머리 위 앞부분을 떨잠과 봉비녀로 장식하였다.

어여머리 어여머리於由味, 그림 109는 예장 시 머리에 얹는 다래月子로 된 커다란 머리이다. 머리에 어염족두리를 쓰고 위에 다래로 된 머리를 얹어 옥판과 화잠으로 장식한 것이다. 큰머리에 버금가는 예장용 머리로 궁중이나 반가의 부녀들이 하였다. 상궁 중에서는 지밀상궁만 이 머리를 하였으며 '또야머리'라고도 불렀다.

109

110

109
어여머리

110
큰머리

큰머리 큰머리巨頭味, 그림 110는 궁중에서 의식 때 하던 머리모양으로, 정조 대에 궁중에서부터 가채를 쓰던 것을 나무로 대신하게 하였다. 어여머리 위에 나무 표면을 올려 땋은 머릿결처럼 조각하고 검은 칠을 한 떠구지그림 111를 올려놓았다. 아랫부분에 비녀를 꽂을 수 있는 구멍이 2개 뚫려 있었다. '떠구지머리'라고도 하였다.

첩지머리 첩지머리그림 112는 예장할 때의 머리로, 첩지에 좌우로 긴 머리털을 단 것을 말하는데, 첩지를 가르마 가운데에 중심을 두고 느슷느슷 양쪽으로 땋아 뒤에서 머리와 한데 묶어 쪽을 찐 머리모양이다. 얹은머리에는 할 수 없는 것으로 영조 대 발제개혁 이후 얹은머리 대신 쪽찐머리를 하게 하고 이에 더하여 족두리를 권장한 데서 생겨났다. 첩지머리에서 첩지는 화관이나 족두리를 쓸 때 앞으로 떨어지지 않게 고정시키는 역할을 하였다. 궁중에서도 평상시에 첩지머리를 하고 있었는데, 신분의 상하를 가르기 위함이었다. 궁중법도에 따라 언제 어느 때 족두리나 화관을 쓰게 될지 모르기 때문이었다.

111

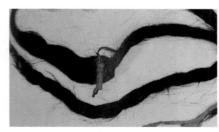

112

111
떠구지
국립민속박물관 소장

112
첩지머리
《Palace of Seoul》 소재

새앙머리 새앙머리그림 113는 궁중 애기나인의 예장용 머리모양으로, 두발을 두 갈래로 갈라서 땋고 이것을 다시 올려 아래위로 두 덩어리가 지게 잡아매는 것이었다. 여기에 봉이나 나비 등이 조각된 뒤꽂이를 꽂고 댕기코를 석웅황 같은 것으로 장식하였다.

종종머리 종종머리그림 114는 머리숱이 적은 어린이의 머리를 앞가르마를 타고 좌우에서 각각 한쪽에 3층씩 3줄로 땋고, 그 끝을 모으고 땋아서 댕기를 드린 것이었다.

113

114

113
새앙머리
《한국복식사연구》 소재

114
종종머리
《한국여속사진첩》 소재

2) 머리장식

관모 이외에 머리를 장식하는 장신구로는 비녀, 뒤꽂이, 첩지, 떨잠, 댕기 등이 있었다.

(1) 비녀

비녀簪는 머리를 정리하기 위한 것이 주목적이었으나 장식의 역할도 하였다. 얹은머리에도 비녀가 필요하지 않은 것은 아니었지만 쪽찐머리와 함께 비녀 사용이 일반화되었고, 가체에 치중하던 사치가 비녀로 이어져 재료와 모양이 다채로워졌다. 비녀의 종류는 재료와 잠두簪頭, 비녀머리의 수식에 따라 나눌 수 있다.

비녀는 재료에 따라 금비녀, 은비녀, 백동白銅비녀, 놋비녀, 진주비녀, 옥비녀, 비취비녀, 호박비녀, 산호비녀, 목木비녀, 죽竹비녀, 각角비녀, 골骨비녀로 나눌 수 있다. 잠두의 수식에 따라서는 봉잠, 용잠그림 115, 원앙잠, 매죽梅竹잠그림 116, 죽竹잠, 매조梅鳥잠, 죽절竹節잠, 연봉잠, 목련木蓮잠, 모란잠, 석류잠, 국화잠으로 나눌 수 있다.

옛날에는 존비·상하의 차별이 심했던 만큼 금이나 은·주옥으로 만들어진 비녀는 상류계급에서나 사용할 수 있었고, 서민층에서는 목이나 각·골 등으로 된 비

115
용잠
국립민속박물관 소장

116
매죽잠
국립민속박물관 소장

115

116

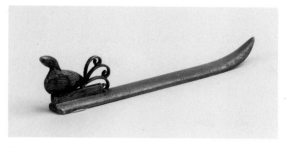

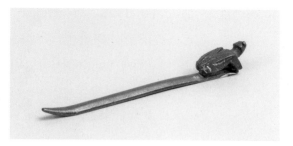

117

118

117
봉첩지
성신여자대학교박물관 소장

118
개구리첩지
성신여자대학교박물관 소장

녀만을 사용할 수 있었다. 이에 따라 잠두의 수식에도 큰 차이가 있었다. 봉잠이나 용잠 같은 것은 예장할 때 드린 큰 낭자 쪽에 꽂았으며, 다른 것은 잠두의 모양에 따라 재료를 달리하여 계절에 맞도록 큰 쪽에는 큰 비녀, 작은 쪽에는 작은 비녀를 꽂았다.

(2) 첩지

첩지疊紙는 장식과 재료에 따라 신분을 나타내었으며, 예장禮裝할 때 화관이나 족두리가 흘러내리지 않도록 고정하는 구실도 하였다. 황후는 도금한 용첩지를 사용하였고, 비나 빈은 도금한 봉첩지그림 117, 내외명부는 지체에 따라 도금 또는 흑각黑角으로 만든 개구리첩지그림 118를 사용하였다. 첩지는 앞부분의 장식만 다르고 동체가 모두 수평을 이루고 있었으며 꼬리 부분만 날씬하게 위로 향한 모양이었다.

(3) 떨잠

떨잠그림 119은 왕비나 내외명부內外命婦 여인이 큰머리나 어여머리 가운데와 양옆에 꽂았다. 용수철모양의 장식이 움직일 때마다 떨린다고 하여 붙은 명칭이다. 원형·각형角形·접형蝶形 등 여러 가지 형태의 옥판에 파란, 진주, 보석 등을 장식하며 용수철 모양 끝에도 여러 장식이 붙어 있다.

119
떨잠
국립고궁박물관 소장

(4) 뒤꽂이

뒤꽂이는 쪽찐머리 뒤에 덧꽂는 비녀 이외의 수식물로 일반 뒤꽂이와 실용을 겸한 귀이개, 빗치개 뒤꽂이 등이 있다. 이것 역시 궁가·반가·일반의 품위 나름대로 종류나 재료의 우열을 가려 사용하였다. 장식적인 것과 용도를 가지고 있던 것이 있었으나, 점차 장식화되면서 머리를 꾸미는 주요 도구로 애용되었다.

일반 뒤꽂이　일반 뒤꽂이그림 120, 121는 단독문 뒤꽂이, 혼합문 뒤꽂이, 말뚝형 뒤꽂이, 재료별 뒤꽂이, 기타로 나누어진다. 단독문 뒤꽂이는 연봉형, 국화형, 매화형, 꽃가지형, 불로초형, 봉황형, 공작형, 나비형, 매미형, 조익형, 박쥐형, 기하형으로 분류할 수 있다. 혼합문 뒤꽂이는 국화·매화형, 국화·매화·천도형, 화접형, 화조형, 화조·벌형, 화조·벌·나비형 등으로 분류할 수 있다. 이 중 가장 많은 유물에서 나타나는 것은 연봉형, 국화형, 화접형이다.[35]

빗치개 뒤꽂이　빗치개 뒤꽂이그림 122는 가르마를 타거나, 빗의 때를 빼는 목적으로 사용하였으나 점차 장식적인 면이 강조되었다. 이 뒤꽂이는 여의두如意頭형, 톱니여의두형, 버섯형, 원투각형, 원형 등으로 분류되었다. 원래 기본형은 여의두형에서 상부에 톱니모양이 달린 톱니형이나 버섯형으로 변하였고, 버섯형에서 끝이 맞닿아

120
뒤꽂이
국립고궁박물관 소장

121
국화 뒤꽂이
국립민속박물관 소장

122
빗치개 뒤꽂이
국립민속박물관 소장

120　　　　　　　　　　　121　　　　　　　　　　　122

원형이 투각된 원투각형으로 변하면서 좀 더 간단한 원형 빗치개형으로 변형된 것으로 추측된다.

귀이개 뒤꽂이 귀이개 뒤꽂이는 원래 귀지를 파내는 기구였으나 장식화되면서 쪽 찐머리에 꽂게 되었다. 이 뒤꽂이는 단독형과 침이 첨부된 침 첨부형으로 나눌 수 있다.

(5) 댕기

댕기唐只는 미혼녀만이 땋은머리에 드렸던 것은 아니며, 부녀자들도 머리를 수발하기 위해 얹은머리나 쪽찐머리에 이것을 사용하였고, 단순히 장식만을 위한 것도 있었다. 종류로는 예복을 입을 때 하는 예장용 댕기, 궁중에서만 사용하던 궁중용 댕기, 일반인들이 사용하던 일반용 댕기, 어린이용 댕기 등이 있었다.

예장용 댕기 예장용 댕기로는 큰댕기, 앞댕기, 고이댕기, 매개댕기 등이 있었다.

- 큰댕기: 큰댕기그림 123는 도투락을 장식한 댕기로 도투락 댕기라고도 불렀다. 여기서 도투락은 금박이 아니라 도드라져 보이는 무늬나 장식을 일컫는 말이었다. 이 댕기는 집안 어른의 생일이나 정초, 궁에 출입 시 쪽찐머리나 새앙머리에 가식하였다. 궁중이나 양반 가문에서 혼례를 올릴 때, 신부가 원삼이나 활옷을 입고 족두리나 화관을 쓸 때, 쪽찐머리의 뒤쪽에 붙여 길게 늘어뜨리는 것이었다.

  이것은 검은 자주색 비단류로 만들었는데 보통 댕기보다 넓었으며 길이는 치마 길이보다 약간 짧았다. 겉에 금박을 찬란하게 하였고, 윗부분에 석웅황이나 옥판을 달고 아랫부분에 석웅황, 밀화, 금패로 만든 매미 5마리를 달아 갈래진 댕기를 연결하였다. 그러나 기호 이외

123
큰댕기
아모레퍼시픽미술관 소장

124
큰댕기
국립민속박물관 소장

123

124

125

126

의 남북도 지방 큰댕기그림 124는 금박 대신 비단 색실로 장식하고 자잘한 칠
보七寶꽃을 화려하게 둘레에 붙이기도 하였다.

- 앞댕기: 앞댕기그림 125는 앞에 드렸던 것으로 비녀 양쪽 여유분에 감아 적당
  한 길이로 맞추어 앞 양어깨 위로 드리웠던 드림댕기였다. 앞댕기와 큰댕기
  는 혼례복에 짝을 이루었고 다른 예복에는 앞댕기만 드렸다. 큰댕기와 같
  이 검은 자주색이 원칙이었으며, 금박을 하고 양 끝에 진주나 산호주 등을
  장식하였다.

- 고이댕기: 고이댕기그림 126는 서북 지방에서 혼례 때 사용하던 것으로 다른 댕
  기보다 상당히 길었다. 출토된 고이댕기를 보면 2가닥 중 오른쪽에는 모란꽃
  3송이, 왼쪽에는 십장생문을 수놓았고 끝 부분을 둥글게 말아 능형 문양을
  화려하게 수놓고 뒷부분을 커다란 진주로 장식하였다.

- 매개댕기: 궁중의식 때 어여머리於由味에 더하여 떠구지를 할 때 연결 부분에
  사용하던 좁은 댕기이다. 자줏빛 명주에 솜을 넣어 길고 통통한 끈처럼 만
  들어 사용하였다.

궁중용 댕기 궁중용 댕기로는 마리삭 금당기, 앞댕기, 새앙댕기, 팥잎댕기 등이 있었다.

- **마리삭 금당기**: 마리삭 금당기그림 127는 적의 착용 시 대수를 장식하던 머리띠 형상의 댕기였다.[36] 대수를 한 상부의 정수리의 둥근머리 바로 밑에서 뒤로 돌려 띠고 X자로 포개어 여몄다. 영왕비의 마리삭 금당기는 사라紗羅에 목단 문을 금직하고 위에 화형 백옥판에 파란을 올린 엽형의 금속장식을 부착한 11개의 떨철 장식과 3개의 홍파리玻璃, 4개의 진주를 감입하여 장식하였다.
- **새앙댕기**: 새앙댕기그림 113는 나인들이 매던 것으로 평소에는 무늬가 있는 것을, 국기일에는 무늬가 없는 자주색 비단을 사용하여 새앙머리에 매었다. 1쌍을 각각 땋아 처음에는 약 17~18cm로 가지런하게 묶고 중간을 매개댕기로 묶은 후, 본인의 머리와 같이 매어 자주색 댕기로 묶는 것이었다. 왕을 모시는 지밀나인은 4가닥으로 매고, 침방針房·수방繡房의 생각시들은 2가닥으로 매었다.
- **팥잎댕기**: 팥잎처럼 가장자리가 하들하들하게 말린다고 하여 붙은 이름으로, 홑겹으로 되어 있고 천 가장자리를 3번 접어 공굴려서 만들었다. 궁중의 무수리와 세수간의 나인들이 사용하였다.

일반용 댕기 일반용 댕기로는 쪽댕기, 제비부리댕기, 목판댕기 등이 있었다.

- **쪽댕기**: 쪽을 찔 때 사용하는 것으로, 머리를 땋아가다가 끝 부분에서 끼워 넣어 쪽이 곱게 틀어지게 하였다. 색은 젊은 사람은 홍색, 나이가 든 사람은 자주색, 과부는 검은색, 상제는 흰색을 사용하였으며, 80~90세 노인도 내외가 함께 생존하고 있으면 자주댕기를 하였다.
- **제비부리댕기, 목판댕기**: 제비부리댕기그림 128와 목판댕기는 미혼자 전용으로 댕기 끝 모양에 따라 이름을 붙인 것이다. 풍속화나 감로탱에서 남자들이 붉은 댕기를 맨 것을 쉽게 발견할 수 있는 것으로 보아 성별에 따라 댕기의

127
마리삭 금당기
국립고궁박물관 소장

128
제비부리댕기
국립민속박물관 소장

129
말뚝댕기
이화여자대학교박물관 소장

130
배씨댕기
서울여자대학교박물관 소장

 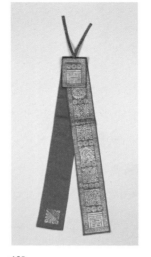 

128   129   130

색을 구분하지는 않은 것 같다. 또 목판댕기를 드리고 일하는 여자들의 모습 또한 쉽게 찾을 수 있어 신분이 높지 않은 사람들이 이것을 드렸다 하겠다.

반면 제비부리댕기는 공주나 옹주, 반가의 처녀에게 국한되었던 것으로 국권 침탈 이후에 금박과 함께 보편화되었다. 처녀들은 주로 붉은색 비단에 때로는 금박을 하기도 하였고, 댕기고에 옥판이나 옥나비 또는 칠보나비를 붙이기도 하였다.

어린이용 댕기 어린이용 댕기로는 어린이용 도투락댕기, 말뚝댕기, 배씨댕기 등이 있었다.

- 어린이용 도투락댕기: 예장용 큰댕기와 같은 모양으로 작게 만들었다. 어린이는 뒷머리가 짧으므로 댕기 위에 끈을 달아 머리를 연장하여 달았다.
- 말뚝댕기: 말뚝댕기그림 129는 도투락댕기 시기를 지나 제비부리댕기를 드리기 전에 하였다. 긴 직사각형의 댕기를 반으로 겹쳐 접어 윗부분에 끈을 달아 뒤통수에 달아매는 것이었다. 도투락댕기와 달리 반으로 접힌 윗부분이

네모꼴이었다.

- 배씨댕기: 배씨댕기그림 130는 중심을 배씨 모양으로 만들고 위를 장식한 어린 이용 댕기였다. 양편에 보조댕기를 가늘게 달아 가르마 중심에 배씨를 놓고 양편으로 가른 머리를 바둑판처럼 나누어가며 배씨댕기와 함께 연결하고 땋아서 머리를 고정시켰다.

3) 쓰개

쓰개冠帽는 적관·화관·족두리를 비롯하여, 각종 난모를 포함한 관모류와 입모·너울·쓰개치마·장옷·천의에 이르기까지 머리에 쓰는 것을 일컬었다. 적관이나 화관·족두리는 예장에 속하는 것이었으며, 각종 난모는 방한용이었고, 입모·너울·쓰개치마·장옷·천의는 내외법이 심하였던 당시에 얼굴을 가리기 위한 것으로 외출용이었다.

(1) 예장용 쓰개
여기서는 예장용 쓰개인 적관과 화관, 족두리, 면사, 차액을 살펴보도록 한다.

적관 적관翟冠은 적의와 함께 착용하던 관으로, 조선시대 들어 중국에서 사여된 왕비복에 칠적관七翟冠을 착용하였다. 그러다가 임진왜란 후 난리로 이것을 잃어버려 구할 수 없게 된 후로는 사용하지 않았던 것으로 추측된다. 국말 고종이 황위에 오르자 황후가 구룡사봉관九龍四鳳冠, 그림 131에 적의를 착용하게 하였으나 실제로는 착용하지 않았을 것으로 여겨진다.

화관 화관그림 132은 원래 중국의 것이었으나 조선시대에 거의 국속화되었고, 그 형식이 작아져 관모라기보다는 미적 장식품으로서의 수식이 되었다. 영조·정조 양대에 걸쳐 가체의 사치로 폐단이 많아지자 이것을 시정하기 위해 화관이나 족두리를 쓰게 함으로써 더욱 일반화되었다.

가체에 쏟았던 사치는 다시 화관이나 족두리를 주옥금패로 꾸밈으로써 그 폐단

131

132

133

이 적지 않았다. 옛날에는 궁중 내연에서 기녀나 동기·무녀·여령이 썼으며, 그 모양이 약간씩 달랐는데, 관에는 오색 구슬로 찬란하게 꽃을 꾸며 둘렀고 나는 듯한 모양의 나비를 달아 매기도 하였다. 후에 발제개혁과 함께 가체 대신 족두리와 착용할 것을 권장하자, 서민들도 혼례 때 착용하였다. 예관용으로 사용할 때는 칠보 등으로 꾸몄다.

족두리 족두리는 검은 비단으로 만들어 아래는 둥글고 위는 6모로 된 것이었다. 솜을 넣어 만든 것도 있었고, 한지를 여러 겹 포개 붙여 검은 비단을 씌워 만들기도 하였다. 족두리에는 민족두리와 꾸민족두리가 있었는데, 민족두리는 장식이 없는 족두리였고 꾸민족두리그림 133는 옥판을 밑에 받치고 산호주와 밀화구슬과 진주를 꿰어 만든 것이었다.

면사 면사그림 134는 면사보面紗褓나 면사포面紗布라 불렸다. 원래 양가 부인의 내외용 쓰개였으나 인조대 이후에는 신부가 처음으로 신랑집에 갈 때 머리부터 발끝까지 쓰는 사紗, 즉 오늘날의 면사포 역할을 하였다.

차액 차액遮額, 가리마, 그림 135은 검은색·자색 비단을 접어 2겹으로 하고 그 안에 두꺼운 종이를 받쳐 대어 쓴 것이었다. 이마에서 정수리를 덮고 뒤에 드리워 어깨를 덮었다. 기녀나 의녀 사이에서 유행했던 쓰개의 일종으로 족두리 사용이 일반화되면서 조선시대 후기에는 모습을 찾아볼 수 없었다.

(2) 외출용 쓰개

외출용 쓰개로는 너울과 장옷, 쓰개치마, 천의, 전모, 삿갓 등이 있었다.

너울 너울羅兀, 그림 136은 궁중이나 상류계급에서 사용하던 것으로, 형태는 원립圓笠 위에 천을 어깨가 덥힐 정도로 드리웠으며, 얼굴이 위치하는 부분을 망사網絲 같은 것으로 하여 앞을 투시할 수 있게 하였다.

136

장옷 장옷그림 137은 원래 서민 부녀의 내외용으로 착용이 허용되었고, 양반 부녀의 착용을 금하였으나 조선시대 말기에 들어서면서 반상을 가리지 않고 통용된 것으로 추측된다. 초록색 무명이나 명주로 만들고 안에는 자주색을 사용하였는데, 수구에 흰색 거들지를 달았고, 동정 대신 넓고 흰 헝겊을 대어 이마 위 정수리에 닿도록 하였으며, 앞은 마주 여며지도록 맺는 단추를 달았고, 여기에 이중 고름을 양쪽에 달아 손으로 잡아 아물렸다.

137

135
차액
신윤복, 《혜원풍속도첩》 소재
간송미술관 소장

136
너울
경기도박물관 소장

137
장옷
세종대학교 소장

138
쓰개치마
신윤복, 《혜원풍속도첩》 소재

쓰개치마　쓰개치마그림 138는 사족부녀의 장옷 착용이 문제가 되자 상류층에서 사용하던 너울 대신에 좀 더 간편하게 만들어 쓴 것이었다. 국말에는 상류층에서도 쓰개치마 대신 장옷을 착용하기도 하였다. 형태는 치마와 같은 것으로 치마허리로 얼굴 둘레를 둘러썼고 손에 쥘 정도로 보통치마 폭으로 주름을 겹쳐 잡아, 머리 위로 불룩하게 썼다. 흔히 옥색 옥양목 치마를 방안에 걸어두었다가, 문 밖에 나갈 때 손쉽게 쓰기도 하였다.

천의　천의그림 139는 작은 치마모양과 같았으며 양끝에 끈을 달았다. 동정이 달려 있고 동정 부분이 이마에 일자로 오게 하였으며 끈을 뒤로 돌려 묶었다. 안에 솜을 두어 방한용으로도 사용하였다. 주로 하류층에서 착용하였다.

전모　전모氈帽, 그림 140, 182는 하류층의 외출용 입모로, 기름에 전 유지로 6~10각형으로 만들었으며 여기에 나비나 꽃무늬를 비롯한 수·복·부·귀 등의 글자를 넣기도 하였다. 내부에는 머리와 맞닿지 않도록 고정하는 테가 있었고, 테 양쪽에 끈을 달아 턱 밑에서 매어 쓰도록 되어 있었다.

삿갓　삿갓은 갈대로 만든 커다란 방립형 갓을 일컫는 말이었다.

139
천의
국립민속박물관 소장

140
전모
팬아시아 소장

139

140

141

142

141
아얌
숙명여자대학교 소장

142
조바위
숙명여자대학교 소장

(3) 난모

방한모인 난모暖帽에는 아얌, 조바위, 풍차, 남바위, 볼끼, 굴레 등이 있었다.

아얌 아얌그림 141은 남자의 이엄이 변한 것으로 귀를 덮지 않는 것이 특색이었으며, 모자 윗부분은 둥글게 파서 공간을 두고, 앞이마와 뒤에는 구슬이나 산호 등을 끈에 꿰고 끝에 술을 단 장식을 드리운 것이었다. 이마 둘레의 검은 단緞에는 모피를 대었다. 뒤에 길게 드린 검은 자주색 댕기인 '아얌드림'에는 밀화 또는 금판으로 만든 매미를 군데군데 장식하였다. 예복을 완전히 갖추지 못했을 때는 예모로 대신하기도 하였다.

조바위 조바위그림 142는 국말에 생겨난 것으로 추측되는데, 아얌이 귀를 덮지 않는 데 반해 뺨에 닿는 곳을 동그랗게 하여 귀를 완전히 덮어 바람이 들어가지 않도록 가장자리가 오므려져 있었다. 이 조바위의 겉은 검정 비단, 안은 보통 비단 또는 면으로 만들어져 있었으며, 앞뒤로 술이 달려 있었고 앞이마의 좌우 양쪽과 뒤를 옥, 비취 마노 등으로 장식한 것도 있었다. 부귀富貴, 다남多男, 수복壽福, 강녕康寧 같은 글자와 꽃무늬 금박을 장식하기도 하였다. 주로 반가 부녀자들의 외출용 난모였으나 예모로 대신하기도 하였다.

남바위·풍차 남바위그림 143와 풍차는, 풍차에 있는 볼끼의 장식을 빼고는 모양이 비슷하였다. 겉은 남색이나 자주색 비단으로 하였고 안은 비단 또는 목으로 하였으며, 가장자리에 선을 대었고, 뒤로 덮어 넘어가도록 길게 만들어 끝을 제비부리처

143   144

145

럼 만들었다. 앞뒤에 술장식을 하고 끈을 단 것은 아얌과 조바위나 마찬가지였다. 풍차에 달려 있었다는 볼끼는 방한을 위한 것으로 필요가 없을 때는 위로 접어서 넘겨 매어두었다.

볼끼 볼끼그림 144는 뺨과 턱을 덮기 위한 간단한 방한용 난모로, 안이 털로 되어 있고 겉은 남색이나 자주색 비단으로 만들었다. 양 끝에 가는 끈이 달려 있어서 머리의 정수리 부분에서 매게 되어 있었으며, 주로 서민층에서 사용하였다. 때로는 노인들이 이 위에 남바위를 덧쓰기도 하였다.

굴레 굴레그림 145는 아이들의 방한용을 겸한 장식용 쓰개였으며, 돌쟁이를 비롯해서 4~5살까지 남녀 모두가 썼다. 서울의 굴레는 3가닥, 개성 이북의 굴레는 9가닥으로 되어 있었고 겨울에는 검정 비단, 봄·가을에는 갑사로 만들었다. 보통 수를 놓았는데 금박으로 대신하였고, 뒤에 도투락댕기를 달았다.

2 의복

여기서 말하는 의복이란 저고리와 치마를 주축으로 한 각종 속옷류를 비롯하여 버선과 신을 포함한 평상복과 적의, 활옷, 원삼, 당의 등의 예복을 통틀어 일컫는 것이다. 당시에는 궁중생활과 일반생활이 법도와 양식 면에서 달랐으므로, 의복을 크게 궁중여복宮中女服과 반가여복班家女服으로 나눌 수 있다.

1) 궁중여복

궁중에는 비妃나 빈嬪을 비롯하여 수많은 궁녀가 있었다. 궁녀는 여러 품계를 가진 내명부와 품계가 없는 일반 궁녀로 구분하였는데 비, 빈과 궁녀는 지위와 복장이 달랐다.

(1) 왕비복

왕비복의 상징이라고도 할 수 있는 궁중법복은 조선시대 초, 명의 사여관복을 통해 이루어진 중국제 왕비복을 그대로 예복으로 삼아 국말까지 사용하였다. 왕비복은 대례복大禮服, 상복常服, 평상복으로 나눌 수 있다.

대례복 대례복은 명으로부터 사여되었는데 그 제식에 별 차이가 없었다. 임진왜란, 병자호란 전까지 중국에서 사여한 왕비복은 대례복의 적의가 아닌 상복常服의 대삼大衫이었다. 대삼은 사여 시 적관翟冠과 함께, 적문翟文을 사용하여 통칭 적의翟衣라고 불렸던 것으로 보인다. 이후 영조조 명의 적의제를 따라 나름의 적의를 제정하였는데 이를 국말까지 사용하였다가 고종이 황위에 오르면서 명 황후의 적의제를 착용하게 되었다.

   명에서 사여한 대삼의 제는 다음과 같으며 이외에도 대대, 혁대, 수, 패옥, 말, 석, 홀圭로 구성되었다.

- 대삼大衫: 홍색 저사紵絲를 사용하였고, 문양이 없었다.

- 배자褙子: 청색 저사를 사용하였고, 적계문翟鷄文을 수놓았다.

- 하피霞帔: 청색 저사이며, 길게 1폭으로 되어 있어 등 뒤를 돌아 가슴 앞에서는 가지런히 늘어뜨려 2폭이 겹치지 않게 추자墜子로 맺게 되어 있었다.

조선시대 후기 왕비의 적의翟衣를 《국혼정례》와 《국조속오례의보》를 참고하여 살펴보면 다음과 같다.

- 적의: 짙은 홍색 단緞으로 지었다. 앞면의 좌우가 곧바로 내려가 여며지지 않았으며, 뒤 길이가 앞 길이보다 조금 더 길었고, 51개의 원적圓翟을 수놓았다. 앞뒤에는 금으로 수놓은 오조룡보를 달았다.

- 별의: 별의別衣는 짙은 홍색 향직鄕織, 국내 생산 직물으로 만들었다. 중단에 해당하는 것으로 추측된다.

- 상: 상裳은 전행웃치마그림 146라고도 불렀다. 숙종 이후부터 남자 예복용 치마 상裳의 개념을 도입하여 3가닥으로 된 남색 웃치마를 갖추었다.[37] 허리에 가운데 가닥을 약간 짧게 3가닥을 따로 붙여 만들었는데, 허리에서 밑단 끝

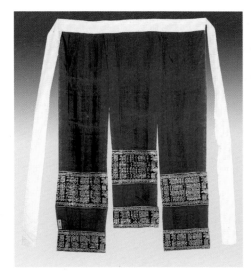

146
전행웃치마
국립고궁박물관 소장

147
하피
국립고궁박물관 소장

146

147

까지 주름을 잡고 그 위에 대란치마같이 용봉문龍鳳紋 금박단을 2단 대어 만들었다. 허리에는 긴 끈이 달려 있어 뒤로 돌려 앞으로 매게 되어 있었다.[38]

- 하피: 하피그림 147는 겉을 흑단黑緞으로 하고 안은 홍초紅綃로 받쳤으며, 금으로 운하적문雲霞翟紋을 그렸다. 운하는 28개, 적문은 26개였다.
- 폐슬: 폐슬은 대홍大紅 향직으로 만들었는데 장문은 없었다.
- 대대: 대대는 대홍단으로 겉을 대고 백능白綾으로 안을 만들었으며, 녹단綠緞으로 연을 둘렀다.
- 혁대: 혁대는 인조옥대로서, 청단으로 싸고 금으로 봉을 그렸다.
- 기타: 패옥옥패로 기록, 수, 말, 석, 규는 면복과 같았다.
- 면사: 면사面絲는 국혼 시 착용하던 법복으로 적의제에 포함되어 있었다.

국말 고종이 황위에 오르면서, 명 황후의 적의제가 그대로 우리나라 황후의 것으로 제정되었다. 명 황태자비의 적의제도 우리나라 황태자비의 것이 되었다. 그 제식 중 황후의 제식과 황태자비의 제식그림 108이 같았으나 규모에서는 문양 등에 다소 차이가 있었다. 국말에 생존하여 황후의 칭호를 받은 왕비는 순정효황후尹 황후뿐이었는데, 현재 세종대학교박물관에 순정효황후 적의가 소장되어 있다.

조선시대 국말, 황후의 적의를 살펴보면 다음과 같다.

- 적의: 적의는 바탕이 심청색이었고 12등분하여 적문을 넣었으며 대개 148쌍이었다. 또한 작은 꽃무늬를 사이사이에 넣었으며, 홍색의 깃과 도련 및 수구의 홍색 선에 운룡문을 직금하였다. 이 적문의 12등은 면복의 12장문과 비의된다. 황태자비는 9등으로 하여 황후의 것과 구별하였다. 적의에 사용된 보補는 황제나 왕의 보그림 19와 달리 정원正圓이 되도록 윤곽을 두르고 지위에 따라 오조룡보그림 148와 사조룡보를 사용하였으나 고종조에 오조룡보로 통일되었다.

149

150

149
폐슬
국립고궁박물관 소장

150
청석
국립고궁박물관 소장

- 중단: 중단은 옥색으로 만들었으며, 깃 둘레와 도련·수구에 홍색 선을 둘렀다고 깃에는 불문 13개를 작성하였다.
- 폐슬: 폐슬그림 149은 심청색이었는데 적문 2줄과 작은 꽃무늬 3줄을 직성하였고, 아청색으로 연을 하고 운룡문을 직금하였다.
- 혁대: 혁대는 청색 기정綺鞓, 비단과 가죽으로 되어 있었으며, 옥장식 10개와 금장식 4개를 가식하고 운룡문을 새겼다.
- 대대: 대대의 겉은 청, 안은 홍의 겹으로 되어 있었으며 운룡문을 직금하였다.
- 수: 수는 붉은색을 바탕으로 하여 5가지 색으로 직성하였고, 여기에 옥환 2개를 달았다.
- 패옥: 패옥은 왕비의 것과 기본형이 같으나 사용했던 옥의 종류가 달랐다.
- 말·석: 말과 석그림 150은 청색으로 만들었는데 운룡문을 금으로 장식하였다.
- 옥곡규: 옥곡규玉穀圭는 위가 뾰족하고 곡식무늬를 새겨넣었다.
- 상·하피: 상·하피는 왕비의 적의제와 동일하였다.

상복 상복常服에 속하는 단삼團衫, 노의露衣, 장삼長衫 국의鞠衣 등은 명으로부터 사여받은 중국식 의복제도였다. 후에 이들 옷은 원삼圓衫으로 통일되었다.

- 단삼: 단삼에는 단삼, 오군襖裙이 포함되어 있었다. 단삼은 녹색 단령에 같은 색 선을 둘렀고 깃과 선에는 화운문花雲文을 직금하였다. 오군은 명나라식 치마와 저고리를 의미하는데 치마를 입고 위에 긴 저고리를 입는 것이었다.
- 노의: 노의는 4품 이상의 정처正妻의 예복으로, 대홍색의 향직을 사용하였다. 전면에 원형의 쌍봉문雙鳳文이 금박되어 있었고 수구에는 남한삼을 달고, 자

색라로 된 대를 띠었으며 흉배를 달았다.

- 장삼: 장삼은 왕비의 상복이었으나 후에 5품 이하 정처의 예복으로 삼았다. 원삼과 비슷한 모양이지만 소매나 옷 길이가 좀 짧았다. 대홍색이였으며 한삼이 달려 있었고, 대홍라大紅羅로 된 대를 띠고 흉배를 달았다.

- 국의: 국의는 친잠복親蠶服, 친히 누에를 치는 복으로 착용하였다. 뽕잎이 싹틀 때의 색인 황색으로 만들었는데 후에 청색을 사용하기도 하였다. 쌍봉문의 흉배를 달았다.

- 원삼: 원삼은 왕비의 것과 황후의 것이 형태가 달랐다. 왕비의 원삼그림 151은 자적색 또는 다홍색 길에 뒤가 길고 앞이 짧고 소매가 넓으면서 끝에 홍·황 2색의 색동과 금직단의 백한삼이 붙어 있었다. 옷과 홍단대에는 운봉문을 금직하였고, 앞·뒤에 쌍봉문의 흉배를 장식하였다.

  황후의 원삼은 황원삼그림 152으로 황색 길에, 다홍색과 남색의 끝동과 백한삼이 달렸다. 대례복으로 착용할 때는 오조룡보를 양어깨와 앞뒤에 가식하였고, 소례복으로 착용할 때는 쌍봉문 흉배를 앞뒤에 가식하였다.

151
홍원삼
국립고궁박물관 소장

평상복 조선 초 궁중여복의 평상복을 나타내는 명칭으로는 저고리赤古里, 겹격음裌隔音, 치마赤痲, 수보로繡甫老, 말군襪裙 등이 있었다.

보통 왕비는 평상복으로 황의홍상이나 녹의홍상 등 여러 가지 색의 옷을 입었으나 아래위를 같은 색으로는 입지 않았다. 저고리는 주로 삼회장저고리를 입었고 때와 장소에 맞게 스란·대란치마를 입었으며 그 위에 당의를 입었다.

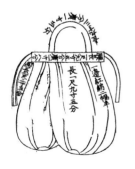

- 겹격음: 겹막음 또는 겻막이라고 하며 현재의 회장저고리와 같았다.
- 치마: 치마赤痲는 현재의 치마와 같았다.
- 수보로: 수보로는 몽고어의 '보리寶里'로 난欄이 있는 것을 의미한다. 오늘날의 스란치마를 말한 것으로 추측된다.
- 말군: 말군그림 153은 《악학궤범樂學軌範》에 등장하는 악공복에서 그 모습을 살펴볼 수 있다. 이것은 통이 넓은 바지같이 생겼으며 뒤가 갈라져 있고 허리끈 외에도 어깨에 걸치는 끈이 있어 외출복으로 착용하였을 것으로 추측된다.

- 당의: 당의그림 154는 초록색 비단에 다홍색으로 안을 받치고 자주색 겉고름
  과 안고름을 달았으며, 소매끝에는 창호지 속을 넣어 흰 천의 거들지를 달
  았다. 봉황문 등의 직금과 금박을 하였고 흉배를 달기도 하였다. 여름에는
  홑당의, 겨울에는 자색 당의를 입기도 하였다.

(2) 후궁복·빈복

후궁 중 내명부 정1품인 빈嬪의 복식은, 왕비의 법복인 적의를 제외하고는 왕비의
상복 및 평상복과 별 차이가 없었다.

(3) 빈궁복

명의 사여관복에는 왕비복이 존재하였으나 세자빈의 것은 없었다. 따라서 빈궁
복嬪宮服은 중궁복에 준하였다. 적의는 아청색 비단으로 하고 적문 36편을 수놓았
고, 깃·도련·수구에는 쌍봉을 그렸는데 하피는 아청색 라로 사조룡을 금수하였으
며, 흑말·흑석으로 되어 있었고, 청옥규가 있었다. 고종이 황위에 오르면서 왕세자

가 황태자가 되었고, 세자빈은 황태자비가 되었는데 황태자비 법복그림 108은 전술한 왕비복 적의와 같았다.

(4) 궁녀복

궁녀는 소녀나인, 나인, 상궁 등으로 위계가 달라 복식에도 차이가 있었다. 궁에서는 보통 궁녀복宮女服·尙宮服으로 보라, 연두, 옥색 회장저고리에 남치마를 착용하였으며 관례를 올린 나인은 은개구리 첩지를 하고, 상궁은 머리와 꼬리에 금칠을 한 은개구리 첩지를 하였다. 예복의 경우 지위가 높은 상궁은 어여머리에 흑원삼이나 녹원삼을 입었고, 지위가 낮은 상궁은 차액에 당의를 착용하였다.[39]

2) 반가여복

조선시대 반가복식은 예복과 일상복으로 구분하며, 입는 순서에 따라 맨밑에 입는 내의류와 상의류와 치마로 나눌 수 있다. 당시에는 위에 외출용이나 의례용 표의류를 입었다.

(1) 표의류

표의表衣는 외출용과 예복용으로 구분할 수 있으나 그 구분이 명확하지 않다. 표의류로는 장의長衣, 장삼長衫, 원삼, 활옷, 당의가 있었다.

155
장의
경기도박물관 소장

장의 장의長衣는 짧은 웃옷인 저고리를 이르는 단의短衣와 상대적인 것으로 긴 웃옷 즉 긴 겉옷이었다. 언제부터 착용하였는지 정확히 알 수 없으나 조선시대 중기까지 남녀 모두 포로 착용하였다. 18세기 이후의 풍속화와 유물을 통하여 볼 때 입는 장의가 쓰개류로 변화되었고, 이 무렵부터 장의가 여자의 의복으로 정착되었음을 알 수 있다.

여흥민씨1586~1656 묘에서 출토된 누비 장의그림 155는 목판깃이

156

157

156
활옷
숙명여자대학교박물관 소장

157
당의
숙명여자대학교박물관 소장

달렸다. 겨드랑이에 작은 삼각무를 달았으며 끝동에는 다른 소재를 사용하였는데 10cm 정도 겉으로 접어 입었던 흔적이 있다. 고름은 겉깃머리 끝과 길 중앙에 달아 실제로 후대와 같이 머리에 쓰기보다는 직접 착용했던 것으로 보인다.

원삼 원삼은 초록원삼이 있었다. 이 초록원삼은 서민층의 혼례 시에도 사용이 허용되었다. 각기 그 색에 따라 깃도 같은 색이었으며, 소매에는 다홍과 노랑의 양색 색동이 달렸고, 수구에는 한삼이 달려 있었으며, 여기에 다홍색 대대를 띠었다.

활옷 활옷그림 156은 상류계급의 혼례복이었으나 후에 서민층에게도 혼례 시 착용이 허용되었다. 다홍색 비단 바탕에 장수와 길복을 의미하는 물결·바위·불로초·어미봉·새끼봉·호랑나비·연꽃·모란꽃·동자 등의 수를 놓았다. 이외에도 이성지합二姓之合·만복지원萬福之源·수여산壽如山·수여해壽如海 등 글씨를 수놓았고, 수구에는 한삼을 달았으며, 대대를 띠었다.

당의 당의그림 157는 반가에서 소례복으로 착용하였으나 금박 무늬에 차이가 있었다.

(2) 상의류

상의류로는 저고리, 당저고리, 배자, 갓저고리 등이 있었다.

저고리 현재 사용되는 '저고리'는 《세종실록》에 '적고리赤古里'라는 명칭으로 처음 등장한다. 이는 짧은 상의류를 지칭하는 가장 대표적인 어휘일 것이다.

조선시대 전기, 중기, 후기 저고리의 시대별 변화를 살펴보면 다음과 같다표 14, 15, 16.

표 14 **조선시대 전기 저고리의 특징**

명칭		형태	비고
저고리 길이		50~70cm 전후	중·후기의 저고리들에 비해 비교적 긴 길이
깃머리 모양		목판깃	-
깃, 끝동, 곁마기, 고름, 섶		길과 다른 이색 천	-
소매배래모양		직배래	-
유물	상원사 문수보살상에 복장1460된 장씨의 저고리그림 158[40)	저고리 길이는 55cm로, 저고리의 길과 다른 옷감으로 깃, 끝동, 섶, 고름 부분을 장식. 겨드랑이에는 삼각무를 대고 있으며 소매는 직배래임	조선시대 유물 중 가장 오래된 저고리
	안동김씨1560년대의 저고리그림 159[41)	저고리 길이가 56cm이며, 옆이 아래로 퍼져 지금의 두루마기 무와 같이 곁마기가 달림. 겉안깃이 모두 지금의 안깃 형태. 겉섶도 안섶처럼 달려 있는데, 섶 아래가 위에 비해 상당히 넓어서 많이 여미어지게 되어 있음. 도련은 곡선이 매우 둥글게 되어 있음	-
이외에도 은진송씨1509~1580 묘 출토 저고리, 파평윤씨1566 묘 출토 저고리, 청주한씨1580년경 묘 출토 저고리 등이 있음			

158
장씨 회장저고리
월정사 성보박물관 소장

159
안동김씨 저고리
국립민속박물관 소장

160
동래정씨 저고리
경기도박물관 소장

161
여흥민씨 묘 출토 저고리
경기도박물관 소장

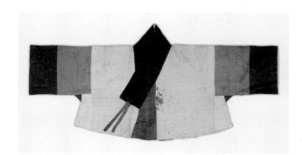

158

159

160

161

표 15 **조선시대 중기 저고리의 특징**

명칭		형태	비고
저고리 길이		45~60cm 정도	-
깃머리 모양		목판당코깃	-
안깃		완전히 들어 달린 형, 완전 내어 달린 형, 중간형이 혼재	-
깃, 고름. 끝동		이색 천	-
곁마기		있는 것과 없는 것이 혼재	-
소매배래		배래선이 약간 곡선으로 변화	-
유물	동래정씨1567~1631 묘 출토 저고리그림 160	길이가 52cm이며 목판당코깃이며, 깃, 끝동, 곁마기가 이색천으로 되어 있고 소매는 거의 직배래	-
	여흥민씨1586~1656 묘 출토 저고리그림 161	저고리 길이가 54cm이고 목판당코깃이며, 깃과 끝동만 이색천을 대고 소매는 거의 직배래	• 출토된 10점은 길이 46~58cm로 모두 목판당코깃으로 당시 당코깃이 완전히 정착되었음을 보여줌. 그중 끝동을 단 것 외에 넓은 거들지를 달아 접어 입을 수 있게 한 것도 있음. 또한 10점 중 4점만 곁마기 장식이 있음. • 여흥민씨 몰년1656까지 솜옷과 누비옷이 많이 사용된 것도 특징[42]
	이외에도 이단하1625~1689 부인 저고리, 해평윤씨1660~1701 묘 출토 저고리, 완산최씨1732년 몰 저고리 등이 있음		

표 16 **조선시대 후기 저고리의 특징**

명칭		형태	비고
저고리 길이		16~26cm 정도	저고리 길이가 매우 짧아짐
깃머리 모양		목판당코깃에서 점차 깃궁둥이가 둥글어짐	-
깃나비		전기, 중기에 비해 좁아짐	-
소매통		좁아짐	-
고름길이		길어짐	-
유물	회장저고리 그림 162	저고리 길이가 21cm 정도로 짧고, 목판당코깃이며, 깃, 끝동, 곁막이가 이색천. 소매는 좁은 직배래	함께 출토된 다른 1점은 저고리의 깃만 이색천
	청연군주 淸衍郡主, 1754~1821 저고리그림 163[43]	저고리 길이가 26cm이며 목판당코깃이며, 깃과 곁막이만 이색천이고 소매는 좁은 직배래	저고리 유물은 3대에 걸쳐 약 50년간의 모양을 보여줌. 착용 연령에 따라 크기에 다소의 차이가 있기는 하나 근본 형태에는 별로 변동이 없음. 품도 몸에 맞게 되고, 화장도 훨씬 짧아졌으나 손목은 완전히 덮음. 깃·섶·끝동·고대 등 모두 몹시 좁아졌으며, 다만 곁마기만이 커짐. 동정 나비가 전대의 반으로 줄어들었으며, 고름의 나비는 전대와 비슷하나 길이가 늘어남.
	덕온공주1822~1844 삼회장저고리그림 164[44]	저고리 길이가 16cm로 매우 짧고, 깃궁둥이가 둥글어진 당코깃. 깃과 곁마기, 고름을 이색천으로 댔고, 소매 끝에는 흰색의 한삼을 달았음	옷 전체에 수壽와 복福이란 글자를 금박
	이외에도 이연응1818~1879 묘 출토 여자 저고리, 양헌수 장군1816~1888의 부인 저고리 등이 있음		

162
회장저고리
세종대학교박물관 소장

163
청연군주 저고리
단국대학교석주선기념박물
관 소장

164
덕온공주 삼회장저고리
단국대학교석주선기념박물관
소장

162

163

164

당저고리 당唐저고리는 80cm 전후의 저고리로 '당'을 수식어로 사용하여 의례적 성격을 강조하였다. 이 저고리는 겨드랑이 아래로 긴 옆트임이 있는데, 후대에 당의로 변한 것으로 보인다.

　　당저고리의 당시 모습을 살펴볼 수 있는 유물은 다음과 같다.

165
당저고리
해인사 소장

• 광해군비 당저고리: 광해군비 당저고리1622, 그림 165**45)**는 78cm로 매우 길며, 앞과 뒤가 길고 겨드랑이 아래가 38cm 터져 있다. 청주한씨 묘, 고령신씨 묘에서도 비슷한 형태가 출토된 것으로 보아 평상시 웃옷으로 착용하였던 것으로 추측된다. 길과 같은 색의 깃을 달아주는 장저고리와 달리 이색 깃이 달려 있는 점이 특징이다. 깃은 목판 당코깃이며 겉에서 보이기 쉬운 옆트임 부분에만 홍색 안단을 대고 있다.

　　또한 평산신씨1523~1593 묘 출토 저고리와 해평윤씨1660~1701 묘에서 출토된 당저고리 등도 있다.

• 〈동국신속삼각행실도〉1617[46)]에서 최씨가 착용한 저고리: 최씨 저고리그림 166는 저고리 길이와 화장 길이, 배래선 모양으로 보아 당저고리류로 추측된다.

선조 40년1607 《경수연 도첩》에 나타난 '경수연을 받는 여인의 저고리'에서도 유물과 같은 깃모양과 넓은 동정과 부리를 볼 수 있다. 또한 같은 도첩에서 음률을 지휘하는 듯한 여인의 저고리에서는 옆이 트여 있는 것을 볼 수 있다.

166
최씨 저고리
〈동국신속삼강행실도〉 소재
규장각 소장

배자 배자그림 167는 신라 때 당 복식의 영향을 받은 반비半臂가 변천된 것으로 추측된다. 송광사 목조관음좌상 불복장1662 배자그림 167는 연두색 길에 자주색 맞깃이 달리고 동정을 달았으며, 양옆은 모두 트이고, 겨드랑이 아래로 자주색 끈을 달아 앞뒤 길을 고정시켰다.[47)]

조선 후기의 여자 배자들은 옆을 막아 끈을 달지 않았고, 털로 선을 두르고 안에도 양털 또는 토끼털 같은 것으로 받쳤다.

갓저고리 갓저고리그림 168는 비단으로 된 겉에 담비털, 양털, 토끼털 등을 이용하여 안에 받쳐 입었다. 중부 이북의 추운 지방에 널리 보급되었던 방한복의 하나로, 저고리 위에 덧입게 되어 있었으며 화장, 품, 길이가 넉넉하였고 길이가 거의 둔부까지 내려왔다. 털에 때가 묻어 더러워지면 바짝 마른 찹쌀가루를 털 위에 뿌리고 손바닥으로 싹싹 비벼서 찹쌀가루에 때를 묻게 하여 제거하였다.

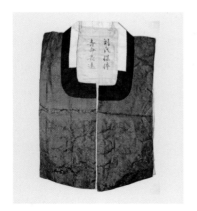

167
배자
송광사 소장

168
갓저고리

167

168

(3) 하의류

치마라는 용어가 처음 등장하는 것은 조선 세종조 '적마赤亇'이다. 17세기 상궁 이하 나인의 치마에는 '장치마'라는 기록이 남아 있어, 길이가 아주 긴 치마가 존재하였음을 알 수 있다. 18세기에는 예복으로 청홍치마를 겹쳐 입었다. 19세기에는 일반치마 외에 장치마, 위치마, 스란치마, 대란치마 등이 있었다. 《순화궁접초》에 스란치마 위에 스란웃치마를 입었다는 기록이 남아 있다.

치마 여자들이 착용하는 일반 치마는 저고리 길이에 영향을 많이 받았다. 조선시대 초기, 저고리 길이가 길 때는 치마를 허리에 입어도 되었으므로 치마 길이가 짧았다. 또한 치마를 허리에 맞게 입었기 때문에 '치마허리'라는 명칭도 이러한 연유에서 비롯된 것으로 보인다. 중·후기에는 저고리 길이가 점차 짧아지면서 치마를 가슴 위로 치켜 입게 되면서 길어지게 되었던 것으로 보인다그림 105, 106.

남아 있는 유물로 미루어볼 때, 조선 초기와 중기에는 겉치마로 솜치마·솜누비치마·겹치마·겹누비치마 등을 입었으나 후기에 들어서는 솜치마·누비치마 등이 없어지고 주로 겹치마만 입었음을 알 수 있다.[48] 어려서부터 출가 후 아이를 낳을 때까지는 주로 다홍치마를 입었으며, 중년이 되면 남치마를 입었고, 노년이 되면 옥색·회색 계통의 치마를 입었으나 내외가 공존하는 이는 아무리 늙었어도 큰일이 닥쳤을 때는 남치마를 입었다. 과부는 평생 흰 것을 입고 일생을 마치게 되어 있었다. 치마 여밈은 왼쪽 여밈이 상류층 부녀자의 착장방법으로 알려져 있으나 출토 치마 중에는 오히려 반대로 나타나는 경우가 많다.[49]

조선시대 치마로는 일상적으로 착용한 일반 치마와 예복용으로 주로 착용한 다트식 의례용 치마, 스란치마, 대란치마, 그리고 입는 방법에 따라 분류한 거들치마 등이 있었다.

- 일반 치마: 일반 치마 유물을 조선시대 전기, 중기, 후기로 나누어 살펴보면 다음과 같다표 17.
- 다트식 의례용 치마: 다트식 의례용 치마는 계절을 막론하고 홑치마로 만들었

표 17 **조선시대 전기·중기·후기 일반 치마**

시기	종류	형태	비고
전기	안동김씨 수의 치마	치마 길이 90cm	-
	순천박씨1471~1501 묘 출토 모시 치마	치마 길이 98.5cm	-
	순천김씨1592년 임란 전 묘 출토 모시 홑치마	치마 길이 63cm	잔주름을 눌러 덧박음
중기	청주한씨16세기 중종~선조 연간 묘 출토 치마	치마 길이 82~100cm	5점 출토. 솜치마가 주류를 이루고 있으며 겹치마 1점 포함
	여흥민씨1586~1656 묘 출토 소화문능 치마	치마 길이 92.5cm	오른치마일 것으로 추측
	진주류씨16세기 말 묘 출토 구름보배문단 아청색 솜치마	도련에서 20cm 올라가 23cm를 단을 접은 상태로 치마 길이 84cm가 된다.[50]	단을 접어 올린 것이 특징
	은진송씨恩津宋氏, 1509~1580 묘 출토 치마	• 담황색 명주겹치마: 치마 길이 73cm • 연두색비단 솜치마: 치마 길이 101cm	다트식 의례용 홑치마 3점과 함께 출토
	하동 정씨16세기의 치마	• 다홍색 명주 누비치마: 치마 길이 92cm • 청색 명주 겹치마: 치마 길이 95cm	-
후기	청연군주의 치마 유물	공단겹치마 8점, 삼팔겹치마 2점, 궁초 겹치마 1점 등이 있다. 유물의 길이는 113~135cm이다.	폭은 초·중기에 비해 그다지 차이가 없으나 길이는 많이 길어짐

169
기성군부인 평양이씨 치마
경기도박물관 소장

다. 평상용보다 30cm 정도 전후 길이에 차이가 나는 것은 앞부분을 다양한 다트식으로 처리하여 보행 시 지장을 주지 않기 위함이 아니었을까 한다. 또한 2개의 치마를 겹쳐 입기 위한 방법으로도 생각된다. 유물을 살펴보면 다음과 같다.

기성군부인 평양이씨1502~1579 치마그림 169는 홑치마로 길이가 117.5cm이고 상부 중앙에 14cm를 접어 7cm 너비가 되도록 다트를 잡아 앞이 짧고 뒤가 길도록 만들었다. 원주원씨16세기 홑치마 2점은 처리 방식의 차이는 있지만 다트를 넣어 앞은 짧고 뒤쪽은 길게 되어 있다.[51]

남양홍씨16세기 치마는 긴 길이로 치마를 완성한 후 지금의 다트 주름을 잡는 식으로 앞부분을 짧게 하고 양옆에서 뒤쪽으로 갈수록 지면에 끌리는 부분을 많게 하였다.

은진송씨1509~1580 묘 출토 홑치마는 남양홍씨 치마와 같은 방식의 다트를 잡아 앞보다 뒤를 길게 하여 뒤가 끌리게 하였다.

원주원씨16세기 홑치마 2점이 처리 방식의 차이는 있지만 다트를 넣어 앞은 짧고 뒤쪽은 길게 되어 있다.

• 스란치마·대란치마: 스란치마[52]는 원래 직금으로 문양을 만들어 넣은 것이었는데 1줄 넣은 것을 '스란', 2줄 넣은 것을 '대란'이라 불렀으며 이를 '쌍스란치마'라고도 불렀다. 동자포도문이 직금된 청주한씨16세기 스란치마그림 170는 길이가 127cm이고, 치마 중간 부위에는 2줄로 직금織金된 28cm 너비의 금선 스란단이 있었고, 도련에는 직금된 6cm 너비의 가느다란 금선단이 장식되어, 조선 말기 스란·대란치마와는 다른 양식을 보이고 있었다.

이후에는 따로 스란단을 만들고 이에 금박을 하여 1단을 치마에 붙인 것을 스란치마그림 171라 하였고, 소례복에 스란단을 2층 붙인 것을 대란치마그림 172라 하여 대례복에 착용하였다. 스란단 무늬는 계급에 따라 달라서 왕비는 용문, 빈·공주·옹주는 봉황문, 사녀는 글자와 화문이었다.

대란치마나 스란치마는 평상복 치마보다 비단 1폭을 더해 폭을 넓게 하였고 치마 길이도 30cm 이상 땅에 늘어뜨렸으며, 사나 단을 가지고 다홍 또는 남으로 겹으로 만들었고, 치마가 입어서 땅에 닿을 만한 위치에 스란단을 스쳐 달았다. 스란단의 나비는 후기에 오면 대개 15~20cm 정도였으며,

170
청주한씨 스란치마
단국대석주선기념박물
관 소장

171
스란치마
국립고궁박물관 소장

172
대란치마
국립고궁박물관 소장

171

172

스란단을 이중으로 붙인 대란치마의 단 사이는 약 15cm였고 위의 것은 나비가 넓고 아래 것은 좁게 하여 대었다. 보통 남색 대란치마를 입고 그 위에 홍색 대란치마를 입되, 남색 아랫단의 좁은 금박 위에 홍색 대란치마의 끝이 오도록 하였다.

- 거들치마: 김홍도나 신윤복의 인물 풍속도를 보면, 서민층 이하의 기녀 또는 노비들은 긴 치마를 걷어올리고 허리띠를 매고 있다. 반인계급도 보행 시에는 긴 치마를 위로 거두어 들고 다녔는데 여기서 '거들치마'라는 명칭이 나왔으며, 일할 때도 거들치마를 입었고 그 위에 '행주치마'를 둘렀다.

　오늘날의 치마의 형태를 갖춘 것으로 보이는 후기의 치마 착용 모습은 계급에 따라 그 모양이 달랐다. 거들치마의 경우에는 긴 치마를 저고리 위로 접어올려 큼직큼직하게 주름을 잡듯 접었고, 뒷자락을 외로 여미서 휩싸게 하여 우선 반인임을 표시하였다. 생기는 선을 아(惡)자형으로 길게 늘이거나 치켜올려 사색당의 편향을 나타내기도 하였다.

(4) 속옷

조선시대 여자들의 속옷으로는 저고리 속에 입는 속적삼과 속저고리, 치마 속에 입는 다리속곳과 속속곳, 바지, 단속곳, 너른바지, 무지기치마, 대슘치마 등이 있었다.

속적삼·속저고리　속적삼은 저고리 속에 입는 홑적삼이었고, 속저고리는 겨울에 속적삼 위에 입는 저고리였다. 삼작저고리는 속적삼, 속저고리, 윗저고리의 삼작을 의미하였다. 속적삼은 저고리 안에 입는 것이므로 직접 몸에 닿는 홑옷이었으며 저고리와 같은 모양이었다. 치수는 저고리보다 약간 작게 만들어서 동정과 고름을 달지 않고 헝겊으로 맺은 단추를 달았다. 이는 겨울에는 겨울감으로, 여름에는 여름감으로 지어 입었다. 궁중이나 반가의 부녀자들은 아무리 더운 여름철에도 반드시 속적삼을 입었다.

다리속곳　다리속곳은 가장 밑에 입는 속옷그림 173으로 홑겹의 긴 감을 허리띠에 달아 입었다. 속속곳이 크기 때문에 자주 빨 수 없는 데 비하여 다리속곳은 자주 갈

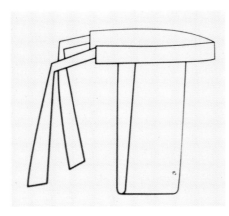

173

174

173
다리속곳

174
구례손씨 바지
충북대학교박물관 소장

아입을 수 있어 애용되었던 것으로 보인다.

속속곳 속속곳은 바지 밑에 입는 것으로 단속곳과 그 형태가 같았으나, 치수가 단속곳보다 약간씩 작고 바대나 밑 길이가 길었다. 피부에 직접 닿기 때문에 주로 목면을 사용하였다. 고급으로는 명주, 여름에는 베, 모시 등을 사용하였다.

바지 조선시대 초·중기까지는 남자 바지와 같이 넓은 바지에 대님을 치고 있었다. 후기에 들어와서는 밑이 따로 떨어진 바지로 변하였으며 허리끈이 달렸다. 밑을 따로 떨어지게 한 것은 용변을 편하게 보기 위해서였다. 당시 여인들은 용변을 볼 때 단속곳의 한쪽 가랑이를 걷어 올리고 바지 밑을 벌린 다음 속속곳 가랑이를 걷어 올려야 했다.

거울에는 명주·삼팔·호박단 등으로 안에 솜을 넣어 지어 입었으며, 봄이나 가을에는 겨울감에서 솜을 빼고 겹으로도 하였고, 숙고사 등에 얇게 솜을 넣어 초봄이나 늦가을에 입기도 했는데, 특히 누비로 많이 해 입었다. 여름에는 모시·생노방·베 등을 홑으로 하여 시원하게 만들어 입었는데, 이것을 '고쟁이'라고 불렀다. 고쟁이는 입었을 때 밖에서 부리가 보였으므로, 위는 덥지 않게 얇은 감의 홑으로 하되 밑은 비단으로 덧대어 입기도 하였다.

17세기 전기 유물인 구례손씨 묘 출토 솜바지그림 174는 바지 말기 끝에 끈이 달려 있고, 어깨끈이 허리 말기의 중앙지점에서 바지 옆트임이 없는 쪽으로 약간 치우쳐 달려 있다. 이 위치는 바지를 입을 때 큰 어려움 없이 어깨에 끈을 걸 수 있는 지점이다. 또한 옆트임은 가로형이며, 밑이 트인 좌우 가랑이의 밑 부분에 비교적 커다란 사다리꼴 무가 달려 있다. 바지의 어깨끈은 16~17세기에 걸쳐 다양한 소재와 구성의 바지에서 사용되었다.[53]

단속곳 단속곳單襊衣, 그림 175은 단, 즉 홑으로 된 속옷을 일컬었다. 바지 위에 입는 속옷으로, 일상복으로 이 위에 치마를 입었다. 치마보다는 다소 짧은 것으로 양 가

175

176

175
단속곳
경기도박물관 소장

176
덕혜옹주 너른바지
일본문화학원 소장

랑이가 넓으며 밑이 막혀 있다. 형태는 속속곳과 같았으나 길이가 약간 길고 옷감이 고급이었다. 색은 주로 흰색을 입었으나 나이가 든 사람은 옥색이나 회색을 입었다. 여름에는 모시·생노방 등을 겨울에는 명주·삼팔·자미사 등을 사용하였다.

여흥민씨1586~1656 묘 출토 단속곳은 솜을 얇게 두고, 간격 2~2.5cm로 매우 곱게 누빈 것이었다. 어깨에는 끈이 달려 있었고, 옆트임이 있었으며 밑은 막힌 형태였다.

너른바지 너른바지는 주로 상류계층에서 정장할 때 밑받침 옷으로 단속곳 대신 입어 하체를 풍성하게 보이게 한 속옷의 하나그림 176였는데, 단속곳과 바지를 겹쳐놓은 것처럼 가랑이가 넓은 겹으로 되어 있었으며 앞은 막히고 뒤로 여미게 하였다. 밑은 따로 달지 않았고 터지지 않도록 약 2cm의 정사각형을 마름모꼴이 되도록 반으로 접어 달아 튼튼하게 만들었다. 옛날에는 너른바지를 주로 비단으로 만들었는데 이는 가랑이가 70cm나 되는 넓은 것이었다. 이 바지는 특수한 층에서만 입었던 것으로 일반화되지는 않았다.

대슘치마 대슘치마그림 177는 왕족이 사용하던 정장 속치마로, 허리는 무지기로, 아래는 대슘치마로 받쳤다. 무지기 밑에 착용한 이 치마는 모시 12폭 정도를 이용하여 땅에 끌리지 않을 만큼의 길이로 만들었다. 단에는 창호지 백비를 4cm 정도 모시로 싸서 붙였다.

177

178

무지기 무지기그림 178는 모시 12폭으로 3층이나 5층 혹은 7층으로 길이가 다른 것을 한 허리에 단 것으로, 허리에서 무릎까지가 가장 길고 약 5cm 간격을 두고 층층으로 되어 있다. 그 5cm 간격의 단에 젊은 사람은 각색을, 나이가 지긋한 사람은 단색으로 엷은 물감을 들여 흡사 무지개 같이 보였다. 그래서 이를 무지기 또는 무지기치마라고 불렀다. 무지기의 역할은 겉치마를 푸하게 버티게 하기 위한 것으로 오늘날의 페티코트petticoat와 같은 역할을 하였다.

조선시대 부녀자들의 평상복 차림새를 정리하면 상의로는 속적삼, 속저고리, 윗저고리의 삼작저고리를 입었다. 하의로는 맨 먼저 다리속곳을 입고 그 위에 차례로 속속곳, 바지, 단속곳을 입고 치마를 입었다. 예복을 입을 때는 하의가 더욱 풍성하게 보이게 하기 위하여 다리속곳, 속속곳, 바지, 너른바지, 대슘치마, 무지기를 입고 그 위에 남색 대란치마, 홍색 대란치마를 차례로 입었다.

(5) 허리띠

조선시대 허리띠로는 일반 허리띠와 가리개용 허리띠가 있었다.

- 일반 허리띠: 일반 허리띠는 집에서 일할 때 치마가 거추장스럽지 않게 하고, 외출할 때 치마가 흘러내리지 않게 하기 위하여 매었다. 길이는 170~180cm 정도였고, 너비는 5~7cm 정도로 목 또는 비단으로 만들어졌다.

- 가리개용 허리띠: 가리개용 허리띠_{그림 179}는 조선 후기의 저고리 길이가 짧아지면서 저고리와 치마 사이의 겨드랑이 밑을 가리기 힘들게 되자, 가리개 역할을 하기 위해 생겨난 것이었다. 옷을 입기 전 맨살에 겨드랑이 밑으로 바짝 치켜 가슴을 눌러서 졸라매어 살을 보이지 않게 하는 역할을 하였다. 보통 옥양목 또는 명주로 만들어졌으며 계절에 따라 여름에는 홑으로, 춘추에는 겹으로, 추워지면 누비로도 만들었고, 겨울에는 솜을 두어 방한도 겸하였다. 개화기 이후 저고리 길이가 길어지고 셔츠류의 내의가 들어오면서 자취를 감추었다.

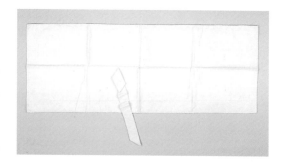

179
가리개용 허리띠
국립민속박물관 소장

(6) 버선

버선_襪은 발 맵시 위주로 만들었으며 솜을 넣어 발에 꼭 끼게 신었다. 버선에 솜을 두는 것은 지역에 따라 차이가 났다. 중앙 지방에서는 맵시를 위주로 하여 발등에 솜을 더 두고, 북쪽에서는 바닥에 솜을 더 두었으며, 남쪽에서는 얇게 솜을 두고 바닥은 더욱 얇게 하였다. 상류층에서는 삼복에도 솜버선을 신었다.

(7) 신

신_{鞋, 履}으로는 궁혜, 당혜, 운혜, 징신, 미투리 및 짚신이 있었다. 궁혜·당혜·운혜는 형태가 같은 것으로 안은 융 같은 폭신한 감이었고, 거죽은 여러 색으로 화사하게 비단으로 백비하여 만들었으며, 바닥에 징을 군데군데 박았다.

당혜 당혜_{그림 180}는 코에 당초문을 놓은 것으로 코휘와 칙실로 신의 중심을 잡았으며, 이로 인해 좌우로 나눠지게 되었다. 주로 양가 부녀들이 신었다.

운혜 운혜_{그림 181}는 코와 뒤꿈치에 운문을 놓은 것으로 제비부리같이 생겼다고 하여 '제비부리신'이라고도 하였다. 당혜와 달리 앞뒤마구리로 감싸기 때문에 중심선이 보이지 않는다.⁵⁴⁾ 일반 여염집 부녀들이 신었다.

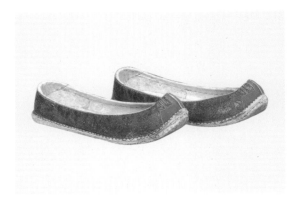

180

181

180
당혜
국립고궁박물관 소장

181
운혜
상명대학교 소장

징신 징신은 형태가 당혜나 운혜와 같았으나 가죽을 기름에 절여서 만들었다고 하여 '유혜'라고도 하였다. 바닥에 징을 쭉 둘러 박아서 징신이라고도 하였다. 이 신은 상류계급의 부녀들이 신었다.

미투리·짚신 미투리와 짚신은 반인계급에서도 신기는 하였으나 대개 서민층 이하의 부녀들이 신었다.

3) 서민녀복·기녀복

(1) 서민녀복

전 인구의 8~9할이 넘었던 농민 부녀들은 길쌈 노래 가사에서 나오듯 침선방적바늘침, 줄선, 실방, 길쌈적을 하며 일생을 마치고 손발톱이 닳도록 일하면서도 평생 비단 한 번 걸치지 못하였다. 그래도 공·상인 중에 부를 누릴 수 있었던 일부 상인층의 부녀자들은 사치가 대단하여 나라의 복식금제와 더불어 논란의 대상이 되기도 했다. 이 밖에도 서민녀복은 반인계급과 옷의 종류와 착의법에 차이가 있었다. 여복에서는 포제를 생각지도 못하였으며, 쓰개도 장옷·천의에 한하였고, 저고리·적삼·치마·바지·속곳·고쟁이·짚신 등을 착용하는 것이 고작이었다. 또한 삼회장저고리를 입지 못하였다.

대표적인 서민녀복으로는 거들치마, 두루치, 행주치마가 있었다.

거들치마　거들치마그림 182는 치맛자락을 바짝 치켜서 여며 입어 행동이 편하게 하였다.

두루치　두루치그림 183는 치마폭이 좁고 길이도 짧아 속옷이 밖으로 보이게 입었다.

행주치마　행주치마그림 184는 일할 때 치마 위에 착용하였다.

　그러나 서민녀이더라도 혼례 때만은 인륜지대사라 하여 특혜를 받아 반가와 다름없이 족두리나 원삼을 착용할 수 있었다.

182

182
거들치마
신윤복, 《풍속화첩》 소재
국립중앙박물관 소장

183
두루치
신윤복, 〈선술집〉 소재

184
행주치마
《수갑계첩》 소재
국립중앙박물관 소장

183

184

(2) 기녀복

기녀는 본래 가무의 기예를 배우고 익혀 나라에서 필요한 때 봉사하던 여인을 일컫는 말이었다. 이들은 제도적으로 관청에 소속되었으며 신분상으로는 천인에 속하였다. 내외법이 엄격해지면서 부녀들이 남자 의사에게 질병을 보이기 꺼려하자 그 임무를 맡게 된 것이 바로 의녀로서의 기녀였다. 궁중에서 바느질을 맡았던 침선비針線婢도 기녀 중에서 충당하였다.

기녀들은 서민 부녀와 마찬가지로 삼회장저고리나 겹치마의 착용이 금지되었다. 하지만 신윤복의 풍속도에 나타난 기녀들의 복장그림 105, 182은 반가의 여인들과 그리 다르지 않으며 규제가 잘 지켜지지 않은 것으로 보인다. 약방 기생쯤 되면 예복으로 녹의홍상綠衣紅裳에 큰머리를 하고 고름에 침통을 차는 이례적인 대우를 받기도 하였다. 또한 궁중에서 정재呈才할 때 기녀妓女가 입었던 무의舞衣인 몽두리그림 185도 있었다. 몽두리는 섶이 여며지지 않는 맞섶이었으며 길이가 길고 가슴 부위에는 넓은 수대繡帶를 띠는 옷이었다.

185
몽두리
국립민속박물관 소장

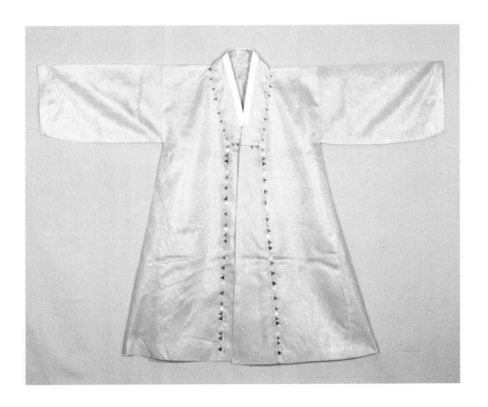

12장

조선시대 장신구 및 직물·염색

1 무늬와 자수

1) 무늬

조선시대 복식품에 사용된 무늬는 다양성과 장식성뿐만 아니라 상징성이 중요시되었다. 당시 우리 조상들의 가장 큰 염원은 현세에서 온갖 부귀를 누리고 가문의 자손이 만당하고, 후사가 연속되고, 이러한 가운데 장수하는 것이었다. 그리하여 아들을 많이 낳게 하는 것, 부귀를 상징하는 것, 장수를 뜻하는 것 등을 무늬로 택하였다. 조선시대 복식품에 주로 사용되었던 무늬는 다음과 같다.

표 18 **조선시대 복식품의 무늬**

구분	무늬
식물문	• 사실적인 무늬: 모란문, 연화문, 사군자梅·蘭·菊·竹문, 포도문, 석류문 등 • 공상적인 무늬: 지초芝草문, 인동당초忍冬唐草문, 보상화寶相華문, 천도天桃문 등
동물문	• 사실적인 무늬: 학문, 사슴문, 박쥐문, 나비, 호랑이문, 원앙문 등 • 공상적인 무늬: 용문, 봉황문 등
길상어문	좋은 의미를 가진 한자어를 장식적으로 도안화한 것. 수壽, 복福, 희囍, 부귀영화富貴榮華, 만수무강萬壽無疆, 자손창성子孫昌盛 등
자연문	운문雲文, 물결문, 산악문 등
기하문	점문, 선문, 만자卍字문, 아자문亞字文, 거북문 등

2) 자수

자수刺繡는 크게 중국수中國繡와 궁수宮繡, 민간수民間繡 등으로 나눌 수 있으며 이외에도 안주수安州繡라는 것이 있었다. 조선시대 자수의 종류와 특징을 살펴보면 다음과 같다표 19.

표 19 **조선시대 자수**

구분	특징
중국수	홀수이면서도 면이 곱고 얼핏 보아 기계수 같은 느낌을 준다. 가는 실과 세련된 기법으로 특히 금사·은사의 수는 치밀하게 다루어지며, 실의 굵기에서 입체감이 느껴진다.
궁수	홀수이면서 면이 아주 미끈하고 고운데, 실을 약간 느슨하게 꼬아 평면으로 납작하게 수놓았다.
민간수	일반 민간 가정에서 놓은 일반수이다.
안주수	남자가 놓은 수로서, 수 바탕에 심을 넣어 꼰사수를 놓아, 궁수에 비해 양감이 있어 일반에게 인기가 있었다.

186
남자용 귀고리
서울 은평구 뉴타운 발굴도면
12호 무덤 출토

187
귀걸이
국립민속박물관 소장

2 이식·지환

고대부터 착용했던 귀고리, 목걸이, 팔찌, 반지 등의 패물 중에서 조선시대에는 귀고리귀걸이와 반지만이 남았던 것으로 보인다. 귀고리도 귓볼을 뚫어 꿰는 양식이 사라지고 후기에는 귓바퀴에 거는 양식만이 겨우 명맥을 유지하였다.

186

1) 귀고리·귀걸이

선조대까지는 형태와 상관없이 남녀를 막론하고 '귀고리'로서의 이식耳飾이 있었다. 남자용 귀고리그림 186도 있었다.[55] 그러나 귀를 뚫는 것은 유교사상에 비추어 볼 때 불효막심이라는 선조의 유시가 있은 후, 여자용 귀고리의 모습이 달라졌고 형태가 변함에 따라 평상시에 이식하던 습속은 자취를 감추었으며, 남자용 귀고리를 더 이상 볼 수 없게 되었다.

조선시대 후기 이식의 특징은 고대의 귀고리처럼 귀를 뚫어 꿴 것이 아니고, 귀걸이그림 187를 만들어 귓바퀴에 걸었다는 것이다. 그 장식은 단조로운 모양으로 때로는 단조로움을 보완하기 위해 의식용 술을 달기도 하였다.

187

2) 지환

188
가락지
국립민속박물관 소장

지환指環으로는 2개를 1쌍으로 착용하는 가락지그림 188와 1개로 이루어진 반지가 있었다. 이것은 주로 가락지의 형태가 많았으며 도금 또는 은을 많이 사용하였다. 이밖에도 칠보, 옥, 마노, 호박, 비취, 진주, 동 등으로 반지를 만들어 종류에 따라 계절에 맞추어 끼기도 하였다. 여름에는 금을 끼지 못하였고 겨울에는 옥을 끼지 못하였으나 봄가을에는 옷에 따라 마음대로 착용하였다.

3 패물

패물佩物은 사람이 몸에 차는 장식물로, 조선시대 여자들의 패물은 각종 노리개와 주머니로 대별된다. 저고리 길이가 짧아지면서 옷고름이 보편화되자, 비단 허리띠뿐만 아니라 옷고름에도 노리개를 차게 되었다.

1) 노리개

노리개는 형태와 색에 따라 그 배경이 되는 의복 상·하의의 색채와 조화를 이루게 하는 역할을 하였다. 또한 짧은 저고리와 치마에 대한 의복 전체의 조화를 이루는 역할도 하였다. 노리개는 궁중은 물론 상류계급부터 평민에 이르기까지 모든 여자들이 애용하였다. 궁중의식이나 경사 시에 패용하였으며 간단한 것은 일상에서도 즐겨 패용하였다. 양반계급에서는 이것을 대대로 물려주어 해당 가계의 표시로 삼기도 하였다.

노리개는 계절 또는 그 재료와 크기에 따라 패용하는 위치나 사용법에 차이가 있었다. 금이나 은으로 된 노리개는 주로 가을·겨울에 사용하였고, 5월 단옷날부터는 일제히 옥노리개·비취노리개를 착용하였다. 8월 추석에는 보패류나 짙은 색의 옥석류로 된 노리개를 착용하였다.

표 20 **노리개의 재료**

구분	재료
금속류金屬類	금·은·동
옥석류玉石類	백옥白玉·홍옥紅玉·비취·자마노紫瑪瑙
보패류寶貝類	밀화·산호·진주·호박·대모玳瑁

(1) 노리개의 구성

노리개는 구성에 따라 대금帶金, 띠돈, 다회多繪, 주체主體, 매듭, 술유소, 流蘇 등 5가지로 나눌 수 있다.

대금 대금띠돈은 노리개 맨 윗부분에 달려서 노리개를 옷고름에 고정하는 역할을 하였다. 단작일 경우에는 단독으로, 삼작일 경우에는 3개의 주체를 따로 연결한 다회를 한곳에서 정리하여 뒤쪽에 마련된 고리로 옷고름에 걸게 되어 있었다. 재료로는 금은, 백옥, 비취, 금패, 산호 등을 사용하였으며 형태는 정사각형, 장방형, 원형, 나비형, 화형花形, 사엽형四葉形을 띠었다.

다회 다회끈는 대금·주체·매듭·유소를 연결하는 것으로, 폭이 넓은 광다회와 끈목의 둘레가 둥근 원다회가 있었다. 노리개에 주로 사용된 것은 원다회로 매듭이나 술도 이것으로 만들었다.

주체 삼작 또는 단작 그 자체를 말한다. 형태는 주로 주체의 형태를 나타내는 것이었다.

- 동물형: 박쥐, 거북, 나비, 오리, 매미 등이 있었다.
- 식물형: 가지, 고추, 포도송이, 천도天桃, 연화蓮花 등이 있었다.
- 생활도구형: 호로병, 주머니, 종鐘, 표주박, 북, 장고, 안경집, 자물쇠, 도끼, 버선, 방아다리, 방울, 투호投壺, 장도 등이 있었다.
- 기타: 불수佛手, 문자文字 등이 있었다.

매듭 주체를 중심으로 상하에 있어 주체를 장식하는 역할을 하는 것으로, 그 밑에 술이 달려 있었다. 노리개의 크기와 형태에 따라 사용되었다.

술 노리개 맨밑에 장식하는 것으로 흔히 딸기술, 봉술 등을 둘로 하여 쌍술을 사용하였다. 이외에도 낙지다리모양 술이 있었다.

(2) 노리개의 종류

노리개로는 3개를 패용하는 삼작노리개와 단독으로 차는 단작노리개, 특수한 목적으로 패용하는 삼천주노리개, 진주낭자, 발향노리개, 줄향노리개 등이 있었다.

삼작노리개 3개를 함께 패용하는 노리개였다. 크기나 규모 및 사용한 재료에 따라 사용자의 신분과 계급을 짐작할 수 있다. 삼작의 본뜻은 조선시대 조부모·부모·아들과 며느리의 3대가 모여 사는 대가족제도 속의 안정된 조화이다. 이 노리개는 크기나 규모, 재료, 형태에 따라 분류할 수 있다. 삼작노리개 중 대표적인 것을 살펴보면 다음과 같다.

- 대삼작노리개: 대삼작노리개그림 189는 가장 크고 호화로웠던 것으로 주로 궁중에서 패용하였다. 보통 밀화를 불수감佛手柑모양으로 조각한 것과 옥나비 1쌍과 산호를 자연 그대로 매단 양식이 대표적이었다. 잔치 같은 기쁜 날에만 착용하였다.
- 중삼작노리개: 중삼작노리개는 궁중이나 상류계급에서 패용하였다. 은투호 삼작노리개그림 190나 박쥐삼작노리개, 밀화삼작노리개 등이 이러한 노리개에 해당된다.
- 소삼작노리개: 소삼작노리개는 젊은 부녀나 어린이들이 패용하였다.

훗날 삼작노리개 외에도 오작노리개그림 191나 칠작노리개 등도 패용되었던 것으로 보인다.

표 21 **삼작노리개의 분류**

구분	내용
크기나 규모에 따른 분류	대삼작大三作, 중삼작中三作, 소삼작小三作 등
재료에 따른 분류	금삼작, 은삼작, 옥삼작, 비취삼작, 자마노삼작, 밀화삼작 등
형태에 따른 분류	호리병삼작, 투호삼작, 박쥐삼작, 나비삼작, 동자삼작 등

189

190

189
대삼작노리개
국립민속박물관 소장

190
은투호삼작노리개
아모레퍼시픽미술관 소장

191
오작노리개
아모레퍼시픽미술관 소장

192

193

194

단작노리개 단작노리개는 일반적으로 향갑香匣을 애용하였고 수향낭繡香囊을 정성스럽게 만들어서 찼다. 이 밖에도 호랑이발톱노리개그림 192를 비롯하여 불수·나비·박쥐노리개와 침낭, 장도粧刀 등을 단 노리개도 있었다. 이들 향갑·향낭·침낭·장도노리개는 장식적이면서도 실용적이었다. 향갑·향낭·발향노리개에 사용되었던 향은 사향麝香 같은 것으로 위급 시 구급약으로도 사용하였다. 단작노리개 중 대표적인 것을 살펴보면 다음과 같다.

- 향갑노리개: 향갑노리개그림 193는 투각된 향갑 속에 홍갑사紅甲紗를 1겹 곱게 바르고 그 속에 향을 꿰게 되어 있었다. 향갑의 특징은 상하에 작은 고리가 달려 있어 매듭의 상·하단을 따로 맺고 향갑 속으로는 다회끈가 통과하지 못하게 되어 있었다. 하단부가 개폐식으로 되어 있기도 하였다.
- 향낭노리개: 향낭노리개그림 194는 주로 비단을 가지고 만든 향을 넣는 주머니로, 그 색채와 형태가 다양하였다. 여기에 각종 무늬를 수놓아 장식하였다.
- 침낭노리개: 침낭노리개그림 195는 '바늘집'이라고도 하였는데, 금속으로 만든 것도 있었으나 대개는 비단에 수놓아 만들어 갖거나 또는 노리개 삼아 패

용하기도 하였다. 아랫부분과 윗부분으로 구분되어, 아랫부분에는 머리털을 가득히 넣어 바늘을 꽂았다. 윗부분은 뚜껑의 역할을 하였다.

- 장도노리개: 장도노리개그림 196에 달린 장도는 장식용뿐만 아니라 호신용으로도 사용되었다. 장도를 노리개에 찬 것은 패도그림 109라 하였고, 주머니 속에 지닌 것은 낭도라 하였다. 칼자루와 칼집의 형태는 사각형, 팔각형, 원통형, 을乙자형 등 여러 가지가 있었다. 노리개용으로 흔히 쓰였던 재료는 옥석·보패류였다. 나중에는 은·백동·도금 등으로도 만들었다.

장도에는 은젓가락이 달린 경우가 많았는데, 이것을 외부에서 식사할 때 사용하기도 하였다. 음식 중 독의 유무를 가려내기 위한 방편으로도 쓰였다. 금패, 호박 등의 재료로 장도 또는 '가락지'를 만들어 몸에 지닌 것은 불의의 상처를 입었을 때 이를 칼로 깎아 바름으로써 지혈시키기 위해서였다.

195

196

발향·줄향노리개 발향노리개그림 197는 향을 갑이나 주머니에 넣지 않고 그대로 패용한 것으로, 향의 모양으로는 사각형·팔각형·원형·박이 있었다.

줄향노리개그림 198는 홍·백·녹·황 등 여러 색의 향을 실에 꿰어 염주모양으로 만들어 패용한 것이었다. 이 노리개들은 주로 향나무를 구슬처럼 만들고 위에 공작의 고운 털을 발라 꿴 것으로 궁중에서 상궁들이 치마 속에 찼다.

195
침낭노리개
국립민속박물관 소장

196
장도노리개
경기도박물관 소장

197
발향노리개
단국대학교석주선기념박물관 소장

198
줄향노리개
단국대학교석주선기념박물관 소장

197   198

199

200

199
삼천주노리개
아모레퍼시픽미술관 소장

200
진주낭자
국립고궁박물관 소장

삼천주노리개   삼천주三千珠노리개그림199는 본래 왕비만이 착용할 수 있던 것으로, 커다란 진주 3개를 차례로 꿰어 가운데 두고 술을 늘어뜨려 불교의 삼천대천세계三千大千世界를 상징하였다. 삼천주는 광대무변한 우주 세계가 불교화의 한 범위가 된다는 뜻으로, 장수의 상징으로 여겨서 장신구에 애용하였으며 신분이 높은 여인이 아니면 사용하기 어려웠다. 그러나 1700년대 기녀로 추정되는 신윤복의 〈미인도〉그림105 속 여인은 붉은 보주 3개를 꿴 푸른색 술의 삼천주노리개를 차고 있어, 당시 기녀들의 신분을 뛰어넘는 사치를 짐작하게 한다.

진주낭자   진주낭자眞珠琅子, 그림200는 향낭 중에서도 가장 고귀하게 만들어진 것으로, 왕비가 정장에만 찼다고 전해진다. 국말 순정효황후윤비의 것을 보면 홍색 공단 주머니 전면에 녹두알만한 작은 진주를 금사에 수없이 꿰어 단 것을 볼 수 있다.

2) 주머니

우리나라 의복에는 주머니 역할을 하는 것이 없기 때문에, 실용적인 면에서 따로 주머니를 만들어 찬 것이 장식화되어 장신구 중 하나가 된 것으로 추측된다. 단독으로 차는 주머니로는 염낭그림 201, 귀주머니그림 202 등이 있었다. 염낭은 주머니 둘레가 둥근 주머니였고, 귀주머니는 양옆이 모가 나 있는 주머니였다.

　주머니는 주로 여러 색채의 주단에 부귀와 장생을 뜻하는 갖가지 무늬로 수놓아 그 수의 도안에 따라 산수낭, 매화낭, 오방낭, 십장생낭 등으로 불렀다. 때로는 오색의 술을 달기도 하였다.

201

4 단추

단추는 원래 포류에 속하는 적의·노의·장삼·원삼 등에 사용한 것이었으며, 저고리나 적삼에는 옷고름을 달고 단추는 사용하지 않았다. 국말 개화기에 접어들면서 간편함을 위하여 여름철 적삼에 옷고름 대신 이용하였고, 마고자 등에 고름 대신 사용하였다. 또한 미관상 간편하게 처리해야 할 곳에만 달았다.

　단추는 금은·옥석으로 만든 단추와 끈으로 만든 맺은 단추가 있었다. 금은·보석으로 만든 단추는 나비·박쥐·국화 등 여러 가지 모양을 본뜨기도 하였다. 맺은 단추는 끈으로 매듭을 맺는 것으로 장식적 가치가 떨어졌으나 일반적으로 입는 옷에 많이 사용하였다.

202

201
염낭
국립민속박물관 소장

202
귀주머니
국립민속박물관 소장

5 직물·염색

조선시대의 의료는 고려시대 의료의 계승에 불과하였으며, 수공업의 영역에서 별다른 진전 없이 유지되었다. 계급에 따른 엄격한 복식금제는 고급 의료의 생산을 억

압하는 결과를 초래하여 의료의 발달을 저해하였고, 중국의 명·청으로부터 들어온 고급 직물의 유입이 이러한 현상을 심화시켰다. 그리하여 전래의 세마포와 저포가 이른바 공물로 중국에 수출되었다. 고려시대 말, 재배가 시작된 면화는 한때 기간 산업화되어 면직물이 수출의 대상이 되기도 하였으나 그것 역시 곧 쇠퇴의 수순을 밟게 되었다.

1) 직물

조선시대에 주로 생산된 직물로는 고래부터 있었던 주와 저와 마포를 비롯하여 새로 등장한 면직물이 있다. 먼저 견직물이라는 우리나라 전통 직물에서 무늬를 표현하는 방법으로는 직조, 염색, 자수기법 등의 3가지 방법이 있었다. 그중 직기에 의한 직조기법은 가장 복잡하고 어려운 방법이었지만, 전통 직물의 무늬 표현에 가장 많이 사용되었다.[56]

(1) 견직물

견직물로는 견絹, 초綃, 주紬, 사紗, 라羅, 능綾, 단緞이 있었다.

표 22 **조선시대의 견직물**

직물	특징
견	가장 상등품의 장견사로 제직하여 표면이 매끄럽고 광택이 났다.
초	정련하지 않은 생장견사로 제직하며 얇고 빳빳하였다.
주	중등품의 견사로 제직한 평견 직물로, 보통 비단이라고 불렀다. 능직이나 수자직으로 무늬를 표현하는 것은 화문주花紋紬라고 불렀다.
사	씨줄 2올을 교차하여 투공효과를 내는 익조직의 직물이었다. 무늬가 없는 직물은 각각 소사素紗라고 하고, 무늬가 있는 직물은 대부분 화문사花紋紗라고 하며, 특정 무늬의 명칭을 지정하기도 한다. 조선 말기에는 얇은 종류의 옷감이 매우 유행하여 숙고사, 생고사, 갑사, 화문사, 도류사, 순인 같은 다양한 종류의 직물이 두루 사용되었다.
라	씨줄 3~4개를 교차시켜 제직한 직물이었다. 무늬가 없는 것은 소라素羅, 무늬가 있는 것은 화문라花紋羅라고 하였다. 항라亢羅는 항주에서 제직한 것에서 이름이 유래되었는데 평직과 익조직을 교대로 하여 가로줄무늬가 나타난다.

(계속)

직물	특징
능	주에 비해 치밀하고 탄력 있는 능직으로 직조하여 표면에 사선이 나타났다. 무늬가 없는 것은 소능素綾 혹은 무문능無紋綾이라 하고, 무늬가 있는 것은 화문능花紋綾이라고 하였다.
단	수자직으로 제직한 것으로 무늬를 표현한 것을 문단紋緞이라 하였다. 조선시대에 가장 많이 활용되었다. 주로 무늬 이름을 붙여 옷감을 호칭하였다. 후에 흔히 무늬가 있는 것을 양단, 무늬가 없는 것을 공단이라고 불렀다. 화문단 바탕에 특정 무늬에만 금사와 은사를 이중으로 넣어 화려하게 제직한 것은 금선단金線緞 혹은 직금織金이라고 하였다.

(2) 마직물

마직물로는 베와 모시가 있었다. 베는 마 또는 마포로 불렸는데 안동에서 생산되는 안동포가 유명하였다. 모시는 저포, 저마, 저로 불렸는데 주로 충청·전라도 해안지대에서 생산되었다. 그중 '한산모시'는 최고품으로 정평이 났으며, 가늘면서 고르고 탄탄한 맛이 있어 즐겨 사용되었고 중국에도 널리 알려졌다.

(3) 면직물

면직물은 목면, 목, 무명이라고도 불렸다. 착용자의 신분에 따라 당상관 사이에서는 견직물의 사용이 많았으나 당하관 사이에서는 면직물의 사용이 증가하였다. 관직이 없는 자들은 면직물이나 베를 사용하였다. 면직물은 속옷용이나 안감용으로 주로 사용되었다.

(4) 모직물·모피

조선시대에도 모직물과 모피를 즐겨 사용하였다. 모섬유를 축융시킨 전氈도 생산하였다. 당시에는 모직물과 모피를 이용하여 구의, 갖저고리, 털배자와 같은 모피옷 또는 이엄이나 풍차 같은 방한모 등을 만들었다. 특히 초피 갖저고리는 부의 상징으로 여겼다. 전은 갑옷이나 투구, 일반인들의 구의나 모자, 신발에 사용되었다.[57]

2) 염색

우리나라 사람들이 백의를 즐겨 입었던 첫 번째 원인은 염료가 비싸고 희귀하기 때문이었다. 두 번째 원인으로는 복색에 대한 까다로운 금제를 들 수 있다. 당시 조상들은 의례용 관복 등 특수한 복장 외에는 색의를 입는 일이 흔하지 않아 직염 기술이 크게 발달하지 못하였다.

염색법에 관해서는 《규합총서》에 진홍, 자적, 남, 옥색, 초록, 두록, 팥, 유청, 목홍, 반물, 회색, 타색駝色 등을 들이는 법이 나와 있다. 주로 식물에서 염료를 염출한 것으로, 당시에는 식물의 잎·줄기·꽃·열매 등에서 색을 찾았다.[58] 염료에 의해 무늬를 표현하는 방법으로는 회염繪染과 날염捺染 등이 있었다.

(1) 회염

염료로 무늬를 그리는 것으로 옷감은 거의 남아 있지 않다. 단지 조선시대 말기 고종황제의 곤복 일습에 그려진 구장무늬와 궁중에서 사용했던 무명, 모시 당채 보자기 등의 유물이 몇 점 남아 있을 뿐이다.

(2) 날염

무늬를 새겨 넣은 형판型版에 안료를 발라 옷감에 찍는 방법이다. 그러나 날염을 한 일반 의복용 옷감은 1점도 남아 있지 않으며, 정온1481~1538 묘에서 출토된 유물에서 불교와 관련된 적삼과 치마에 붉은색 주사로 보살과 비천상, 다라니경을 찍은 사례가 남아 있을 뿐이다. 조선 후기의 무명이나 모시에 오색 염료로 화려하게 무늬를 찍은 보자기는 여러 점 남아 있다. 또한 날염법과 유사한 옷감에 무늬를 찍은 금박 유물이 많이 남아 있다.

금박은 왕실에서 부금付金이라고 불렀는데 현재까지 원삼, 당의, 저고리, 댕기 같은 예복에 무늬를 표현하는 중요한 방법으로 전승되고 있다. 금박 유물로는 16세기 은진송씨 당저고리 하단에 찍은 연화문 금박이 비교적 이른 것이며, 조선시대 후기로 들어서면서 점차 금박이 성행하여 이것을 찍은 옷과 장신구가 많이 전해진다.

3부 미주

1) 당시 상장 풍속에서는 죽은 이가 생전에 입었던 옷으로 수의(壽衣)를 하는 것이 원칙이었다. 또한 수례지의(襚禮之衣) 풍속이라 하여 죽은 자의 배우자나 자식, 친구들이 염의(殮衣)나 보공용으로 관 내외에 옷을 넣어주는 풍습이 있었다. 따라서 남자의 묘에서도 여자의 옷이나 크기가 작은 아이의 옷이 함께 발견되고 있다.

2) 《남제서(南齊書)》〈여복지〉에 의하면, 원래 박서잠도(駁犀簪導)를 사용하였는데, 이 박서는 모태(母胎)에 있는 동안 천공(天空)의 현상에 감통(感通)하여 그 뿔에 특수하고 아름다운 박리(駁理)를 발생한다 하여 통천서(通天犀)라고도 하였다. 이 서각을 잠도(簪導)에 사용한 까닭에 관명도 그 이름을 딴 것이라 한다.

3) 철종 어진은 오른쪽 1/3이 소실되었지만 남아 있는 왼쪽 상단에 "予三十一歲 哲宗熙倫正極粹德純聖文顯武成獻仁英孝大王"이라고 적혀 있다. 이 어진은 철종 12년(1861)에 그려진 것으로 당시 강사포본(絳紗袍本)과 군복본(軍服本)을 모사하였으나 현재 군복본만 현전한다.

4) 김영숙(1998), *한국복식문화사전*, 미술문화, p.302.

5) 부산 금정구 부곡3동 오륜대 한국순교자박물관 소장품인 전(傳) 의왕 원유관은 고종과 귀인 장씨 소생인 의화군(義和君, 1877~1955)이 의왕에 책봉될 때 착용한 왕실용 관모로 알려졌다.

6) 石宙善(1993), *冠帽와 首飾*, 檀國大學校附屬石宙善記念民俗博物館, pp.197-198.

7) 박사인 성균관지사는 정2품으로 왕세자 입학에 관한 일정이 결정되면 곧 임명된다. 성균관지사는 타관사(他官司)의 관원이 겸임하게 되어 대제학이 박사를 맡게 되었던 것으로 보인다.

8) 임재영, 홍나영, 이은주(1997), 王世子出宮圖의 *服飾研究*Ⅱ-服飾을 중심으로-, *服飾*, 31, pp.47-58.

9) 조정에서 정사를 볼 때 대청(堂)에 올라가 의자에 앉을 수 있는 자격을 갖춘 자를 가리키는 데서 나온 용어로, 주로 정3품 이상으로 중요 정책 결정에 참여할 수 있는 자격이 있다.

10) 기린(麒麟), 백택(白澤), 해치(獬豸), 호표(虎豹), 웅비(熊羆) 등은 상상의 동물이다.

11) 실록에 의하면 왕이 온천에 행차할 때 보리농사가 대풍인 것을 기쁘게 여겨 보리이삭을 신하들의 갓에 꽂았던 것이 기원이 되었으나, 보리이삭은 마르면 쉽게 부러지기 때문에 후에 나무꼬치에 호랑이 수염을 붙여서 장식하였으며 이것을 호수라 하였다. 그러나 호수를 쉽게 구할 수 없어, 대신에 댓가지를 가늘게 잘라 사용하였으나 이름은 그대로 호수라고 칭하였다.

12) 병부는 발병부(發兵符)의 준말로 군대를 동원하는 표시로 쓰이던 지름 7cm, 두께 1cm 정도의 둥글납작한 나무패이다. 한면 복판에 '發兵'이라는 두 글자를 쓰고 다른 한 면에 어느 도 관찰사, 어느 도 절제사(節制使) 등의 칭호를 새겨 한가운데를 쪼개 반쪽의 오른쪽은 현지 병권을 쥔 자가, 왼쪽은 임금이 보관하였다가 군대를 동원할 필요가 있을 때 반쪽과 교서(敎書)를 내려보내면 현지 책임자가 반쪽을 맞추어 보고 군대를 동원하였다.

13) 놋그릇, 쇠그릇 따위에 은사(銀絲)를 장식(裝飾)으로 박았다.

14) 짧은 화살을 넣어 쏘는 발사구로 참나무와 대나무로 제작하고 뒷부분에는 고리를 달아 손가락을 끼워서 고정시킬 수 있게 하였다. 살은 이 통 속을 거쳐서 나갔고 통은 앞에 떨어졌다.

15) 민석기(2004), *조선의 무기와 갑옷*, 가람기획, pp.86-87.

16) 등나무 토막의 머리 쪽에 물들인 녹피(鹿皮)나 비단끈을 단 데서 기인하여 등채라 하였다.

17) 전쟁기념관 http://www.warmemo.or.kr.

18) 김영숙(1998), *한국복식문화사전*, 서울: 미술문화, pp.136-137.

19) 전대는 바이어스재단으로 14~15cm, 3.5~4m로 길게 만들어서 그 속에 쌀을 넣어 비상 시 식량으로 삼기도 했다고 전해진다.

20) 백제군사박물관 http://www.nonsan.go.kr.

21) 강순제(1982), *입모제, 한국의 복식*, pp.161-168.

22) 단국대석주선기념박물관(2005), *名選 中, 민속·복식*, p.85.

23) *Ibid.*

24) 김영숙, *op.cit.*, p.348.

25) 도포의 뒷자락은 많은 논문과 저서에서 '전삼(展衫)'으로 지칭되었지만,《화영편》에서는 수거(垂裾),《오주연문장전산고》와《남당초고》에서는 수폭(垂幅),《태학지》에는 후수(後垂),《규합총서》에서는 뒷자락으로 지칭하고 있다. 이렇듯 지금까지 전삼으로 불려왔던 것은 각종 문헌에서 수거, 수폭, 후수, 뒷자락 등으로 기록되어 있기 때문인데 여기서는 그중 하나인 '뒷자락'으로 표기한다.

26) 이 도포는 1979년 파계사 원통전(圓通殿)의 관세음보살상을 금칠(개금)하다가 발견된 것이다. 도포와 함께 발견된 한지 두루마리에 적힌 글에 의하면, 영조 16년(1740) 대법당을 수리하고 영조가 탱화 1,000불을 희사하면서 왕실을 위하여 기도하는 도량으로 삼고 왕의 도포를 내렸다고 한다.

27) 이은주(2000), 장기정씨(1565~1614)묘의 출토 복식과 기타 유물, 포항 내단리 장기정씨묘 출토 복식 조사보고서, 안동대학교박물관, pp.58-61. 해인사 소장 광해군의 '직령'이라고 명명된 포에 대해 '중치막'이라고 명명하고 있다.

28) 1974년 안동댐 건설로 근처의 무덤을 이장하던 중 부림홍씨(缶林洪氏)의 14대 조부인 홍극가(?~1670)의 무덤에서 출토된 수의 가운데 중치막이다. 특징은 옷깃이 곧고 길며 옷고름이 끈처럼 가늘고 소매가 길다는 점이다. 길이 115cm, 등솔에서 소매끝까지의 화장 길이가 105.5cm이며 흰 무명으로 된 겹옷으로 보존 상태가 양호하다.

29) 이강철, 이미나(2003), *역사인물초상화대사전*, 서울: 현암사, p.600.

30) 이은주(2003), *op.cit.* p.59.

31) 단국대석주선기념박물관, *op.cit.* pp.145-146.

32) 파치(把赤)는 바지(바디)의 한자 차용어이다. 한글로는《궁중의대발기》에 바지라는 기록이 처음 나왔다. 왕과 왕비의 바지는 특별히 '봉디(봉지)'라고 하였다.

33) 경분이란 염화제일수은으로 물에 녹지 않는 특성이 있다. 이를 칠하여 방수와 내구성을 얻으려고 했을 것이다.

34) 이것은 1653년(효종 4년)에 우리나라에 네덜란드 선원 38명이 표류해와서 1666년(현종 7년) 하멜과 그 일행 중 7명이 탈출한 일이 있었다. 이들은 전라병영, 전라좌수영 등에 배치되어 잡역에 종사하였는데 탈출자 외에 우리나라에 정착한 이도 있었을 것이라 추측된다. 당시 네덜란드에서 착용했던 '나막신' 양식

은 우리의 나막신과 거의 동일한 것으로 보고되어, 이들이 나막신을 전수한 것으로 여겨진다. 나막신의 발생연도가 조선 후기이며, 유물이나 착용습속이 그들이 거주하고 있던 전라도 지방에서 많이 발견되고 있기 때문이다.

35) 김문자(2014), 조선시대 뒤꽂이에 대한 연구, *한복문화*, *17*(3), pp.137-159.

36) 《궁중발기》에 '다홍금션금ᄃ·요반ᄌ·11', '도금 섭ᄃ·ㅣ요반ᄌ·'라는 기록이 있는데 '대요'에도 반자 11개를 사용하였음을 알 수 있다. 그러므로 '마리삭 금당기'와 '대요'는 같은 것으로 추정된다.

37) 홍나영, 신혜성, 이은진(2011), *동아시아 복식의 역사*, 교문사, p.253.

38) 김인숙(2001), 포제(袍制)와 치마(裳), *한국의 복식, 문화재보호협회* p.204.

39) 김소현(2011), 조선시대 궁녀의 직무와 복식에 관한 연구, *복식, 61*(10), p.69.

40) 1973년 강원도 상원사에 문수보살상에 복장된 저고리로 현재 중요민속자료 제209호로 지정되어 있다. 3차례의 복장 기록이 있으나 저고리의 형태로 보아 세조 10년(1464)에 복장된 것으로 추정된다. 출토 복식과 달리 색상이 그대로 남아 있어 중요한 복식 자료라고 할 수 있다. 등솔기 좌측 부분에 "장씨소대"라는 묵서가 있고 조선 후기 궁중기록에서 왕비나 세자빈의 복식을 "의대"라고 칭한 점으로 보아 장씨가 궁중 관련 인물일 가능성도 있다.

41) 1965년 경기도 광주군 초월면 쌍영리에서 발굴되었다. 국립중앙박물관에서 소장 중이다.

42) 송미경(2003), 동래정씨 흥곡공배위 정부인 여흥민씨묘 출토 복식, 동래정씨묘 출토 복식 조사보고서, 경기도박물관, pp.159-160.

43) 사도세자와 혜빈 홍씨의 소생인 청연군주(1754~1821)의 옷으로 1963년 경기도 광주군 세촌면 양동리에서 출토된 것을 현재 국립박물관에서 소장 중이다.

44) 조선 순조의 3째딸 덕온공주(1822~1844)의 옷으로 그녀의 손녀인 윤백영 여사가 보관하던 것이다. 공주의 의복에는 삼회장저고리와 함께 16세 때(1837) 윤의선과의 결혼식에서 혼례복으로 입었던 원삼과 궁중이나 사대부의 여인들이 저고리 위에 입던 예복인 당의, 나들이할 때 머리에 쓰던 장옷 등이 있다. 이 옷은 공주가 입던 평상복으로 조선시대 말 왕실 의생활을 짐작하게 하는 귀중한 자료이다. 그중에서 삼회장저고리는 공주가 9세 때 입었던 것으로 시집올 때 가져온 것으로 보인다.

45) 조선시대 광해군(1608~1623)의 비(妃)였던 유씨가 착용하였던 웃옷으로, 1965년 해인사 장경판고를 수리할 때 남쪽 지붕 아래 구멍에서 발견되었다.

46) 광해군 9년(1617)에 왕명으로 편찬된 《동국신속삼강행실도》는 효자도 8책, 열녀도 9책, 충신도 1책 등 18책으로 구성되어 있다. 한문으로 기록한 다음 언해한 것으로 내용에 어울리는 그림이 그려져 있다.

47) 단국대석주선기념박물관(2005), *名選 下, 민속·복식*, p.163. 송광사 관음전의 목조관음보살좌상에 복장된 저고리와 별도의 백색 비단에 적은 발원문을 통해 1662년 궁중나인(宮中內人) 노예성(盧禮成)이 경안군(慶安君) 내외의 수명장원(壽命長遠)을 위해 발원하고, 경안군 내외와 나인 노예성, 박씨, 당대의 고승(高僧) 취미수초(翠微守初) 등이 시주하였음을 알 수 있다. 17세기 중엽을 대표하는 복식들을 보여준다.

48) 김인숙, *op.cit.*, pp.202-203.

49) 박성실(1996), 조선조 치마재고-16세기 출토 복식을 중심으로, *복식, 30*, pp.296-306.

50) 경기도박물관(2008), *경기도박물관 출토 복식 명품선*, p.204.

51) 경기도박물관(2014). 조선왕실 신성군 모자의 특별한 외출, p.56.

52) 스란치마(膝襴裙)는 아래치마보다 짧아, 무릎 아래에 그치기 때문에 붙은 이름이라고 한다.

53) 문화재청.

54) 상명대학교박물관.

55) 역사스페셜 http://www.kbs.co.kr/1tv/sisa/historyspecial/view/vod/1701165_30885.html[2011. 2. 17. 방송]

56) 국립문화재연구소 편(2006), *우리나라전통무늬-직물*, 눌와, p.33.

57) 국사편찬위원회 편(2006), *옷차림과 치장의 변천*, 두산동아, pp.94-106.

58) *尙方定例, 閨閤叢書*.

그림 출처

1부

1   Joanbanjo(Wikipedia ⓒⓘⓞ)

2   金元龍 編(1973), *韓國美術全集 4, 壁畫*, 同和出版公社.

3   Boris Piotrovsky(1987), *Scythian Art*, Phaidon Press Ltd.

4   S. I. Rudenko(1970), *Frozen Tombs of Siberia*, trans M. W. Thompson, London: J. M. Dent & Sons Ltd.

5   국립중앙박물관 홈페이지(공공누리 유형 1에 해당하는 공공저작물)

7   문화재청 홈페이지(공공누리 유형 1에 해당하는 공공저작물)

9   아프가니스탄 국립박물관(Wikipedia ⓒⓘⓞ)

10   문화재청 홈페이지(공공누리 유형 1에 해당하는 공공저작물)

11   太田晴子(1964), 中國戰國時代にわける樹木中心文樣の西方からの傳來について, *美術史硏究, 3*, 早稻田大學美術史學會.

12   이한상(2004), *황금의 나라 신라*, 김영사.

13   문화재청 홈페이지(공공누리 유형 1에 해당하는 공공저작물)

14   Ghirlandajo(Wikipedia ⓒⓘⓞ)

16   유희경, 김문자(1998), *(개정판)한국복식문화사*, 교문사.

17   金烈圭(1981), 東北亞脈絡속의 韓國神話, *古代韓國文化의 隣接文化와의 關係*, 城南: 韓國精神文化硏究院.

18   문화재청 홈페이지(공공누리 유형 1에 해당하는 공공저작물)

19   유태용(2005), 지석묘(支石墓)에 부장(副葬)된 청동제품의 사회적 기능에 대한 연구, *선사와 고대, 22*.

20   金元龍 編(1973), *韓國美術全集 4, 壁畫*, 同和出版公社.

21   梅原末治(1960), *蒙古ノイン·ウラ發見の遺物*, 東京: 榎一雄.

22   金元龍 編(1973), *韓國美術全集 4, 壁畫*, 同和出版公社.

23   河內良弘 譯注(1971), *騎馬民族國家, 1*, 東京: 東洋文庫.

24	국립중앙박물관 홈페이지(공공누리 유형 1에 해당하는 공공저작물)
25	e뮤지엄(공공누리 유형 1에 해당하는 공공저작물)
27	국립중앙박물관 홈페이지(공공누리 유형 1에 해당하는 공공저작물)
29	국립문화재연구소
30	국립중앙박물관 홈페이지(공공누리 유형 1에 해당하는 공공저작물)
31	韓炳三 編(1989), *國寶 古墳金屬*, 한국브리태니커회사.
34	국립대구박물관 홈페이지(공공누리 유형 1에 해당하는 공공저작물)
36	국립중앙박물관 홈페이지(공공누리 유형 1에 해당하는 공공저작물)
39	문화재청 홈페이지(공공누리 유형 1에 해당하는 공공저작물)
41	국립경주박물관
43, 44	한민족유적유물박물관
46	유희경, 김문자(2004), *(개정판)한국복식문화사*, 교문사.
47	原田淑人(1967), *漢六朝の服飾*, 東京: 東洋文庫.
48	성신여자대학교박물관
49	국립경주박물관
50	李天鳴(1995), *中國疆域的變遷 上, 下*, 台北: 國立故宮博物院.
51, 52	金元龍 編(1973), *韓國美術全集 4, 壁畵*, 同和出版公社.
53	朝鮮画報社出版部 編(1985), *高句麗古墳壁畵*, 東京: 朝鮮画報社.
54, 55	金元龍 編(1973), *韓國美術全集 4, 壁畵*, 同和出版公社.
56, 57	조선유적유물도감편찬위원회(2002), *북한의 문화재와 문화유적 II*, 서울대학교출판부.
58	토지주택박물관
59	홍나영, 신혜성, 이은진(2011), *동아시아 복식의 역사*, 교문사.
60, 61	金元龍 編(1973), *韓國美術全集 4, 壁畵*, 同和出版公社.
62	吉林省文物考古研究所·集安市博物館 編(2004), *集安高句麗王陵: 1990~2003年集安高句麗王陵調査報告*, 北京: 文物出版社.
63	조선유적유물도감편찬위원회(2002), *북한의 문화재와 문화유적 II*, 서울대학교출판부.
64	金元龍 編(1973), *韓國美術全集 4, 壁畵*, 同和出版公社.
65	李亨求(1991), *韓國古代文化의 起源*, 도서출판 까치.
66~70	金元龍 編(1973), *韓國美術全集 4, 壁畵*, 同和出版公社.
71	유희경, 김문자(2004), *(개정판)한국복식문화사*, 교문사.

72~74	金元龍 編(1973), *韓國美術全集 4, 壁畵*, 同和出版公社.
75	原田淑人(1970), 唐代の服飾, 東京: 東洋文庫.
76	末永雅雄 編(1972), *高雄松塚壁畵古墳*, 東京: 創元社.
77, 78	朝鮮画報社出版部 編(1985), 高句麗古墳壁畵, 東京: 朝鮮画報社.
79	국립중앙박물관 홈페이지(공공누리 유형 1에 해당하는 공공저작물)
80	e뮤지엄(공공누리 유형 1에 해당하는 공공저작물)
82, 83	국립중앙박물관 홈페이지(공공누리 유형 1에 해당하는 공공저작물)
84	조선유적유물도감편찬위원회(2002), *북한의 문화재와 문화유적 II*, 서울대학교출판부.
85	金元龍 編(1973), *韓國美術全集 4, 壁畵*, 同和出版公社.
86	조선유적유물도감편찬위원회(2002), *북한의 문화재와 문화유적 II*, 서울대학교출판부.
87	天津人民美術出版社(2004), *中國織繡服飾全集 3, 歷代服飾卷 上*.
88	李天鳴(1995), *中國疆域的變遷 上, 下*, 台北: 國立故宮博物院.
89~91	국립부여박물관
92, 95, 97, 98	문화재청 홈페이지(공공누리 유형 1에 해당하는 공공저작물)
99, 100	국립중앙박물관 홈페이지(공공누리 유형 1에 해당하는 공공저작물)
101	국립공주박물관
102	국립부여박물관
103	문화재청 홈페이지(공공누리 유형 1에 해당하는 공공저작물)
104~109	국립부여박물관
110	국립공주박물관
111	국립부여박물관
112	국립공주박물관
113	문화재청 홈페이지(공공누리 유형 1에 해당하는 공공저작물)
114, 115	국립공주박물관
116	문화재청 홈페이지(공공누리 유형 1에 해당하는 공공저작물)
117	국립전주박물관
118	국립중앙박물관 홈페이지(공공누리 유형 1에 해당하는 공공저작물)
119	문화재청 홈페이지(공공누리 유형 1에 해당하는 공공저작물)
120	국립공주박물관
121	국립중앙박물관 홈페이지(공공누리 유형 1에 해당하는 공공저작물)

122	李天鳴(1995), *中國疆域的變遷* 上, 下, 台北: 國立故宮博物院.
123	문화재청 홈페이지(공공누리 유형 1에 해당하는 공공저작물)
124	국립경주박물관
125	문화재청 홈페이지(공공누리 유형 1에 해당하는 공공저작물)
126	上: 경주 식리총 출토-梅原末治(1924), 慶州金鈴塚飾履塚發掘調査報告, 大正十三年朝鮮古蹟 調査報告.
127	국립중앙박물관 홈페이지(공공누리 유형 1에 해당하는 공공저작물)
128	국립경주박물관
129	今西龍(1933), 新羅時代の土器に 彫刻せる 神話, *新羅史研究*, 近澤書店.
130	朝鮮總督府 編(1924), 慶州金冠塚と其遺物.
131	문화재청 홈페이지(공공누리 유형 1에 해당하는 공공저작물)
132, 133	국립중앙박물관 홈페이지(공공누리 유형 1에 해당하는 공공저작물)
134	국립경주박물관
135, 136	국립중앙박물관 홈페이지(공공누리 유형 1에 해당하는 공공저작물)
137	국립청주박물관
138	문화재청 홈페이지(공공누리 유형 1에 해당하는 공공저작물)
139	유희경, 김문자(2004), *(개정판)한국복식문화사*, 교문사.
140, 141	이은창(1978), *한국복식의 역사*, 세종대왕기념사업회.
142	국립경주박물관
143	국립중앙박물관 홈페이지(공공누리 유형 1에 해당하는 공공저작물)
144	아모레퍼시픽미술관
145, 146	국립경주박물관
147~149	국립중앙박물관 홈페이지(공공누리 유형 1에 해당하는 공공저작물)
150	문화재청 홈페이지(공공누리 유형 1에 해당하는 공공저작물)
151, 152	국립중앙박물관 홈페이지(공공누리 유형 1에 해당하는 공공저작물)
153	국립경주박물관
154, 155	문화재청 홈페이지(공공누리 유형 1에 해당하는 공공저작물)
156~159	국립중앙박물관 홈페이지(공공누리 유형 1에 해당하는 공공저작물)
160	경희대학교 중앙박물관
161, 162	국립중앙박물관 홈페이지(공공누리 유형 1에 해당하는 공공저작물)

163, 164	유희경, 김문자(2004), *(개정판)한국복식문화사*, 교문사.
165, 166	朝鮮總督府 編(1927), *梁山夫婦塚と其遺物*.
167	국립대구박물관 홈페이지(공공누리 유형 1에 해당하는 공공저작물)
170~174	문화재청 홈페이지(공공누리 유형 1에 해당하는 공공저작물)
177	朝鮮總督府 編(1924), *大正十二年朝鮮古蹟調査報告*.
178	합천박물관
180	국립김해박물관
183	국립경주박물관
184	부산대학교박물관
185	국립진주박물관
186	문화재청 홈페이지(공공누리 유형 1에 해당하는 공공저작물)
187	天津人民美術出版社(2004), *中國織繡服飾全集 3, 歷代服飾卷 上*.
188~192	국립경주박물관
193	대구가톨릭대학교 역사·박물관
195	국립경주박물관
199	原田淑人(1970), *唐代の服飾*, 東京: 東洋文庫.
200, 201	국립경주박물관
203	유희경, 김문자(2004), *(개정판)한국복식문화사*, 교문사.
206	赤羽目匡由(2010), 동아시아에서의 고구려·발해문화의 특징-도관칠국 육판은합(都管七國六瓣銀盒)의 조우관 인물상을 통해서, *高句麗渤海研究, 38*.
207	吉林省文物考古研究所, 延邊朝鮮族自治州文物管理委員會辦公室(2009), 吉林和龍市龍海渤海王室古墳墓葬發掘簡報, *考古, 6*.
208, 210	전쟁기념관
213	王承禮 저, 송기호 역(1988), 발해의 역사, 춘천: 한림대학교아시아문화연구소.
214	전쟁기념관
215, 216	전쟁기념관 편(1998), 건국 1300주년 기획전: 발해를 찾아서.

2부

1	유희경, 김문자(2004), *(개정판)한국복식문화사*, 교문사.
3	趙豐(2012), *錦程: 中國絲綢與絲綢之路*, 香港城市大學.
4	유희경, 김문자(2004), *(개정판)한국복식문화사*, 교문사.
5	e뮤지엄(공공누리 유형 1에 해당하는 공공저작물)
11	문화재청 홈페이지(공공누리 유형 1에 해당하는 공공저작물)
13, 14	국립중앙박물관 홈페이지(공공누리 유형 1에 해당하는 공공저작물)
15	문화재청 홈페이지(공공누리 유형 1에 해당하는 공공저작물)
16	文化財管理局(1987), *韓國의 甲冑*.
17	문화재청 홈페이지(공공누리 유형 1에 해당하는 공공저작물)
18, 19	국립중앙박물관 홈페이지(공공누리 유형 1에 해당하는 공공저작물)
20	朝鮮總督府(1916), *朝鮮古蹟圖譜*, 東京: 靑雲堂.
21~23	문화재청 홈페이지(공공누리 유형 1에 해당하는 공공저작물)
24	한국학중앙연구원(Wikipedia ⓒ ① ◎)
25	문화재청 홈페이지(공공누리 유형 1에 해당하는 공공저작물)
27	李京子(1978), 木偶像의 服飾考察, *服飾, 2*.
28, 29	문화재청 홈페이지(공공누리 유형 1에 해당하는 공공저작물)
31	수덕사 근역성보관
32~34	해인사 성보박물관
35, 36	공유마당(공공누리 유형 1에 해당하는 공공저작물)
37	안동태사묘
38	국립중앙박물관(Wikipedia ⓒ ① ◎)
39, 40	일본 사이후쿠사(Wikipedia ⓒ ① ◎)
41	e뮤지엄(공공누리 유형 1에 해당하는 공공저작물)
44, 45, 47, 48	국립중앙박물관 홈페이지(공공누리 유형 1에 해당하는 공공저작물)
49	周迅, 高春明(1988), *中國歷代婦女妝飾*, 三聯書店, 上海學林出版社.
50	유희경, 김문자(2004), *(개정판)한국복식문화사*, 교문사.
51	문화재청 홈페이지(공공누리 유형 1에 해당하는 공공저작물)
53	국립중앙박물관 홈페이지(공공누리 유형 1에 해당하는 공공저작물)

54	e뮤지엄(공공누리 유형 1에 해당하는 공공저작물)
55, 56	유희경, 김문자(2004), *(개정판)한국복식문화사*, 교문사.
57	李京子(1978), 木偶像의 服飾考察, *服飾*, 2.
58	金元龍 編(1973), *韓國美術全集 4, 壁畵*, 同和出版公社.
60	유희경, 김문자(2004), *(개정판)한국복식문화사*, 교문사.
61, 62	국립중앙박물관 홈페이지(공공누리 유형 1에 해당하는 공공저작물)
63	연세대학교박물관
64, 65	국립중앙박물관 홈페이지(공공누리 유형 1에 해당하는 공공저작물)
66~68	국립중앙박물관

3부

2	申叔舟, 鄭陟(1474), *國朝五禮儀*.
3	문화재청 홈페이지(공공누리 유형 1에 해당하는 공공저작물)
4~6	申叔舟, 鄭陟(1474), *國朝五禮儀*.
7	문화재청 홈페이지(공공누리 유형 1에 해당하는 공공저작물)
8	申叔舟, 鄭陟(1474), *國朝五禮儀*.
9	*社稷署儀軌*.
10, 11, 13, 14	申叔舟, 鄭陟(1474), *國朝五禮儀*.
15	국립고궁박물관
16~21	문화재청 홈페이지(공공누리 유형 1에 해당하는 공공저작물)
22	성신여자대학교박물관
23	국립중앙박물관 홈페이지(공공누리 유형 1에 해당하는 공공저작물)
24~30	국립민속박물관
32	e뮤지엄(공공누리 유형 1에 해당하는 공공저작물)
33, 34	문화재청 홈페이지(공공누리 유형 1에 해당하는 공공저작물)
35	인천광역시립박물관
36	서울역사박물관
37	e뮤지엄(공공누리 유형 1에 해당하는 공공저작물)

38	국립민속박물관
39	국립중앙박물관 홈페이지(공공누리 유형 1에 해당하는 공공저작물)
41~44	국립민속박물관
45, 47, 48	e뮤지엄(공공누리 유형 1에 해당하는 공공저작물)
49, 50	고려대학교박물관
53, 54	중앙일보사(1982), *한국의 미 19, 풍속화.*
55	문화재청 홈페이지(공공누리 유형 1에 해당하는 공공저작물)
56	국립민속박물관
57	e뮤지엄(공공누리 유형 1에 해당하는 공공저작물)
58	국립민속박물관
59	e뮤지엄(공공누리 유형 1에 해당하는 공공저작물)
60, 61	국립민속박물관
62	e뮤지엄(공공누리 유형 1에 해당하는 공공저작물)
63	국립민속박물관
64	문화재청 홈페이지(공공누리 유형 1에 해당하는 공공저작물)
65	국립민속박물관
66, 67	e뮤지엄(공공누리 유형 1에 해당하는 공공저작물)
68	e뮤지엄(공공누리 유형 3에 해당하는 공공저작물)
69~71	문화재청 홈페이지(공공누리 유형 1에 해당하는 공공저작물)
72	국립민속박물관
73	국립중앙박물관 홈페이지(공공누리 유형 1에 해당하는 공공저작물)
74, 75	국립민속박물관
76~79	문화재청 홈페이지(공공누리 유형 1에 해당하는 공공저작물)
80	경기도박물관
81	국립민속박물관
82	경기도박물관
83	문화재청 홈페이지(공공누리 유형 1에 해당하는 공공저작물)
84	국립민속박물관
85	e뮤지엄(공공누리 유형 1에 해당하는 공공저작물)
86	국립민속박물관

87	王圻, 三才圖會.
89	국립민속박물관
90	충주박물관
91	국립민속박물관
92	안동대학교박물관
93	단국대학교석주선기념박물관
94	문화재청 홈페이지(공공누리 유형 1에 해당하는 공공저작물)
95	공유마당(공공누리 유형 1에 해당하는 공공저작물)
96~98	국립민속박물관
99~101	e뮤지엄(공공누리 유형 1에 해당하는 공공저작물)
102	공유마당(공공누리 유형 1에 해당하는 공공저작물)
103, 104	문화재청 홈페이지(공공누리 유형 1에 해당하는 공공저작물)
105	공유마당(공공누리 유형 1에 해당하는 공공저작물)
106	문화재청 홈페이지(공공누리 유형 1에 해당하는 공공저작물)
107	공유마당(공공누리 유형 1에 해당하는 공공저작물)
111	e뮤지엄(공공누리 유형 1에 해당하는 공공저작물)
112	Edward B. Adams(1972), *Palaces of Seoul: Yi Dynasty palaces in Korea 's capital city*, Taewon Pub.
113, 114	유희경, 김문자(2004), *한국복식사연구*, 교문사.
115~120	e뮤지엄(공공누리 유형 1에 해당하는 공공저작물)
121, 122	국립민속박물관
123	아모레퍼시픽미술관
124	국립민속박물관
125~127	e뮤지엄(공공누리 유형 1에 해당하는 공공저작물)
128	국립민속박물관
129	이화여자대학교박물관
130	서울여자대학교박물관
131	유희경, 김문자(2004), *한국복식사연구*, 교문사.
132, 133	e뮤지엄(공공누리 유형 1에 해당하는 공공저작물)
134	이화여자대학교박물관

135	간송미술관(Wikipedia ⓒⓘ◎)
136	e뮤지엄(공공누리 유형 1에 해당하는 공공저작물)
137	문화재청 홈페이지(공공누리 유형 1에 해당하는 공공저작물)
138	간송미술관(Wikipedia ⓒⓘ◎)
139	국립민속박물관
140~142	e뮤지엄(공공누리 유형 1에 해당하는 공공저작물)
143	e뮤지엄(공공누리 유형 3에 해당하는 공공저작물)
144~147	e뮤지엄(공공누리 유형 1에 해당하는 공공저작물)
148	문화재청 홈페이지(공공누리 유형 1에 해당하는 공공저작물)
149~151	e뮤지엄(공공누리 유형 1에 해당하는 공공저작물)
152	문화재청 홈페이지(공공누리 유형 1에 해당하는 공공저작물)
153	成俔 外(1493), *樂學軌範*.
154	문화재청 홈페이지(공공누리 유형 1에 해당하는 공공저작물)
155	경기도박물관
156, 157	e뮤지엄(공공누리 유형 1에 해당하는 공공저작물)
158	문화재청 홈페이지(공공누리 유형 1에 해당하는 공공저작물)
159	국립민속박물관
160, 161	경기도박물관
162	문화재청 홈페이지(공공누리 유형 1에 해당하는 공공저작물)
163	단국대학교석주선기념박물관
164, 165	문화재청 홈페이지(공공누리 유형 1에 해당하는 공공저작물)
166	李惺 外(1617), *東國新續三綱行實圖*.
167	문화재청 홈페이지(공공누리 유형 1에 해당하는 공공저작물)
168	유희경, 김문자(2004), *한국복식사연구*, 교문사.
169	경기도박물관
170	문화재청 홈페이지(공공누리 유형 1에 해당하는 공공저작물)
171, 172	e뮤지엄(공공누리 유형 1에 해당하는 공공저작물)
173	유희경, 김문자(2004), *한국복식사연구*, 교문사.
174	문화재청 홈페이지(공공누리 유형 1에 해당하는 공공저작물)
175	e뮤지엄(공공누리 유형 1에 해당하는 공공저작물)

찾아보기

저자 소개

김문자   이화여자대학교 의류직물학과 졸업
동 대학원 석사, 박사(문학박사)

전   한복문화학회 편집위원장
        한국복식학회 편집위원장
        한국패션비즈니스학회 회장
현재 한복문화학회 회장
        수원대학교 의류학과 교수
        수원대학교 생활과학대 학장

활동
고창 고인돌박물관 청동기(고인돌) 시대 복식 고증
남한산성 취고수악대 복식 고증

저서
韓國服飾文化의 源流(1994)
韓國服飾文化の源流(1998)
한국복식문화사(1998, 공저)
옷차림과 치장의 변천(2006, 공저)
중앙아시아의 역사와 문화(2007, 공저)
아름다운 여인들(2010, 공저)
도용-중국위진남북조시대(2012, 공저)
도용-중국수당도용(2014, 공저)

한국복식사
개론

2015년 9월 18일 초판 1쇄 발행 | 2023년 7월 20일 초판 3쇄 발행

지은이 김문자 | **펴낸이** 류원식 | **펴낸곳 교문사**

편집부장 성혜진 | **디자인·본문편집** 다오멀티플라이·김경아

주소 (10881) 경기도 파주시 문발로 116 | **전화** 031-955-6111 | **팩스** 031-955-0955

홈페이지 www.gyomoon.com | **E-mail** genie@gyomoon.com

등록 1960. 10. 28. 제406-2006-000035호

ISBN 978-89-363-1505-4(93590) | **값** 25,000원